「十四五」国家重点图书出版规划项目

中国国土景观研究书系

王向荣 主编

张雪葳 王向荣 著

福州山水风景体系研究

中国建筑工业出版社

图书在版编目（CIP）数据

福州山水风景体系研究 / 张雪葳，王向荣著. —北京：中国建筑工业出版社，2022.6
（中国国土景观研究书系 / 王向荣主编）
ISBN 978-7-112-27121-4

Ⅰ.①福… Ⅱ.①张…②王… Ⅲ.①景观设计—研究—福州 Ⅳ.①TU983

中国版本图书馆CIP数据核字（2022）第033880号

责任编辑：杜　洁　李玲洁
责任校对：姜小莲

中国国土景观研究书系
王向荣　主编

福州山水风景体系研究

张雪葳　王向荣　著

*

中国建筑工业出版社出版、发行（北京海淀三里河路9号）
各地新华书店、建筑书店经销
北京锋尚制版有限公司制版
北京富诚彩色印刷有限公司印刷

*

开本：787毫米×1092毫米　1/16　印张：17¼　插页：3　字数：242千字
2022年6月第一版　　2022年6月第一次印刷
定价：**99.00**元
ISBN 978-7-112-27121-4
（38928）

国土视野下的中国景观

地球的表面有两种类型的景观。一种是天然的景观（Landscape of Nature），包括山脉、峡谷、河流、湖泊、沼泽、森林、草原、戈壁、荒漠、冰原，等等，它们是各种自然要素相互联系形成的自然综合体。这类景观是天然形成的，并基于地质、水文、气候、植物生长和动物活动等自然因素而演变。另一种是人类的景观（Landscape of Man），是人类为了生产、生活、精神、宗教和审美等需要不断改造自然，对自然施加影响，或者建造各种设施和构筑物后形成的景观，包括人工与自然相互依托、互相影响、互相叠加形成的农田、果园、牧场、水库、运河、园林绿地等景观，也包括完全人工建造的景观，如城市和一些基础设施等。

一个国家领土范围内地表景观的综合构成了国土景观。中国幅员辽阔、历史悠久，多样的自然条件与源远流长的人文历史共同塑造了中国的国土景观，使得中国成为世界上景观极为独特的国家，也是景观多样性最为丰富的国家之一。这样的国土景观不仅代表了丰富多样的栖居环境和地域文化，也影响了中国人的哲学、思想、文化、艺术、行为和价值观。

对于任何从事国土景观的规划、设计和建设行为的人来说，本应如医者了解人体结构组织一般对国土景观有充分的认知，并以此作为执业的基本前提。然而遗憾的是，迄今国内对于这一议题的关注只局限于少数的学术团体之内，并且未能形成系统的和有说服力的研究成果，而人数众多的从业者大多对此茫然不知，甚至没有意识到有了解的必要。自多年前在大量不同尺度的规划设计实践中，不断地接触到不同地区独特的水网格局、水利系统、农田肌理、聚落形态和城镇结构，我们逐渐意识到这些土地上的肌理并非天然产生，而是与不同地区的自然环境和该地区人们不同的土地利用方式相关。我们持续地进行了一系列探索性的研究，在不断的思考中逐渐梳理出该课题大致的研究方向和思路：中国的国土被开发了几千年，只要有生存条件的地方，都有人们居住。因此人类开发、改造后的景观，体现了人类活动在自然之上的叠加，更具有地域性和文化的独特性，比起纯粹的自然景观，更能代表中国国土景观的历史和特征。

中国人对土地的开发利用是从农业开始的。农业最早在河洛地区、关中平原、汾河平原和成都平原得到发展，及汉代，黄河下游、汉水和淮河流域亦成为重要的农业区。隋唐以后，农业的中心从黄河流域转移到了长江流域，此时，江南水网低地和沿海三角洲得到开发。宋朝尤其是南宋时期，大量北方移民南迁，不仅巩固了江南的经济地位，还促进了南方河谷盆地和丘陵梯田的开发。从总的趋势来看，中国国土的大规模农业开发是从位于二级阶地上的河谷盆地发源，逐渐向低海拔的一级阶地上的冲积平原发展，最后扩展到滨海地区，与此同时还伴随着偏远边疆地区的局部开发；从流域来看，是从大河的主要支流流域，发展到河流的主干周边，然后迫于人口的压力，又深入到各细小支流的上游地区，进行山地农业的开发。

古代农业的发展离不开水利的支撑。中国的自然降水过程与农作物生长需水周期并不合拍，依靠自然降水无法满足农业生产的需要。此外，广泛采用的稻作农业需要人工的水分管理。因此，伴随着不同地区的农业开发，人们垦荒耕种，改变了地表的形态和植被的类型；修筑堤坝，蓄水引流，调整了大地上水流的方向和水面的大小。不同的自然环境由此被改造成半自然半人工的环境，以适应农业发展和人类定居的需要，国土景观也随之演变。

中国的主要农业区域具有不同的地理环境。几千年来，中国人运用智慧，针对各自的自然条件，因地制宜，通过人工改造，尤其是修建各种水利设施，将其建设为富饶的土地。如在河谷盆地采用堰渠灌溉系统，利用水的重力，自流灌溉河谷肥沃的土地；在山前平原修建陂塘汇集山间溪流和汇水，调蓄水资源并引渠为低处农田灌溉；在低地沼泽采用圩田和塘浦系统，于水泽之中开辟出万顷良田；在滨海冲积平原，拒咸蓄淡的堰闸与灌渠系统，以及抵御海潮的海塘系统共同保证了农业的顺利开展和人居环境的安全。

农业的开发促进了经济的发展，带来商品流通和物资运输的需求。在军事、政治和经济目的的驱使下，古代中国开挖了大量人工运河。这些运河以南北方向为主，沟通了东西向不同的自然水系，以减少航程，提供更安全的航道。除了交通功能，这些运河普遍也具有灌溉的作用。运河的开凿改变了国土上的自然河流系统，形成了一个水运网络。同时，运河沿途的闸坝、管理机构、转运仓库的设置也催生出了大量新的城镇，运河带来的商机也使得一些城市发展为当时的繁华都会。为保证漕运的稳定，运河有时会从附近的自然河流或湖泊调水，还有就是修建运河水柜，即用于调节运河用水、解决运河水量不均等问题的蓄水库。这些又都需要一整套渠、闸系统来实现。

并非所有的地区都能依靠水路联系起来，陆上交通仍然是大部分地区人员往来和商品交换的主要方式，为此建立了四通八达的驿道网络，而这些驿道网络和沿途的驿站同时也承担着经济、军事和邮政的功能。驿道穿山越岭，占据了地理环境中的咽喉要道，串联起城邑、关隘、军堡、津渡等重要节点。

农业的繁荣带来了人口的增加，促进了聚落的发展，作为地区政治、经济和管理机构的城邑也随之设立。大多数城市都位于农业发达的河谷、平原和浅丘陵地区。这些地区原有的山水环境、农业格局和水利系统就成为城市建立的基础，并影响了交通路线以及市镇体系的布局及发展。

中国古代的营城实践始终是在广阔的区域视野下进行的。古人将山水环境视为城市营造的基础，并以风水学说为山水建立起一定的秩序，统领人工与自然的关系。风水学说也影响了城邑选址、城市结构和建筑方位。有时为了满足风水的要求，还通过人工处理，譬如挖湖和堆山，在一定程度上改善了城市山水结构，密切了城市与山水之间的联系；或者通过在自然山水环境的关键地段营建标志性构筑物，强化山水形势。这些都使城市与区域山水环境更紧密地融合在一起。

在城市尺度上，古代每一座城市的格局都受到了区域水利设施的巨大影响。穿城而过的运河和塘河为城市提供了便捷的水运通道，也维系着城市的繁荣和发展；城市内外的陂塘和渠系闸坝成为城市供水、蓄水及排水的基础设施，也形成了宜人的风景。水利设施不仅保障了城市的安全，还在一定程度上构建了贯穿城市内外的完整的自然系统，将城内的山水与区域的山水体系连为一体，并提供了可供游憩的风景资源。在此基础上的城市景观体系营建，进一步塑造了每个城市的鲜明个性，加上文人墨客的人文点染，外化的物质景观获得了内在的诗情画意，城市景观得以升华。

在过去的几千年中，在广袤的国土空间上，从区域尺度的基于实用目的的土地开发，到城市尺度的基于经济、社会、文化基础的人工营建和景观提升，中国不同地区的景观一直以相似但又有差别的方式不断地被塑造、被改变，形成了独特而多样的国土景观。它是我们国家的自然与文化特质的体现，是自然与文化演变的反映，同时也是国土生态安全的基础。

工业革命以后，在自然力和人力的作用下，全球地表景观的演变呈现出日益加速的趋势。天然景观的比重不断减少，人类景观的比重不断增加；低强度人工影响的景观不断减少，高强度人工影响的景观不断增加。由于工业化、现代化带来的技术手段和实施方式的趋同，在全球范围内景观的异质性在不断减弱，景观的多样性在不断降低。

这些趋势在中国国土景观的演变中表现得更加突出。近30年来，在经济高速发展和快速城市化过程中，中国大量的土地已经或正在改变原有的使用方式，景观面貌也随之变化。以"现代化"的名义实施的大规模工程化整治和相似的土地利用模式使不同地区丰富多样的国土景观逐步陷入趋同的窘境。如果这一趋势得不到有效控制，必然导致中国国土景观地域性、独特性和时空连续性的消失以及地域文化的断裂，甚至中国独特的哲学、文化和艺术也会失去依托的载体。

景观在不同的尺度上，赋予了个人、地方、区域和国家以身份感和认同感。如何协调好城乡快速发展与国土景观多样性维护之间的矛盾是我们必须面对的重要课题。而首先，我们应该搞明白中国的国土景观是怎样形成的，不同地区的特征是什么，又是如何演变的，地区差异性的原因是什么……这也是我们这一代与土地规划和设计相关的学人的责任和使命。

经过多年的努力，我们在这个方向上终于有了一些初步的成果，并会以丛书的形式不断奉献在读者面前。这套丛书命名为"中国国土景观研究书系"，研究团队成员包括北京林业大学园林学院的几位教师和历年的一些博士及硕士研究生。其中有些书稿是在博士论文基础上修改而成，有些是基于硕博论文和其他研究成果综合而成，无论是基于怎样的研究基础，都是大家日积月累埋首钻研的成果，代表了我们试图从国土的角度探究中国景观的地域独特性和差异性的研究方向。

虽然我们有一个总体和宏观的关于中国国土景观的研究思路和研究计划，但是我们也清醒地认识到，要达成这样的目标并避免流于浅薄，最佳的方法是从区域入手，着眼于不同类型的典型区域，采取多学科融合的研究方法，从不同地区自然环境、农业发展、水利设施、城邑营建等方面，深入探究特定区域的国土景观形成、发展、演变的历史及动因，并以此形成对该地区景观的总体认知。整体只能通过区域而存在，通过区域来表达，现阶段对不同区域的深入研究，在未来终将逐渐汇聚成中国国土景观的整体轮廓。当然，在对个案的具体研究中，我们仍然保持着对于国土景观的整体认知和宏观视野，在比较中保持客观的判断和有深度的思考。

这套丛书最引人注目的特点之一，就是大量的田野考察、古代文献研究和现代图像学分析方法的综合。这样的工作，不仅是对地区景观遗产和文化线索的抢救，并且，我们相信，在此基础上建立并发展起来的卓有成效的国土景观研究思路和方法，是中国国土景观研究区别于其他国家相关研究的重要的学术基础。这也是这套丛书在学术上的创新所在。

希望这套丛书的出版，能够成为风景园林视野的一次新的扩展，并引发对中国本土景观的关注和重视；同时，也希望我们的工作能够参与到一个更大的学术共同体共同关注的问题中去。本套丛书所反映的研究方向和研究方法，实际上从许多不同学科的前辈学者的研究成果中获益良多，同时，研究的内容与历史地理、城市史、农业史、水利史等相关学科交叉颇多，这令我们意识到，无论现在还是将来，多学科共同合作，应该是更加深刻地解读中国国土景观的关键所在。

2021年7月

前言

　　我们的祖先生活在一片适合农耕的地理区域，在世世代代对农业的依赖、对土地的调适与改造中，积累出一整套人与自然相互适应的准则。由此，在人与自然的关系上，中国哲学强调的是一种亲密与和谐，即融入自然、物我为一，也就是中国哲学体系中最核心的思想——天人合一。这一思想体现在建成环境中，就是在人工环境中要有自然，以弥补人与自然之间被隔离的状态。于是在城市中要有山水园林；而在城外大自然的好山佳水中，人们会建造寺观、书院和风景建筑，为山水赋予精神和文化的内涵。城市内外，无论是人工风景的营造还是自然山水的人文点染，自然与人工都浑若一体，互相融合，表现出天人同构的意趣，这是许多中国历史城市所具有的独特的空间结构和人文精神。古代福州就是公认的中国传统"山—水—城"的典范，她代表着城市设计与自然系统的完美结合，也显示了百姓生活与山水环境的密切联系。

　　本书是"中国国土景观研究书系"中的一册，在我们持续开展的国土景观研究的大框架下，探讨了传统山水文化影响下古代福州的城市发展与风景演变。全书分为四个部分。导论简要阐释了山水文化与空间营建的交互作用、山水风景体系概念的学术价值，概述了学界相关研究成果，并确定了研究对象的时空范围；上篇从先秦、秦汉、魏晋南北朝、隋唐五代、宋元、明清六个历史阶段梳理了福州古代城市的发展历程，剖析了福州传统空间营建的影响因素与主要成就；中篇构建了山水风景体系研究框架，通过山水格局、世俗空间、艺术表达三方面多层次的综合解析，全面、生动地展现了福州传统空间营建中山水科学、山水美学与山水空间的相互影响，总结了福州山水风景体系的重要特征；下篇从传统经验与现代科学价值互补的角度，提出了福州山水风景体系保护发展的三个主要途径；结语作为本研究的延伸，探讨了福州传统空间营建所折射的空间思维、山水风景体系的人文属性以及在问题导向下开展历史研究的现实意义。

中国数千年的人居环境实践，形成了自然与文化相交融的城市及风景营建传统。人们目之所及、心之所得的每一处景致，无一不浸染着先哲前贤的倾心化育。然而，在全球化和城市化的巨大压力下，这些特征都在发生着前所未有的变化，许多区域的国土在经历了大规模的城镇建设和土地改造后，面貌正逐步从各具特色变成千篇一律，独特性和多样性不断减弱，地域差异也在逐步消失，出现同质化和单一化的趋势。大量城市也失去了原本鲜明的地域性自然和文化特征，呈现"千城一面"的景象。希望关于国土景观的研究能够让我们再次回望产生于中国大地的尊重土地、崇尚人与自然和谐依存的思想，能够让我们再次回归土地、追求人的行为与自然规律的协调，继承和发展自古以来参赞天地、裁成化物的人居智慧与经验，塑造中国特有的山水相依的诗意的栖居环境。

目 录

　　山水，是一个相对开放的概念。它不仅是地理意义上的山、水
等物质要素的集合，更重要的是，表达一种与自然的相关性。山水
既是生产、生活实践的成果，也是审美与寄情的对象。古人正是通
过山水的双关性，有效建立起了物质世界与精神世界的密切联系[1]。
山水文化为探讨物质空间的科学性、艺术性提供了很好的理论依据，
也为现代空间营建与传统空间哲学奠定了对话的可能。

　　本研究将开展以下三个方面的工作：一，诠释山水文化与传统
空间营建的交互作用；二，整合历史、地理、考古、水利、城乡规
划、建筑等相关学科的研究成果和研究方法，梳理中国传统空间营
建研究的丰硕成果；三，选取古代福州，这一公认的"山—水—城"
的典范为研究素材，考察山水文化对具体空间营建的影响。

第一节　重拾山水文化，理解物质与精神的交融系统

　　山水文化与空间营建的交互作用体现在：顺应自然规律的山水
科学、激发人文情感的山水美学与可居可游的山水空间。人们为了
生存和发展主动探索自然的规律，总结了自然资源管理方法，发展

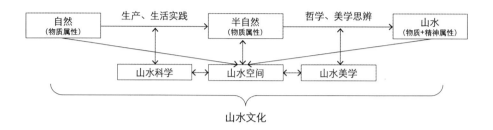

了与之配套的实用工程技术。这些自然资源管理经验、工程技术方法，可以归结为山水科学。而人们神化、人格化自然，开创以山水诗、山水画为代表的山水艺术，这种对自然、半自然的审美意识与哲学思辨，可以归结为山水美学。山水科学、山水美学共同作用的结果，也就是实践的重点：山水空间（图0-1）。

山水文化不仅是古人生存智慧与审美体验的结晶，在现代中国仍有着广泛而深厚的精神感召力。"古今之世殊，古今人之心不殊"[2]。虽然现代人的生活、生产方式已经与古人有了显著的区别，但人对环境的认知、体验，对环境的改造以及在环境中的行为，仍然受到传统空间哲学的深刻影响。本研究希望依托山水文化在物质与精神上的双关性，以山水空间为线索，追溯传统空间营建的科学经验，探析物质空间承载的社会与艺术内涵，以求反思历史，资鉴当代。

第二节 补缺历史研究，探讨空间的科学与艺术内涵

聚焦"山水空间"的研究涉及三个问题：一是研究边界的确立（从市域到地域），二是研究层次的扩展（从物质空间到艺术追求），三是可靠的研究素材的获取（与空间社会性、艺术性相关的资料来源）。

就研究边界而言，近年来，从地域尺度审视城市与所在自然环境的关系，日益受到学界重视。简言之，农耕文明自成体系的政治制度、经济原则、管理条例、交通方式，决定了我国古代城市、乡村与所在自然环境紧密的生态与经济联系[3]。城市不仅是人居环境营建的重点、城市风景营建的基点，更是地方水土整治的关键。本

研究也倾向于将城市视作山水限定下的聚居环境，而非专指城墙内的建筑或者商品交换的场所。因此，本研究试图从地理单元的角度，依据"山川形便"确立研究边界。

就研究层次而言，地域尺度的景观系统研究大多采用自然、农业、聚落三层次叠加的研究框架，本研究也将依从以上层次开展物质形态分析。但为了进一步探讨物质空间与人文精神的关系，本研究尝试在相对成熟的"自然山水格局、农田水利系统、乡土聚落形态"的研究层次上，合理补充古人对生活、生产空间的艺术处理。

就研究素材而言，物质空间的资料是相对明确的，但涉及空间的社会性、艺术性，则是仁者见仁，智者见智了。所幸，近年来，意象领域在研究理论与方法上的长足进展，为探讨空间的社会性、艺术性奠定了基础。

意象（Image），是认知科学中的基本概念。传统意象的理论研究广泛汲取了"怀旧情结（Nostalgia）"与"恋地情结（Topophilia）"的研究成果。将客观存在的形式与生活场景、时间节律相结合已经受到学界关注[4]。研究方法的发展主要体现在对古代地图、"八景"、诗文题咏等素材的进一步挖掘。首先，古代地图，尤其是方志城池图和舆图，采用的主流画法是形象画法。这种画法以交代事物的相对关系为重点，直接传达了古人对理想世界的认识、对空间秩序的再组织[5]。其次，"八景"则是对地方自然与文化景观的集称，蕴含了古人对方位、时节、音律、民俗生活、人文胜境的综合评判。"八景"不仅是辨识古代城市意象的重要史料，其方位感、时效性以及主客一体的互动体验，被视为理解山水美学的重要途径[6、7]。最后，诗文题咏也为了解古人的景观感知提供了参考[8]。可以说，古代地图、"八景"与诗文题咏，不仅有助于传统空间的结构性解读，也存储了大量与空间社会性、艺术性直接相关的记录。

本研究试图以"山水风景体系"整合山水文化与空间营建的互动成果。"山水风景体系"这一概念的价值在于五个方面。一，能够直观反映中国传统空间营建的科学、哲学与美学基础——山水文化。二，能够全面涵盖山水文化在空间中的投射过程及结果：首先，将

城市纳入山水风景体系，消弭了现有研究中城市与风景的分界，有
利于理解城市与自然的互动关系；其次，将非物质内容纳入"山—
水—城"研究范畴，包括人们对自然环境的价值取舍（如风水、吉
谶）、人们在自然与人文背景下形成的独特的社会行为方式（如民
俗、宗教），有利于探讨生活习俗、价值伦理与物质空间的关系。
三，能够合理容纳山水文学、山水画、集称文化等山水文化研究素
材。四，有助于从"发现—凝练—再创造"的角度阐释中国古代
"山—水—城"模式以及山水艺术的相似性与共通性。五，以山形水
势为研究范围的划分依据，普遍适用于"区域""地域""流域""海
域"等大尺度风景结构和风景系统性的相关研究[9]。

第三节　分析典型案例，系统解读福州山水风景体系

本研究选定古代福州，这一公认的"山—水—城"的典范为典
型案例。

福州是福建省省会，位于中国东南沿海，四周群山环绕，相对
闭塞的陆地环境与河海交汇的水文条件使得福州自古有农商并重的
传统。福州自公元前202年建城，至今已有2200余年，并历代为省、
郡的政治中心[10]。

古代福州的城市建设可溯源至先秦闽越族聚落，主要经历了汉冶
城、晋子城、唐罗城、后梁夹城、宋外城，明清府城六个历史阶段。

城乡规划学的学者们率先注意到福州古代城市建设的价值，并
从城市发展沿革、城市景观特征、城市风水三个方面展开讨论。郑力
鹏全面梳理了古代福州城市建设的历史沿革，对城市发展的动因有独
到见解[11]。龙彬高度评价福州"左旗右鼓、三狮对五虎、三山两塔一
条江"的空间格局[12]。张杰认为福州的三山格局是古代昆仑模式的反
映，城中较多的山水附会应当是受闽中理气宗的影响[13]。杨柳以《闽
都记》为基础，将福州的风水格局归纳为典型的顺骑龙局[14]。阿尔弗
雷德·申茨（Alfred Schinz）相对客观地描述了福州城发展中的重要时
间节点，提出其空间形态暗含着对阴阳数的推崇[15]。郑本暖等列举了

风水对福州水土保持的作用[16]。汪德华认为，山水文化与水利工程的完美结合奠定了福州山水形胜格局的基础[17]。

历史地理与风景园林学的学者们更加关注福州农田水利变迁史，推动着相关研究从市域尺度进入地域尺度。林汀水较早利用地质勘探资料，论证了福州的地质、水文变迁[18、19]。肖忠生梳理了宋代福州古五塘的疏浚与城内河渠网络系统建设过程，高度评价古代福州水道互通、设闸调蓄、水流有法的建设特点[20]。吴庆洲提出福州古城湖池与城壕互通，形成了较为完善的调蓄系统[21]。刘世斌从防灾救灾的角度，概述宋代福州农业发展、水利建设、水土保持活动以及基层组织和社会制度方面的相关内容[22]。王梓等根据清乾隆年间与民国时期两本《西湖志》，探讨自明中叶赋役改革至清鸦片战争前，福州西湖的疏浚与维护情况[23]。毛华松将福州西湖建设动因分为取土筑城、农业灌溉、防洪防旱、内河交通、产业资源、放生池、雅俗游赏七项[24]。郭巍将福州平原成陆过程与城市发展历程相对照，分析了福州传统城市景观与水系的关系[25]。

社会经济学学者们也客观地指出，受制于人多地狭、土地贫瘠的环境基础，古代福州依赖农业难以取得更大的经济积累[26]。汉时，闽越族将东冶港作为航运口岸[27]。五代，闽地形成了注重商贸的价值取向[28]。唐宋时期的移民开发[29]、经济转型、科教繁荣[30]，进一步推动了福州地区的发展，福州逐渐成为对外贸易的重镇[31]。明代，由于海禁政策的影响，以及农田水利缺乏宏观调控等原因，福建农业、商业发展步履维艰[32]。但同时，福州确立了琉球朝贡港口的地位，并开始承担与台湾的对渡贸易[33]，由此成为中国与东亚、东南亚贸易的关键节点之一[34]。琉球人以福州、柔远驿（琉球馆）为据点，记载了大量的民俗活动与风景游赏地，展现了山水文化世俗化、生活化的趋势[35]。

近年来，外文资料的翻译与引进为完善福州历史研究提供了丰富的素材。其中，美传教士卢公明（Justus Doolittle，1824–1880）将其在1850–1864年共计14年的福州社会生活观察报告整理为《中国人的社会生活：华人的日常生活掠影》（*Social Life of* the Chinese: A Daguerreotype of Daily Life in China）一书。该书是研究福州清末社会、民俗及城市风貌的特殊史料[36]。英国旅行摄影师约翰·汤姆逊（John Thomson，1837–1921年）于1872年出版《福州和闽江》（Foochow and the River Min）摄影图集，于1899年出版《镜头前的中国》（Through China with A Camera）[37]，两本图集中有许多对底层生活的图文记载。同时，文学、艺术爱好者们对福州景观单体的遗存现状做了大量整理。他们编写、出版的关于福州塔[38]、桥[39]、名园[40、41]、寺观[42]、书院[30、43]、胜景[44]、诗文[45、46]、老照片[47、48]、地名考据[49]的相关读物也是本研究研究素材的重要来源。

由此可见，福州空间营建研究已积累了一定的成果，但研究素材有待更新，视野也相对单一。本研究将在前人研究的基础上，进一步阐释古人在水土整治、营城实践、风景鉴赏中隐含的理念与秩序，呈现一个相对系统化的研究成果。

总之，本研究以古代福州山水风景体系为研究对象。在空间范围上，研究边界以福州盆地为主，东西向兼顾闽江河口的相对完整的地形、水文单元。地理范围北至莲花山附近岭头乡，南至五虎山、旗山外缘，西至闽江潮区界竹岐乡，东至河口五虎礁。其中，福州古城及闽江两岸南台地区为重点研究范围（图0-2）。在时间跨度上，本研究可追溯至先秦时期，主要以考古资料为依托。研究的重点时段是清末民初之前的传统空间营建（19世纪末），但也大量征引了20世纪初的文字、图像资料作为补充材料。

本研究的内容分为上、中、下三个篇章。上篇，着重梳理福州传统空间营建的历史沿革，总结其影响因素与主要成就，理解古人对自然的适应性改造；中篇，通过多层次解析，明确福州山水风景体系的重要特征，探讨物质空间与人文精神的互动关系；下篇，为福州山水风景体系的维护、发展提出建议。

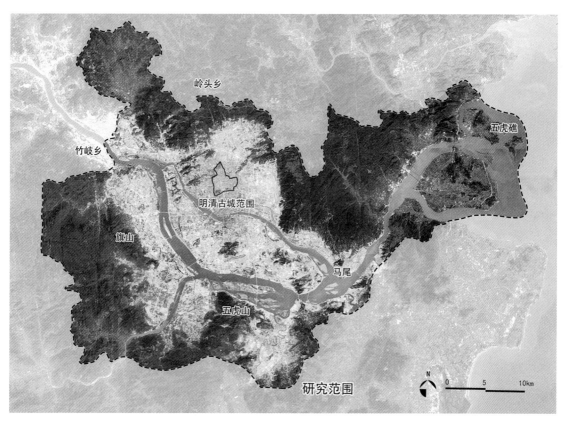

五虎礁

岭头乡

竹岐乡

明清古城范围

旗山

马尾

五虎山

研究范围

图0-2 研究范围示意图
[图片来源: 作者自绘]

参考文献:

[1] 杨欣，赵万民.基于空间哲学视角的山水文化体系解释架构[J].城市规划，2016，40（11）：78-86.

[2] （明）王夫之《读通鉴论》.

[3] 薛凤旋.中国城市及其文明的演变[M].北京：世界图书出版公司，2015.

[4] 陆邵明.乡愁的时空意象及其对城镇人文复兴的启示[J].现代城市研究，2016，（8）：2-10.

[5] 阴劼，徐杏华，李晨晨.方志城池图中的中国古代城市意象研究——以清代浙江省地方志为例[J].城市规划，2016，（2）：69-77，93.

[6] 毛华松，廖聪全.城市八景的发展历程及其文化内核[J].风景园林，2015，（5）：118-122.

[7] 李开然，（英）央·瓦斯查.组景序列所表现的现象学景观：中国传统景观感知体验模式的现代性[J].中国园林，2009，（5）：29-33.

[8] 许晓明，刘志成.中国传统园林中"题咏"参与审美的机制探讨[J].中国园林，2016，32（2）：78-82.

[9] 李建伟.风景园林的内涵与外延[J].中国园林，2017，33（5）：41-45.

[10] 中国人民政协福建省福州市委员会.福州地方志（简编）.上[M].文史资料工作组，1979.

[11] 郑力鹏.福州城市发展史研究[D].广州：华南理工大学，1991.

[12] 龙彬.风水与城市营建[M].南昌：江西科学技术出版社，2005.

[13] 张杰.中国古代空间文化溯源[M].清华大学出版社，2012.

[14] 杨柳.风水思想与古代山水城市营建研究[D].重庆：重庆大学，2005.

[15] [德]阿尔弗雷德·申茨，梅青译，吴志强审.幻方——中国古代的城市[M].北京：中国建筑工业出版社，2009.

[16] 郑本暖，陈名实.福州古城建筑风水与水土保持[J].中国水土保持，2005，（6）：19-21.

[17] 汪德华.中国山水文化与城市规划[M].南京：东南大学出版社，2002.

[18] 林汀水.福州地区水陆变迁初探[J].福建文博，1986，（1）：81-86.

[19] 林汀水.历史时期"福州古湾"的变迁[J].历史地理，2008，（1）：220-226.

[20] 肖忠生.蔡襄与宋代福州水利建设[J].福州大学学报（哲学社会科学版），1988，（1）：57-59.

[21] 吴庆洲.中国古城防洪研究[M].北京：中国建筑工业出版社，2009.

[22] 刘世斌.宋代福建水旱灾害及其防救措施研究[D].福州：福建师范大学，2013.

[23] 王梓，王元林.占田与浚湖——明清福州西湖的疏浚与地方社会[J].福建师范大学学报（哲学社会科学版），2013，（4）：104-108.

[24] 毛华松.城市文明演变下的宋代公共园林研究[D].重庆：重庆大学，2015.

[25] 郭巍.双城、三山和河网——福州山水形势与传统城市结构分析[J].风景园林，2017，（5）：94-100.

[26] 洪沼，郑学檬.宋代福建沿海地区农业经济的发展[J].中国社会经济史研究，1985，（4）：34-44.

[27] 郑剑顺.福州港[M].福州：福建人民出版社，2001.

[28] 王俊.中国古代经济[M].北京：中国商业出版社，2015.

[29] 王宜强.福建移民开发的历史进程及其经济、文化响应[D].福州：福建师范大学，2012.

[30] 方彦寿.闽学与福州书院考述[A].福建省炎黄文化研究会.闽都文化研究——"闽都文化研究"学术会议论文集（上）[C].福建省炎黄文化研究会，2003：12.

[31] 彭友良.两宋时代福建农业经济的发展[J].农业考古，1985，（1）：27-37.

[32] 马波.清代闽台地区的农田水利[J].农业考古，1996，（3）：151-158.

[33] 水海刚.中国近代通商口岸城市的外部市场研究——以近代福州为例[J].厦门大学学报（哲学社会科学版），2011，（2）：112-119.

[34] 谢必震.中国与琉球[M].厦门：厦门大学出版社，1996.

[35] 王振忠. 清代琉球人眼中福州城市的社会生活——以现存的琉球官话课本为中心[J]. 中华文史论丛, 2009,（4）: 41-111, 394.

[36] DOOLITTLE R J. Social life of the Chinese: A Daguerreotype of Daily Life in China[M].London, S. Low, son, and Marton, 1868.

[37] THOMSON J. Though China with A Camera[M].London and New York Harper and Brothers.1899.

[38] 杨秉纶. 闽都古塔与古桥[A]. 福建省炎黄文化研究会. 闽都文化研究——"闽都文化研究"学术会议论文集（下）[C]. 福建省炎黄文化研究会, 2003: 12.

[39] 冯东生. 闽都桥韵[M]. 福州: 海峡文艺出版社, 2013.

[40] 卢美松. 福州名园史影[M]. 福州: 福建美术出版社, 2007.

[41] 李敏. 福建古园林考略[J]. 中国园林, 1989,（1）: 12-19.

[42] 陈丹丰. 福州名刹[M]. 北京: 地质出版社, 1994.

[43] 黄新宪. 清代福州书院特色考略[A]. 福建省炎黄文化研究会. 闽都文化研究——"闽都文化研究"学术会议论文集（上）[C]. 福建省炎黄文化研究会, 2003: 12.

[44] 林麟. 福州胜景[M]. 福州: 福建人民出版社, 1980.

[45] 张天禄. 鼓山艺文志[M]. 福州: 海风出版社, 2001.

[46] 林家钟编选, 林彝轩审定, 明清福州竹枝词[M]. 福州市鼓楼区地方志编委会, 1995.

[47] 曾意丹. 福州旧影[M]. 北京: 人民美术出版社, 2000.

[48] 唐希. 话说福州老照片[M]. 福州: 海风出版社, 2010.

[49] 李乡浏, 李达. 福州地名[M]. 福州: 福建人民出版社, 2001.

上篇

福州传统空间营建的
历史沿革

本篇将以"历史背景—空间营建"为主线，尽可能详尽展现福州传统空间营建的历史沿革。历史背景部分依据先秦、秦汉、魏晋、隋唐五代、宋元、明清六个时期展开叙述。每个时期的历史背景包括政治、经济、文化三个方面，这些历史背景或多或少地影响了福州传统空间营建的发展趋势与重点。

　　空间营建部分主要依据"政治/水陆环境—聚居空间—水利格局—城市布局与功能分区—风景与世俗生活"为线索。首先，考察政治环境与水陆变迁，政治环境影响城市的兴废，水陆变迁影响水土治理的进程；而后，明确主要聚居空间，即城址与城垣的范围；同时，梳理水利格局。福州作为一个农商并重的港口城市，水利格局包括农田水利、航运水网两个方面。聚居空间与水利格局，尤其是与航运水网的相互作用，又将进一步引导城市布局与功能分区的演变。最后，梳理风景与世俗生活的相关内容，展现空间营建的社会性与艺术性。

先秦

先秦，古人以"闽"指代福建地区。《山海经》载："闽在海中，其西北有山。一曰闽中山在海中"[1]。据著名文史学家卢美松先生的判断，《山海经》的论述反映了距今12000至6000多年前，全新世海侵造成的福州境内一片汪洋的景象[2]。

位于今福州闽侯县甘蔗街道昙石村的昙石山遗址是先秦闽中聚落的重要遗存。昙石山遗址具有明显的下、中、上分层。据考古学与环境学的交叉研究表明，昙石山遗址下层年代距今约5000至4500年，中层年代距今约3900至3300年，上层年代距今约3300至2700年[3]。可大致对应中原的五帝时期、夏商时期和两周时期。

昙石山下层时期，福建沿海海平面持续上升，居民以贝类采集为主要取食方式，通过季节性迁移保证食物来源充足。昙石山中层时期，海水从最高处开始回落。人们已经过上了以采集、渔猎为主，农耕蓄养为辅的定居生活，聚落规模逐渐扩大，社会阶级也开始分化。但富足的海洋条件抑制了农业的发展，使得此时的昙石山文化相比同时期的中原龙山文化、吴越良渚文化明显落后[4]。昙石山上层时期，海水继续退出福州盆地，沙洲陆续涌现。稻作技术随越、楚文化传入闽地。闽人开始将经济生活的重心置于原始农业[5]，在技术上迅速进入青铜时代与早期铁器时代[6、7]。在昙石山中、上层时期，部分考古遗址内出现了根据生与死、生产与生活的需要所划分的功能区。居民点周围开始出现壕沟等防御设施。这些都属于早期聚落的基本特征[8]（表1-1）。

先秦时期福州自然环境与聚居方式发展趋势　　表1-1

遗址层次	时期	福建沿海自然环境变化	聚居方式
昙石山上层	距今3300至2700年	海平面下降到现代海平面（海水退出福州盆地）	经济重心转向农业，进入青铜时代与早期铁器时代
昙石山中层	距今3900至3300年	海平面从最高处开始回落	采集、渔猎为主，农耕畜养为辅的定居生活
昙石山下层	距今5000至4500年	海平面持续上升	贝类采集、季节性迁移

［资料来源：田新艳. 昙石山遗址聚落与环境考古分析[D]. 厦门：厦门大学，2002］

昙石山文化遗址不仅呈现了先秦时期福州自然环境与聚居方式的发展趋势，同时，也反映了闽文化将地方土著文化（昙石山中、下层时期）逐渐与中原文化融合，形成闽越文化的过程（昙石山上层时期）。从历史文献中，也可以窥探这一文化融合过程中的部分细节。

《周礼》是最早记载"闽"的历史文献。《夏官·职方氏》篇将七闽列入职方氏所掌之地[9]。《秋官·司寇》载："象胥掌蛮、夷、闽、貉、戎、狄之国使……闽隶，百有二十人……闽隶掌役畜养鸟而阜蕃教扰之，掌子则取隶焉"[10]。这准确指出，"闽"是受周王朝统治的方国与华夏族属之一，闽以物产和技艺专长服事周王朝，闽族社会为奴隶制性质[11、12]。由于闽地山林深阻，溪壑纵横，各闽族分支被统称为"七闽"[2]。此时的"越"可能仍属于东夷[11]。

"闽越"的形成则可以追溯到春秋晚期。此时，中原地带以"吴戈越剑"为代表的青铜器铸造已经达到了很高成就[13]。"闽"也是在这个时期，受到楚、越等外来文化的影响，从而迅速从石器时代进入了青铜器时代。考古学界普遍认为，这一时期，有越国的采冶工人移居闽中。因而福州才有了冶城、东冶之称，冶城所在山丘则被称作冶山[14]。

　　战国晚期周显王三十五年（前334年），楚威王反攻伐越，"大败越，杀王无疆……而越以此散，诸族子争立，或为王，或为君，滨于江南海上，服朝于楚"[15]。楚越之争，越人失败。越族人士散入闽中，主要聚居于闽江下游与瓯江下游。越人与当地闽人融合，形成闽越族。这为无疆后世（大部分文献记载为后七世，也有记为后十世[16]）的无诸、摇创建闽越国（地界大致为今福建区域）与东瓯国（地界大致为今浙南区域）奠定了基础。

参考文献：

[1] （先秦）佚名《山海经·海内南经》.

[2] 卢美松. 论闽族和闽方国[J]. 南方文物，2001，（2）：15-21.

[3] 田新艳. 昙石山遗址聚落与环境考古分析[D]. 厦门：厦门大学，2002.

[4] 卢建一. 先秦时期福建社会生产力水平概论[J]. 福建师范大学学报（哲学社会科学版），1994，（3）：112-118.

[5] 钟礼强. 昙石山文化原始居民的经济生活[J]. 厦门大学学报（哲学社会科学版），1986，（1）：117-121.

[6] 吴春明，林果著. 闽越国都城考古研究[M]. 厦门：厦门大学出版社，1998.

[7] 吴春明. 闽江流域先秦两汉文化的初步研究[J]. 考古学报，1995，（2）：147-172.

[8] 郑国珍. 闽江下游原始居民点的形成及福州早期城市的产生[A]. 王培伦. 冶城历史与福州城市考古论文选[C]. 福州：海风出版社，1998.

[9] （先秦）佚名《周礼·夏官·职方氏》.

[10] （先秦）佚名《周礼·秋官·司寇》.

[11] 卢美松，欧潭生. 福州先秦考古三论[J]. 东南文化，1990，（3）：104-107.

[12] 欧潭生，卢美松. 先秦闽族文化新论——从昙石山文化看黄帝时代的东南方文明[J]. 南方文物，1997，（1）：82-87.

[13] 肖梦龙. 试论吴越青铜兵器[J]. 考古与文物，1996，（6）：16-28，15.

[14] 朱维干. 福建史稿[M]. 福州：福建教育出版社，1985.

[15] （汉）司马迁撰，（宋）裴骃集解，（唐）司马贞索隐，（唐）张守节正义《史记·卷四十一·越王勾践世家第十一》.

[16] （汉）班固撰，（唐）颜师古注《汉书·卷二十八下·地理志第八下》.

第二章

秦汉

第一节　闽越降汉，山水初开

　　公元前221年，秦始皇统一六国。次年，攻占闽越。秦始皇将闽越王无诸与东海王摇废为君长，"以其地为闽中郡"[1]，但并没有实际掌控闽中地区。及至诸侯叛秦，无诸、摇率越人北上，从诸侯灭秦。上文提及，越人离开故土，散入闽中，正是因为楚越之争失利。因此，闽越国的贵族们与西楚霸王项羽之间互相缺乏信任。在众多反秦势力中，无诸选择了刘邦的战队，并在刘邦称帝后，恢复了闽越王的称号："汉击项籍，无诸、摇率越人佐汉。汉高帝五年，复立无诸为闽越王，王闽中故地，都东冶"[1]。

　　刘邦的继任者汉惠帝，为遏制闽越国的发展，采用了自上而下分裂政权的策略。汉惠帝三年（前192年），汉惠帝以"闽君摇功多"的名义立摇为东海王，都东瓯。将闽越国北部温、台、处三州地域收回，分封给了摇，造成了闽越国与东瓯国的矛盾[2]。汉武帝建元三年（前138年），"闽越围东瓯，东瓯告急"[3]。汉武帝发会稽兵浮海救之，汉兵未至，闽越兵退。东瓯国悉众北上，迁于江淮之间，"其地无所属，闽越并有之"[4]。建元六年（前135年），闽越王郢攻打南越国，汉武帝再次发兵。郢弟馀善发动政变，以妄起兵衅的罪名"杀郢以降，于是罢兵"[5]。汉武帝立无诸孙繇君丑为越繇王，又立馀善为东越王，以期继续分化闽越。闽越与汉均在边境修筑据点，形势十分紧张。元鼎五年（前112年），汉将请伐闽越。元鼎六年（前111年），馀善正式反汉。元封元年（前110年），汉军自闽北进攻[6]，馀善退居东冶，被繇王居股所杀。汉武帝以"东越狭多阻，闽越悍，数反复"[1]为由，将大部分闽越人徙处江淮间，闽越割据局面就此结束[7]。闽越族自商末周初形成，至汉武帝灭国，历时900余年[8]。闽越国将过去处于奴隶制分散状态的闽地方国，统一为封建制诸侯国，并效仿中原政体，确立了王、相、侯、将军等政治等级[9]。闽越国时期，冶炼和锻造技术的进步，推动了铁器的发展，促进了农耕。而闽越人善于造船、习于水斗的历史传统，又使得闽越社会经济中具有深厚的海洋文化因素。

闽越是秦汉前后相当强悍的东南割据政权[10]，其两次北上参与中原逐鹿的经历，促进了闽越文化与汉文化的交融，为最终归属汉王朝奠定了基础。闽越国灭之后，昭帝始元二年（前85年），"有遁逃山谷者颇出，立为冶县[11]"，为会稽东部都尉治所。后治所移至浙南，仅留侯官官员于此驻兵镇守。东汉时，人们以官名称地名，"冶县"又称"侯官"[12]。汉献帝建安元年（196年），孙策引兵攻会稽，会稽太守王朗浮海奔东冶。东冶被占，划入东吴势力范围。东吴分东部侯官为五县，设会稽郡南部都尉总领各县[13]。吴景帝永安三年（260年），会稽郡南部都尉改建安郡，并置典船都尉于侯官，"领谪徒造船于此"[4]。

第二节　汉冶城

冶城是闽越王无诸的国都，福州建城史的开端。

秦汉时期，福州水陆环境和现在相较，有着沧海桑田的差别。当时，海平面仍处在逐渐下降的过程中。福州盆地北部首先成陆。南部水面依然深广，滩涂显露，洲岛众多，形成了典型的半岛地形[14]。

半岛中有冶山、屏山二山，冶山为屏山支脉。两山现在的高差约50 m。据宋梁克家《三山志》描述，冶山"经累代营造修筑，山形今卑小矣。然观唐元和中犹巉峭幽邃，则秦汉间益可知"[4]，可以推断冶山在秦汉时应当比现在明显得多。南面江流中尚有于山、惠泽山等众岛屿突出（图2-1）。

多年来，学界对冶城的具体位置一直存在疑义：一种看法，认为冶城位于屏山（越王山）南麓冶山及鼓屏路一带；另一种看法，认为冶城位于福州北郊新店乡。以目前的证据来说，冶城位于屏山似乎更为合理。就地理区位而言，屏山选址能够将临海的自然条件与越人擅于用舟的特征相结合，符合句践后裔取道江、海至闽地的历史，也发展了闽族自古以来的聚居中心。就自然环境而言，冶城

图2-1　汉代水陆环境
[图片来源：主要参考卢美松. 福建省历史地图集[M]. 福州：福建省地图出版社，2004. 中的《福州市区水陆变迁》；林汀水. 历史时期"福州古湾"的变迁[J]. 历史地理，2008（1）：220-226. 中的《福州古湾水陆变迁图》与郭巍. 双城、三山和河网——福州山水形势与传统城市结构分析[J]. 风景园林，2017，（05）：94-100]

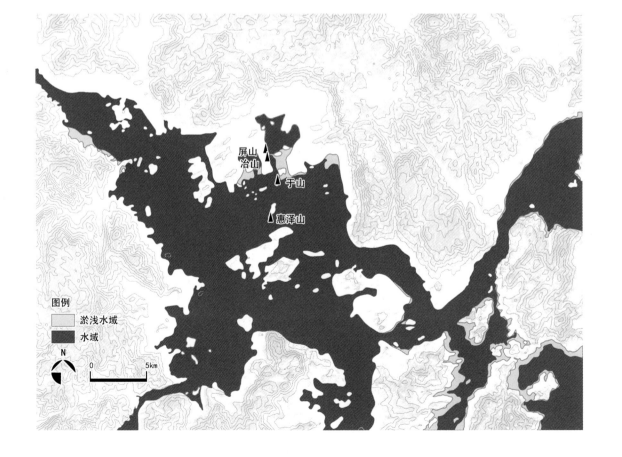

选址于冶山西北、屏山以南，是半岛中地势较高处，有利防洪排涝。同时，屏山"半蟠城外"[15]，状若屏扆，符合春秋以来营城实践中对西北山势的利用。1991年，考古队在冶山西北麓出土0.9 m厚的红黄色宫殿夯土基址、大型砖砌建筑护坡、大口径排水管道等汉初遗物；1997年，在屏山附近又发现有"万岁未央""兽面凤鸟万岁"等瓦当[16]；2013年，在福州市地铁屏山遗址西汉遗存的发掘中，发现了西汉时期早晚两期建筑台基，并出土了目前福州地区最多的西汉时期"万岁"瓦当，均符合古代宫殿区的特征[17]。由此，进一步增加了屏山冶城这一看法的可信度。图2-2是明代方志《闽都记》中的汉冶城复原图，可以看出，明代学者认同冶城位于冶山之南的说法，对于冶城周边的山水环境尽可能做到了一一落位，但图中绘制的水系

图2-2　汉冶城图
［图片来源：（明）王应山纂，福州市地方志编纂委员会整理. 闽都记[M]. 福州：海风出版社，2001］

与现代复原想象有一定出入：其一，从位置上判断，水系位于乌山、于山之南，指代的应当是闽江江面，可当时江面深广，水体规模与图中所绘不太相符；其二，如果两条水系表达的是汉冶城的城壕走势，形态虽可以接受，但位置又太过远离城区，与当时的技术条件或有不符。

　　闽越国国祚92年，闽越国三任君主——无诸、郢、馀善均悉心经营冶城。无诸时期，见于史籍的营建活动多与政治上的分封、立庙相关。比如，汉高祖五年（前202年），册封无诸于冶城南部惠泽山。无诸筑台受封，称越王台，之后又在惠泽山上立镇闽王庙[18]，因而惠泽山又称南台山、大庙山。近年来，学界参考秦汉宫苑南北向超长建筑基线的布局方法，提出了解读秦汉福州营城的新思路，即以南北轴线将新店遗址、屏山遗址与大庙山越王台这三处政治空间相串联，形成"新店卫城—屏山王城—越王台"的空间序列：北面以新店卫城镇守陆路，中部借屏山王城享舟楫之利，南面依托越王台完善礼制空间，增强军事防御功能[19]。这一思路颇有中原文化影响下的地方创新意味，有待进一步探讨。

　　郢时期，闽越国与中原政权斗争愈演愈烈。因此，这一阶段福州营城侧重于水陆交通、军事战备等相关内容。由于此时福州盆地内江水弥漫，据考古推测，海船可直接出入城西水域（即后世的西湖地区），海运条件十分优越。郢进一步在这片水域附近"开州西大路，积土成丘[15]"，便利水陆交通；为备战东瓯国，在浮仓山附近置漕粮仓廪和祠庙，便于转漕与祈福。浮仓山附近因有一块盘状的大石头，据传不会被水淹没，因而其祠庙得名石头庙[20]。汉元帝年间（前48至前33年），为管理交通要道，在原冶城东部设东冶港，"旧交阯七郡①贡献转运，皆从东冶泛海而至"[21]，船只往来寄碇于冶城东部澳桥附近[14]。之后，孙吴政权在澳桥设船场，东冶港成为东吴重要的造船基地[22]（图2-3）。

　　福州最早的风景游赏地也在秦汉时期形成。比如，无诸在于山宴集[23]，长达九日；在金鸡山北的桑溪流杯宴集[18、24]；馀善在越王台钓得白龙[25]；郢之子白马三郎于鳝溪除鳝，百姓立白马王

①　今广东省及越南部分地区

庙祀之[18]；《太平寰宇记》所载海边有月屿越王石，"常隐云雾"等[26]。闽越时期，闽人还在六月时举办"瓜莲会"祭祀无诸，可见当时的世俗生活与王权崇拜还有比较密切的关系。后世诗人常以江流、祠、庙、钓龙台、越王山作为秦汉福州风景的典型意象，借以凭吊闽越国往事。如明代谢肃《谒镇闽王庙》："钓龙台临江水隅，上有玉殿祠之无诸。"明代王恭《越城怀古》："无诸建国古蛮州，城下长江水漫流。"

图2-3　汉代福州盆地土地开发

［图片来源：主要参考 卢美松. 福建省历史地图集[M]. 福州：福建省地图出版社，2004. 中的《福州市区水陆变迁》；林汀水. 历史时期"福州古湾"的变迁[J]. 历史地理，2008（1）：220–226. 中的《福州古湾水陆变迁图》与郭巍. 双城、三山和河网——福州山水形势与传统城市结构分析[J]. 风景园林，2017，（05）：94–100］

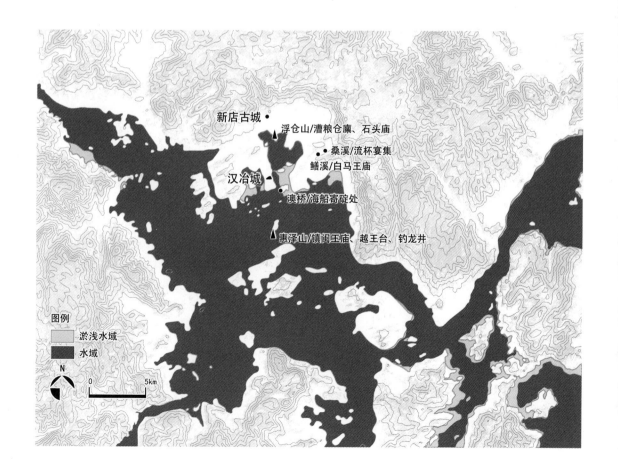

参考文献：

[1] （汉）司马迁撰，（宋）裴骃集解，（唐）司马贞索隐，（唐）张守节正义《史记·卷一百一十四·东越列传第五十四》.

[2] 林汀水. 闽越王国疆域考[A]. 中华文化与地域文化研究——福建省炎黄文化研究会20年论文选集 第二卷[C]，2011.

[3] （汉）班固 撰，（唐）颜师古 注《汉书·武帝纪》.

[4] （宋）梁克家《淳熙三山志·卷之一·地理类一·叙州》.

[5] （汉）司马迁撰，（宋）裴骃集解，（唐）司马贞索隐，（唐）张守节正义《史记·卷一百一十三·南越列传第五十三》.

[6] 靳阳春. 汉武帝进攻闽越路线考辨[J]. 武汉理工大学学报（社会科学版），2015，06：1252-1257.

[7] 朱维干. 福建史稿[M]. 福州：福建教育出版社，1985.

[8] 郑力鹏. 福州城市发展史研究[D]. 广州：华南理工大学.1991.

[9] 林忠干. 福州地区的早期历史以及城市发展[A]. 王培伦. 冶城历史与福州城市考古论文选[C]. 福州：海风出版社，1998.

[10] 吴春明，林果著. 闽越国都城考古研究[M]. 厦门：厦门大学出版社，1998.

[11] （南朝梁）沈约《宋书·州郡志》.

[12] 王国维. 后汉会稽郡东部侯官考[A]. 王国维. 观堂集林（外二种）[C]. 石家庄：河北教育出版社，2001.

[13] 林汀水. 福建政区建置的过程及特点[A]. 王培伦. 冶城历史与福州城市考古论文选[C]. 福州：海风出版社，1998.

[14] 林汀水. 福州地区水陆变迁初探[J]. 福建文博，1986（1）：81-86.

[15] （明）王应山《闽都记·卷之八·郡城东北隅（侯官县）》.

[16] 范雪春. 冶城在福州的考古新证据[A]. 王培伦. 冶城历史与福州城市考古论文选[C]. 福州：海风出版社，1998.

[17] 张勇，林聿亮，陈子文，陈兆善，林凤英，曾尚录，许红利，林果，赵秀玉，赵荣娣，赵兰玉，程璐，梁如龙. 福州市地铁屏山遗址西汉遗存发掘简报[J]. 福建文博，2015（3）：16-25.

[18] （明）王应山《闽都记·卷之十一·郡东闽县胜迹》.

[19] 李奕成，兰思仁，汪耀龙. 论冶城人居环境与水[J]. 福建论坛（人文社会科学版），2017（6）：154-161.

[20] （宋）梁克家《淳熙三山志·卷之八·公廨类二·祠庙》.

[21] （南朝宋）范晔《后汉书·卷三十三·硃冯虞郑周列传第二十三·郑弘》.

[22] 郑剑顺. 福州港[M]. 福州：福建人民出版社，2001.

[23] （明）王应山《闽都记·卷之四·郡城东南隅闽县》.

[24] 李敏. 福建古园林考略[J]. 中国园林，1989，（1）：12-19.

[25] （清）郑祖庚 纂，朱景星 修《闽县乡土志·地形略二·诸山》.

[26] 黄启权. 关于"冶"在福州的历史论证[A]. 王培伦. 冶城历史与福州城市考古论文选[C]. 福州：海风出版社，1998.

第三章

魏晋南北朝

第一节　偏安东南，衣冠相萃

　　东汉建安二十五年（220年），曹丕称帝，中国正式进入三国时期。

　　三国时期，魏、蜀、吴皆积极开拓后方，以壮大自身实力。其中，孙吴政权自汉献帝建安元年（196年）至吴太平二年（257年），五次用兵闽中，历时60余年巩固在闽中地区的统治。吴永安三年（260年），吴国设建安郡，郡治建安（今建瓯），隶属会稽南部都尉。建衡元年（269年），吴国在侯官原澳桥附近设船场，置"典船校尉"督造船只。所谓"弘舸连舳，巨舰接舻……篙工楫师，选自闽禺"[1]。吴天纪四年（280年）司马氏西晋政权灭孙吴。西晋将闽中的开发自闽北闽江上游，拓展到闽东闽江中下游。西晋太康三年（282年），分建安郡置晋安郡，郡治侯官，并任命首任郡守严高建晋安郡城。

　　西晋末期，先后爆发八王之乱、永嘉之乱，大量世族、百姓南逃，史称"衣冠南渡"。就闽中地区而言，入闽的衣冠士族多聚于晋安郡[2]，而后逐渐扩散至闽江流域以南的木兰溪、晋江、九龙江流域[3]。南朝梁天监年间（502–519年），析晋安郡南部地为南安郡。梁普通六年（525年），闽中属东扬州。陈光大二年（568年），增置丰州，统领晋安、建安、南安三郡。闽中自成一州，州治在福州[4]。

西晋至陈朝，闽中已从只有建安一郡，发展为州一、郡三、县十四[5]，基本实现了汉族政权对闽中全境的管理。同时，来自河南中州以及江西、安徽、江苏、浙江等各地移民本着"大分散，小集中"的聚居原则在福建各地定居下来[6]。入闽的汉人，带来了先进的生产工具、生产技术和管理经验，从根本上改变了闽中落后的生产方式。大量土地得到垦辟，种植技术也有显著提高。入闽官员开始有组织地建设农田水利工程，从此有"此邦丰壤，禄俸常充"[7]之说。

第二节　晋子城

秦汉至孙吴时期，福州都是海路交通的要道。晋代，海平面再度下降，福州盆地内水位变浅，许多新的沙洲和沼泽地陆续出露。冶城东西两侧的海湾逐渐淤塞为内湖。这对于以水运为命脉的城市而言，是极为不利的。同时，晋太康三年（282年）严高建子城时，距离汉昭帝始元二年（前85年）年复立冶县，已过去近200年。据人口学家估测，自三国末期至西晋盛时（共计30年左右），南北方人口增长了约17%~18%，而福建作为偏安一隅的人口流入地区，人口增长应当在18%~20%之间[8]。因此，严高任晋安太守期间，不仅需要扩城以满足人口增长需求，更重要的是，使城市建设适应水陆环境的变化趋势。

此时，汉文化体制下的官员对于水利治理已然有比较清晰的认识和充足的实践经验，众多水利工程在南方渐次创建。同时，风水学说也有空前的发展。在充分借鉴中原空间营建经验的基础上，晋子城奠定了福州之后近千年的城市布局、水利梳理与风水建构的基本框架。

子城选址与水利建设紧密相关。为充分发挥临水的交通优势，子城选址位于冶城南部。子城南门外原本宽广的港汊，随着洲土的出露变得浅窄。郡守严高人工疏导河道，使之成为郡城的南濠，名大航桥河。由于福州北高南低地势变化明显，降水季节性差异很大，因此旱涝交错问题十分显著："涝则溪涧淫溢，加以海潮逆上，

田庐有巨浸之忧；旱则一望焦土，求勺水不可得"[9]。在这种情况
下，逐渐成为内湖的东、西两海湾，从地势上能够很好地承接来自
北部山间的汇水，有利于地表径流的蓄纳。而两湾的淤浅又大大降
低了改造的难度。于是严高在取土筑城的过程中，将东、西两湾改
造为东西二湖，用以分别潴蓄东、西诸山汇水，"周回各二十里，
湖与闽海潮汐通，所溉不可胜纪"[10]（图3-1）。

　　明代方志图简洁的图面，有助于理顺晋代福州的水利结构。图
面上清晰地显示出子城东、西两侧浩荡的湖体以及城南的双重城壕。
离城近的第一道城壕，就是郡守严高疏浚的大航桥河。受到水利建
设的影响，子城北城南市的功能布局已初具雏形：郡衙与官署居北，
手工作坊与商业集市集中于南部大航桥河两岸（图3-2）。

图3-1　晋代水利建设
［图片来源：主要参考 卢美松. 福建省历
史地图集[M]. 福州：福建省地图出版社，
2004. 中的《福州市区水陆变迁》；林汀
水. 历史时期"福州古湾"的变迁[J]. 历
史地理，2008（1）：220-226. 中的《福
州古湾水陆变迁图》与 郭巍. 双城、三山
和河网——福州山水形势与传统城市结构
分析[J]. 风景园林，2017，（05）：94-100］

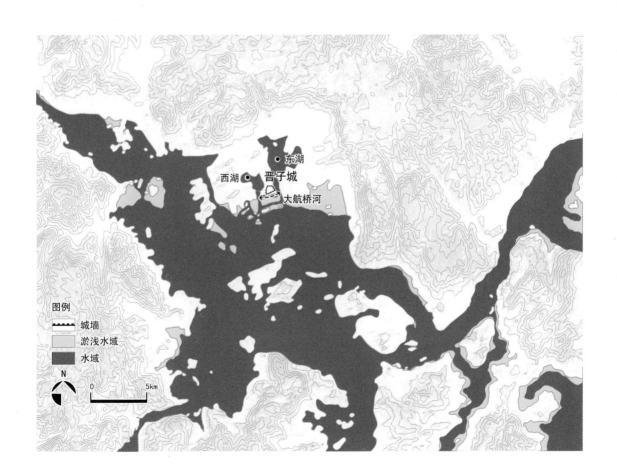

图例
- 城墙
- 淤浅水域
- 水域

N

0　　　　5km

东湖
西湖
晋子城
大航桥河

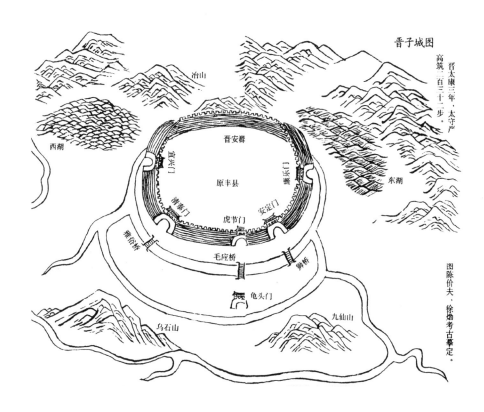

图3-2　晋子城图
［图片来源:（明）王应山纂，福州市地方
志编纂委员会整理. 闽都记[M]. 福州:
海风出版社，2001］

　　其次，子城选址高度符合风水学说通过择中、立向，求其形胜的基本原则。子城北向莲花山，南向五虎山（方山），郡衙作为城中形制最高的建筑，选址于"三山之中"[11]，以乌石山、于山为东西双阙，"自严高大相兹土，告卜于晋，乃定宅方位，迄今不移矣"[12]（图3-3）。

　　至西晋，闽中开始兴造佛寺。梁、陈两代，佛寺兴造益盛[13]。至萧梁时期，闽江流域佛寺"高者三百尺，至有倍之者，铦峻相望"[14]。太康三年（282年），冶山山麓建成城隍庙"附城而立，以时祀之"[15]，屏山南麓建成绍因寺。梁大通元年（527年），金鸡山西麓建成法林尼寺。梁太清三年（549年）屏山支脉芝山建成灵山寺。各个寺院还有相当数量的田产。山寺相依成为子城山水风景的特征之一。

　　同时，闽中仙道传说悠久，榴洞、于山（九仙山）、升山、怡山等山川胜概"悉有遗迹可验"[16]，后人便依据修仙、炼药的传说建观修道[17]。佛、道两教对闽中名胜古迹等风景资源的开发具有深远影响（图3-4）。

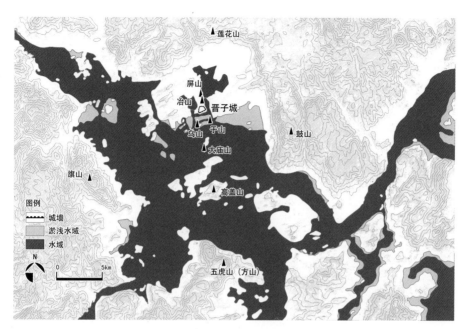

图3-3　晋代风水认知

[图片来源：主要参考 卢美松. 福建省历史地图集[M]. 福州：福建省地图出版社，2004. 中的《福州市区水陆变迁》；林汀水. 历史时期"福州古湾"的变迁[J]. 历史地理，2008（1）：220-226. 中的《福州古湾水陆变迁图》与 郭巍. 双城、三山和河网——福州山水形势与传统城市结构分析[J]. 风景园林，2017，（05）：94-100]

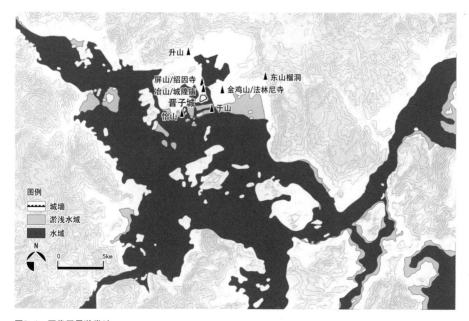

图3-4　晋代风景游赏地

[图片来源：主要参考 卢美松. 福建省历史地图集[M]. 福州：福建省地图出版社，2004. 中的《福州市区水陆变迁》；林汀水. 历史时期"福州古湾"的变迁[J]. 历史地理，2008（1）：220-226. 中的《福州古湾水陆变迁图》与 郭巍. 双城、三山和河网——福州山水形势与传统城市结构分析[J]. 风景园林，2017，（05）：94-100]

参考文献：

[1] （西晋）左思《吴都赋》.

[2] （北宋）乐史《太平寰宇记·卷一百·江南东道十二·福州》.

[3] 林汀水. 也谈福建人口变迁的问题[J]. 中国社会经济史研究，1993，（2）：29-35.

[4] 福州市地方志编纂委员会编. 福州市志（第一册）[M]. 北京：方志出版社，1998.

[5] 林汀水. 福建人口迁徙论考[J]. 中国社会经济史研究，2003，（2）：7-20.

[6] 吕变庭. 中国南部古代科学文化史第四卷 闽江流域部分[M]. 北京：方志出版社，2004.

[7] （南朝梁）萧子显《南齐书·卷四十六·列传第二十七·王秀之 王慈 蔡约 陆慧晓（顾宪之）萧慧基》.

[8] 林校生. 东吴西晋时期福建的人口规模[J]. 福州大学学报（哲学社会科学版），2014（3）：5-9.

[9] （民国）何振岱《西湖志·卷二·水利二·沈涵·重浚福州西湖碑记》.

[10] （民国）何振岱《西湖志·卷一·水利一·西湖》.

[11] （明）王应山《闽都记·卷之七·郡城东北隅（侯官县）》.

[12] （宋）梁克家《淳熙三山志·卷之七·公廨类一·府治》.

[13] 王荣国. 两晋闽中寺院与汉族移民[J]. 中国社会经济史研究，1995，（3）：17-24.

[14] （宋）梁克家《淳熙三山志·卷之三十三·寺观类一》.

[15] （宋）梁克家《淳熙三山志·卷之八·公廨类二·祠庙》.

[16] （宋）梁克家《淳熙三山志·卷之三十八·寺观类六·道观》.

[17] 黄启权. 福州史话[M]. 厦门：鹭江出版社，1999.

第一节　王氏主政，百业齐兴

隋唐五代是闽中全面发展的重要时期。隋唐大部分时期，社会相对安定，行政建制也不断完善。对于闽中而言，有3个变动比较值得注意：一，唐开元十三年（725年），"福州"这一名称，正式作为官方地名存在（在此之前，"泉州"作为地名指今福州，长达105年之久[1]）。二，天宝元年（742年），"天下诸州改郡，刺史改为太守"。闽中置长乐经略使，福州改长乐郡，领闽中六郡，福州因此有了"长乐"这一别称。三，大历六年（771年），福建观察使取代福建节度使，潮州归岭南，福建从此自成一道。

中唐以来，中央政权衰弱，各地起义风起云涌，节度使纷纷自立。中和五年（885年），中原王氏政权入主福建。王氏政权以王潮、王审邽、王审知三兄弟为核心，并在名义上得到中原王朝的认可。景福元年（892年），唐昭宗封王潮为福建观察使。乾宁四年（897年），王潮卒，王审知继立。天祐四年（907年），朱温建立梁朝，唐朝灭亡，中国正式进入五代十国。后梁开平三年（909年），朱温封王审知为闽王，升福州为大都督府，经略闽中。自唐景福元年（892年）王

潮立福建观察使，后唐同光三年（925年）王审知卒，在五代攻伐不
断的混乱时期，王潮、王审知始终执行保境安民政策，"宁为开门节
度使，不作闭门天子"[2]，向北方称臣纳贡，以保障本土安全，同时，
劝课农桑、宾贤礼士、息兵养民，使闽中地区享有33年安靖，成为
福建社会、经济、文化发展的关键时期。王审知死后二十年间，后
继者争权夺位，政治腐败、内讧不已[3]。期间，闽国分裂为闽、殷
二国，两地攻伐，暴骨如莽。后汉乾祐二年（949年），留从效自领
泉、漳地。后晋开运二年（945年），南唐攻占建州。后汉天福十二
年（947年），吴越攻占福州。北宋太平兴国三年（978年），吴越归
附宋朝，福州至此回到中原政权的版图中。

隋唐时期，福建户数迅速增长，向山向海的土地开发成为农业
生产的必然趋势。围海造田、拒咸蓄淡工程率先在福州发展[4]，滨海
咸卤之地得到初步改良。山地的开发则有赖于翻车、筒车等先进的灌
溉排水工具的传入。兼之粮食品种丰富多样，福建农业已经由粗放型
经营向精耕细作转变。中唐以后，福建成为江南主要的产粮区之一。
但是，福建山多地狭，河谷盆地与平原仅占全省总面积约5%，单纯
倚靠农业，显然不足以支持福建经济的发展。各级官吏开始致力于开
拓水陆交通，为扩大商品交换的规模和程度提供有力支撑。比较有代
表性的事件是唐元和二年（807年），福建观察使陆庶铲峰填谷，开辟
了福州"西门路"驿道，便利了商旅往来与公文传递。

五代时期，王审知进一步鼓励商业发展，给予了海外贸易极大
的自由。手工业一并繁荣：冶制业、制瓷业、纺织业初具规模，制
茶业、造船业尤为突出。福建成为全国制茶业的主要产区，福州、
泉州两个造船中心迅速崛起。福州有通海之便，是当时闽中最主要
的交通枢纽和商品集散地。

隋唐五代也是福建文化发展的关键时期。中唐以来，文人官吏
开始注重闽中的文化教育。王氏入闽主政后，更是以儒学发展为己
任，令福建文风大振。兼之因"朱梁移国"[5]，大量中原诗人名士
流寓入闽，诗教渐昌。王审知的后继者虽然在政治、军事上乏善可
陈，但也十分重视文教。其长子王延翰在福州西郊设立国子监，后

为纪念国子监祭酒湛温殉国之事而改名祭酒岭。福州开始以文化名城闻名于世[6]。在王氏政权的支持下，福建佛教寺院和僧尼数量激增。据统计，晋太康年间（280-289年）至王氏入闽（885年），600年内所建寺观不足320座。而自王氏入闽至闽亡（945年），约60年间，修建寺观达337座[7]。仅王审知主政期间，就兴建与修复了260座寺和6座塔[8]。王氏政权灭亡后，吴越统治者在寺院兴造方面有过之无不及。福州禅宗兴盛、道场林立，名僧云集，佛教之盛为全国罕见。

第二节　唐子城

随着洲土出露增多，筑堤拒咸、浚湖蓄水成了这一时期农田水利建设的主要内容。唐贞元十一年（795年），观察刺史王翃在城西南五里开浚南湖。同时凿就了一条五里又两百步的流渠连通西湖[3]，以接西湖之水灌于东南。但南湖随后淤塞，渐为民庐、舍、园、池[9]。大和三年（829年），县令李茸在闽县东五里修筑海堤，"初，每岁六月，潮水咸卤，禾苗多死。堤成，潴溪水殖稻，其地三百户皆成良田"[10]，据位置判断应在今五里亭附近[11]（图4-1）。

同时，城内人文景观也有了初步的充实和提升。这与盛唐时浪漫活跃的文化艺术氛围、开放包容的社会风气直接相关。唐贞观二年（628年），屏山东麓建清真寺。开元年间（713-741年），福州设丽正书院、集贤书院，并在城西北建庙学。唐天宝八年（749年），乌石山"石心涌出佛像三十二像"[12]"敕改乌石山为闽山，人遂呼山支麓为闽山，而乌石山之名仍旧"[13]。大历七年（772年），御史李贡在乌石山造华严台，李阳冰大篆《般若台记》于其上。《般若台记》是闽中最早的摩崖石刻，世称此刻为天下"四绝"[13]之一。建中四年（783年），鼓山开始依山构寺。贞元十二年（796年），观察使李若初在福州西郊怡山建冲虚宫。贞元十五年（799年），乌山东麓兴建无垢净光塔[14]。元和八年（813年），刺史裴次元在冶山西麓辟马球场，"即山为亭，勒二十咏……各为诗题亭壁[15]"。元和十年（815年），城内南

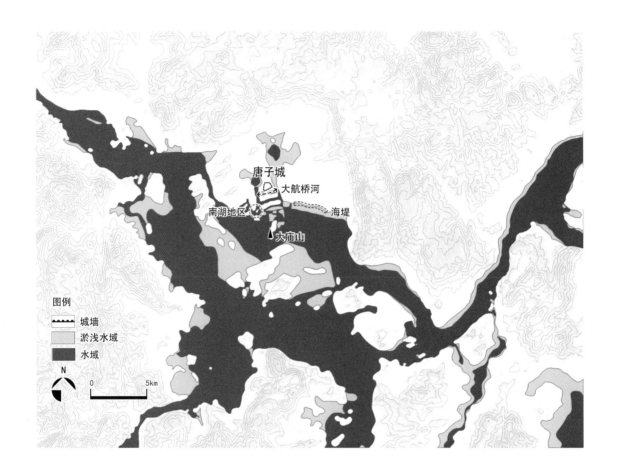

图4-1　唐代水利建设

[图片来源：主要参考卢美松. 福建省历史地图集[M]. 福州：福建省地图出版社，2004. 中的《福州市区水陆变迁》；林汀水. 历史时期"福州古湾"的变迁[J]. 历史地理，2008（1）：220-226. 中的《福州古湾水陆变迁图》与郭巍. 双城、三山和河网——福州山水形势与传统城市结构分析[J]. 风景园林，2017，（05）：94-100]

北中轴设"全闽第一楼"鼓楼，内置更漏计时器与鼓角打更。鼓楼成为全城景观标志物。

唐中和年间（881-884年），距晋子城建成已近500年。福州经济繁荣，人口大增，不少人已经迁出子城外居住，于是观察使郑镒开始修拓子城东南隅。扩建后的子城仍是官吏士卒所住。大航桥河南岸与大庙山钓龙台为当时主要的水运登陆地点。北城南市的格局日益清晰。

中唐至晚唐，福州城南沙洲继续增多，大航桥河有淤积趋势。诗人陈翊有《登城楼作》一诗，描述唐子城与城外环境的关系，诗云："井邑白云间，严城远带山。沙墟阴欲暮，郊色淡方闲。孤径回榕岸，层峦破槲关。寥寥分远望，暂得一开颜。"

第三节　唐罗城与后梁夹城

王审知在执政期间，两次较大规模地扩建福州城。第一次扩建在唐天复元年（901年），建新城"环子城外"[16]，被称为唐罗城。第二次扩建于后梁开平二年（908年），在罗城的南、北两侧增扩城垣，分别称作南月城、北月城。由于新城将罗城夹于两新作城垣之内，因而新城又称后梁夹城。两次建城的时间间隔较短，一般认为是统一规划、分期建设而成。

人口增加推动了城市的扩张，自然变迁则主导了城市形态的发展。随着闽江泥沙的沉积，筑堤围垦活动愈加活跃，福州城西南面的洲土与沼泽逐渐连成一片。大航桥河通潮受阻，河道也越来越窄。但大航桥河南部新的港汊日趋明显，这条新港汊被称作新河。唐罗城扩筑时，将冶山作为制高点，以新河为城濠，将大航桥河纳入罗城中，成为内河。至后梁夹城扩筑时，又以屏山、乌山、于山三山为城中制高点，将新河纳入夹城中，成为福州城内第二条内河。唐罗城、后梁夹城的建设，形成了福州子城、罗城、夹城三重城垣、七重城门、两重城濠、三山鼎立的城市格局。唐罗城以大航桥河为界，北为行政活动区，南为商业活动区。居民区位于南北中轴两侧，分段围筑高墙，形成"三坊七巷"的雏形。至后梁夹城时，商业活动中心又南移至新河两岸（图4-2）。

具体来看，唐罗城为不规则椭圆形，东西宽约1.8 km，南北长约1.7 km[17]，史书载"周遭四十里"应是夸大其词。宋梁克家《淳熙三山志》对唐罗城的城门设置有比较清晰的记录："设大门及便门十有六，水门三，今门存者七：南利涉门，东南通津门，东海晏门，东北通远门，北永安门，西北安善门，西南清远门[18]"。

唐罗城的建设，初步奠定了福州城市内外水系布局（图4-3）。罗城城外河湖密布：城址东西两侧分别有东湖、西湖，用以蓄泄南下的山洪；罗城东南有澳桥浦，罗城西南有尾浦，两浦水道环绕城南，是罗城的外濠。罗城东西各有引水闸：东南水闸引东部澳桥浦河水，"旧名诸水堰，吸大河水城"[19]。西南水闸引西部尾

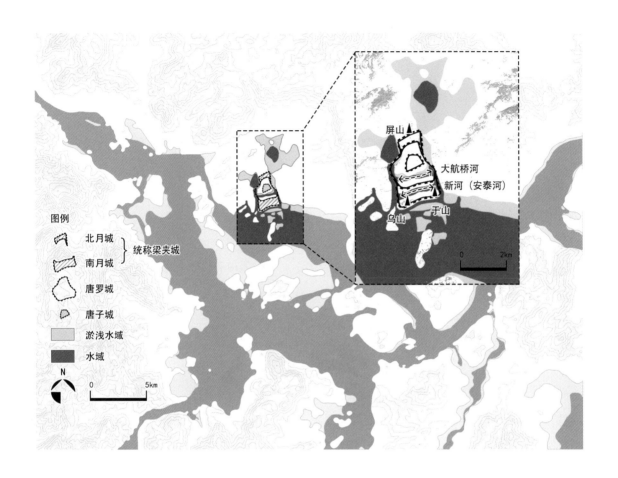

图4-2　唐罗城与梁夹城（南北月城）
[图片来源：主要参考 卢美松. 福建省历史地图集[M]. 福州：福建省地图出版社，2004. 中的《福州市区水陆变迁》；林汀水. 历史时期"福州古湾"的变迁[J]. 历史地理，2008（1）：220–226. 中的《福州古湾水陆变迁图》与 郭巍. 双城、三山和河网——福州山水形势与传统城市结构分析[J]. 风景园林，2017，（05）：94–100]

浦河水，"至金斗门西入"[19]。东湖湖水过澳桥浦，经水道直达南部河岸。该水道"直如沟渎"[19]，被称作直渎浦。城内外水系的联合运作，不仅有利于城市用水、农田灌溉，对商业贸易也有着重要意义。利涉门位于城南关，城外即新河，有安泰桥斜跨河上。《榕城考古略》称"人烟绣错，舟楫云排，两岸酒市歌楼，箫管从柳阴榕叶中出"[19]，可见当时福州城商业贸易的繁华景象。

　　后梁夹城形制则更加繁复。根据黄滔《灵山塑北方毗沙门天王碑》所记，南北月城不仅城墙、城楼建设已极人力，更通过与周边山、水的协调，进一步强化军事防御能力与航运能力：北月城据屏山为垒，以西湖为濠；南月城跨新河，将乌山、于山纳入城中。船舰随海潮涨落出入城中，热闹非凡。南北月城与唐罗城合而为一，又可附会举一生三的风水内涵[20]。

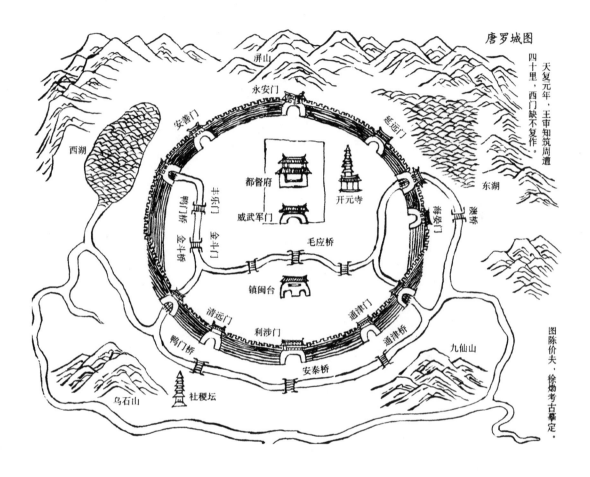

唐罗城图

四十里，西门缺不复作。

天复元年，王审知筑周遭

屏山

永安门

安善门

延远门

西湖

东湖

都督府

开元寺

威武军门

海晏门

涧桥

丰乐门

鸭门桥

金斗桥

金斗门

毛应桥

九日门

镇闽台

清远门

通津门

鸭门桥

利涉门

通津桥

九仙山

乌石山

社稷坛

安泰桥

图陈价夫，徐炀考古暨定。

图4-3 唐罗城图

［图片来源：（明）王应山纂，福州市地方志编纂委员会整理. 闽都记[M]. 福州：海风出版社，2001 ］

后梁夹城将城垣内的面积扩展至晋子城的七倍左右[3]。城北由冶山北麓的永安门，北拓至屏山东西两侧的遗爱门、严胜门；城南利涉门外增设宁越门；城东增筑美化门、水部门；城西新开西门（迎仙门）。城内外总共有唐子城、唐罗城、后梁夹城三重城垣，南北中轴线上有七重城门。城中以屏山、于山、乌山三山为制高点，屏山位于主位，是城市南北中轴的重要对景[21]。城中又有大航桥河、新河两道护城河，城外以湖、浦为城隍，气势磅礴，攻防有度，城市建设达到了相当高的水准。后梁夹城（图4-4）奠定了福州三山鼎立的城市格局，福州从此有了"三山"别称。

历经五代时期王氏政权两代人的苦心经营，福州城内的游赏、休憩功能逐渐突显。福州城内凭借西湖等农田水利工程兴建宫苑，对温泉汤脉的探知也有了一定的发展。王审知建城时疏浚了西湖，其长子

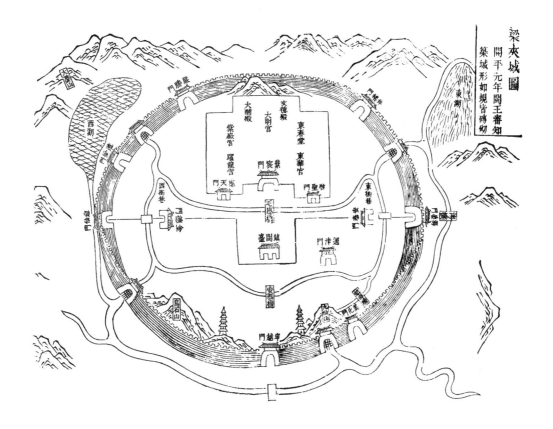

图4-4　梁夹城图
[图片来源:(明)王应山《闽都记·图·四、五》]

王延翰自称大闽国王后，在西湖上筑造水晶宫。至次子王延钧时水晶宫成[2]:"跨城西西湖筑室十余里，号曰水晶宫。每携后庭游宴，从子城复道以出"[22]。晋子城、唐罗城建城时，均有温泉涌出地面。百姓用石块砌作汤池，用以沐浴、屠宰[23]。后梁龙德年间（921-923年），城东温泉坊建龙德汤院，"地多燠泉，数十步必一穴，或进河渠中……伪闽天德二年，占城遣其相国金氏婆罗来。道里不时，遍体疮疥，访而沐之，数日即瘳，乃捐五千缗，创亭其上"[24]。

佛塔林立是唐末五代福州城的一个显著特点。唐昭宗光化四年（901年），王审知于开元寺造寿山木塔，辅以经藏，为昭宗还宫祈福。天祐元年（904年），王审知在于山建报恩定光多宝塔（白塔）。后梁开平年间（907-910年），王审知修复大中寺七级定慧塔[15]、神光寺报恩塔，新建万岁定光塔、太平寺开元塔[25]。后梁乾化五年（915年），王审知将鼓山寺院改名为鼓山白云峰涌泉院。后梁龙德三

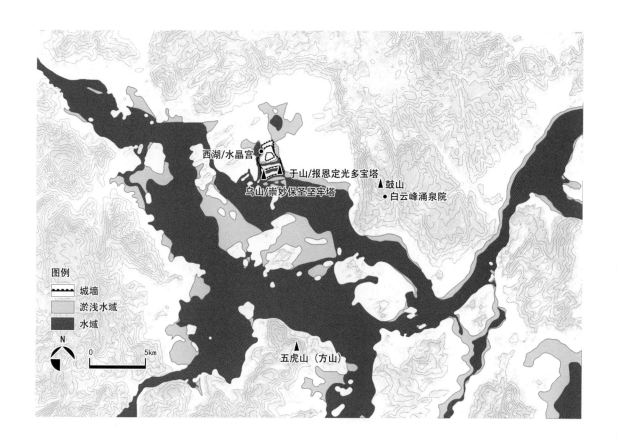

西湖/水晶宫
于山/报恩定光多宝塔
乌山/崇妙保圣坚牢塔
▲鼓山
●白云峰涌泉院

图例
城墙
淤浅水域
水域

N

0　　　5km

五虎山（方山）▲

年（923年），"于城西南张炉冶十三所，备铜铁三万斤，铸释迦、弥勒诸像"[26]。后晋天福二年（937年），王延羲在乌山东麓重建无垢净光塔，并改名崇妙保圣坚牢塔（今乌塔）[27]。唐周朴《福州神光寺塔》云："风云会处千寻出，日月中时八面明。"其《福州开元寺诗》云："开元寺里七重塔，遥对方山影拟齐。"一是描绘塔高而夜景明亮，一是说明塔与山水的映衬关系（图4-5）。

福州是王氏割据政权的首府。就省域尺度而言，福州具有得天独厚的地理优势："闽越之为藩屏也，建汀二疆束其右，巉千而壑万，溟海巨流濒其左，涛雷而浪霆。信乎江山奇险，无以加之"[20]。就城市本身而言，福州囊括三山二河于其中，又有塔寺林立的景观特色。黄滔发展前人以金鸡山为龙腰的说法，以龙腹、龙角附会城市风景，渲染福州作为地方首府的政治地位：

图4-5　唐代主要宫、寺、塔
[图片来源：主要参考 卢美松. 福建省历史地图集[M]. 福州：福建省地图出版社，2004. 中的《福州市区水陆变迁》；林汀水. 历史时期"福州古湾"的变迁[J]. 历史地理，2008（1）：220-226. 中的《福州古湾水陆变迁图》与 郭巍. 双城、三山和河网——福州山水形势与传统城市结构分析[J]. 风景园林，2017，（05）：94-100]

　　"府城坐龙之腹，乌石、九仙二山耸龙之角，屹屹巇巇，
屏屏颜颜，两排地面，双立空际。惟石如墉，回岗若揖。东街
沧海以镜豁，西走建溪而带萦……一旦之新城月圆，二山之嘉
气云连……得峻中之平，平中之峻，凸而不隆，凹而不卑"[28]。

参考文献：

[1] 关瑞民，陈力．泉州历史及其地名释义[J]．华中建筑，2003，（1）：79-80，93.

[2] 诸葛计．闽国史事编年[M]．福州：福建人民出版社，1997.

[3] 黄启权．福州史话[M]．厦门：鹭江出版社，1999.

[4] 张芳．中国古代灌溉工程技术史[M]．太原：山西教育出版社，2009.

[5] （唐）黄滔《黄御史集·序》.

[6] 徐晓望．论闽国时期福州文化的发展[A]．福建省炎黄文化研究会．闽都文化研究——"闽都文化研究"学术会议论文集（上）[C]．福建省炎黄文化研究会，2003：15.

[7] 黄伟民．唐末五代福建佛教的新发展及其原因[J]．泉州师专学报，1995，（1）：45-48.

[8] 陈榕三."开疆闽王"王审知与中原密切关系研究[J]．台湾研究，2011，（1）：45-49.

[9] （明）王应山《闽都记·卷之十五·西湖沿革》.

[10] （宋）欧阳修，宋祁《新唐书·志第三十一·地理五》.

[11] 祝永康．闽江口历史时期的河床变迁[J]．台湾海峡，1985，02：161-170.

[12] （清）郭柏苍《乌石山志·卷之二·古迹·石像》.

[13] （清）郭柏苍《乌石山志·卷之一·名胜·乌石山》.

[14] 福州市建筑志编纂委员会．福州市建筑志[M]．北京：中国建筑工业出版社，1993.

[15] （明）王应山《闽都记·卷之八·郡城东北隅（侯官县）》.

[16] （明万历）喻政 主修《福州府志·卷之七十·艺文志一·明黄仲昭 重修三山城橹记》.

[17] 郑力鹏．福州城市发展史研究[D]．广州：华南理工大学，1991.

[18] （宋）梁克家《淳熙三山志·卷之四·地理类四·罗城》.

[19] （清）林枫《榕城考古略·卷上·城橹第一·城内河道桥梁附》.

[20] （唐）黄滔《黄御史集·卷五·碑记·灵山塑北方毗沙门天王碑》.

[21] 张恒宇．福州城市历史地理初步研究[D]．福州：福建师范大学，2008.

[22] （清）吴任臣《十国春秋·卷第九十一·闽二·嗣王世家》.

[23] 郑美英．福州温泉志[M]．福州：福建科学技术出版社，2001.

[24] （宋）梁克家《淳熙三山志·卷之三十三·寺观类一》.

[25] （清）林枫《榕城考古略·卷上·城橹第一·会城七塔》.

[26] （清）吴任臣《十国春秋·卷第九十·闽一·太祖世家》.

[27] （清）林枫《榕城考古略·卷中·坊巷第二·坚牢塔》.

[28] （唐）黄滔《黄御史集·卷五·碑记·大唐福州报恩定光多宝塔碑记》.

第一节　农商并重，利尽山海

宋建隆元年（960年），赵匡胤发动陈桥兵变，建立宋朝。宋朝采取"先南后北"的战略，占据了中国古代农业高度发达的地区，并以此为基础创造了中国历史上经济和文化的高峰。但宋政权在与北方少数民族的军事较量中长期处于劣势地位。"朝廷倾天下之力，竭四方财用，以供馈饷，尚日夜惴惴然，惟恐其盗边也"[1]。

宋朝为避免五代藩镇割据的弊病，采取崇文抑武的治国方针，并实行官、职分离与兵、将分离制度，造成了宋朝中后期严重的冗官、冗兵、冗费现象。为改变国家积贫积弱的局面，北宋皇帝与士大夫共治天下，力图在危机中变革，寻求富国强兵之路。然而，苛政与党争最终导致变法失败。靖康年间（1126-1127年），金军攻破东京，北宋灭亡。南宋绍兴八年（1138年），南宋与金议和，定都临安。端平元年（1234年），蒙古灭金。德祐二年（1276年），蒙古攻占临安。宋端宗赵昰在福州即位，升福州为福安府，定为行都。元朝至元十六年，即南宋祥兴二年（1279年）十万军民崖山殉国，南宋灭亡。至元十六年至三十一年（1279-1294年），元世祖忽必烈统一全国，改"路"制为

"省"制，"福建省"的名称自此载于史册。在元朝统治的90多年里，元朝派遣重兵进驻福建，福建社会经济水平下降，文化发展步入低谷。

福建险远，对中原政局变更的反应总是相对滞后。但也由于其偏安一隅，福建逐渐成为宋朝相对稳定、可靠的后方，政治地位日益提升。北宋开宝七年（974年），宋灭南唐，接管闽北。太平兴国三年（978年），吴越纳土归宋，福州正式归入北宋版图。元丰年间（1078-1085年），福州人口已经达到20万人以上，为全国六大城市之一。据统计，自宋初（960年）至南宋建炎元年（1127年），福州户数自94510户增至222201户[2]，户数增加135.1%。以至于南宋有"分闽、浙以实荆、楚，去狭而就广"[3]的政论出现。在沉重的人口压力下，福建开拓出一条有别于传统农耕文化的独特发展途径——农商并重。

宋时，福建已根据内地、滨海两种不同的自然环境，分为上下四州。上下四州在土地利用形式、商品经济普及程度、粮食供求上有着明显的区别[4]。上四州多山，闽西北的山间盆地，在唐代已基本垦殖殆尽，至宋代农民只能向更高、更偏僻的地方开拓梯田；下四州多沿海丘陵平原，农民致力于向江河湖泊和滩涂要田。梯田营建与围海、围湖造田同步进行，耕地向全方位拓展。其中，填湖所形成的田称为湖田，拦潮所形成的田称作潮田。湖田品质最高，福州西湖周围"弥望尽是负郭良田"[5]。但湖田围垦难免影响水利维护。据冀朝鼎统计，唐代福建兴修水利仅29处，居全国第四；两宋时期，福建治水记录达402项，为全国之首[6]。此时的水利工程以下四州的潴水、捍潮、引灌、冲刷咸卤工程为主，其中，约2/3位于福州沿海[7]。

在扩大耕地面积、兴建水利设施的同时，福建农民迅速发展了茶叶、水果、棉花、甘蔗等经济作物，从单一的粮食生产体系向全面发展的农业体系过渡。福州作为著名的水果之乡，仅《淳熙三山志》物产篇所记，就有荔枝、橄榄、龙眼、橙、柑、柚、枇杷、甘蔗等26种水果。同时，福建手工业在生产技术、产品品质上也有突破性进展，棉织业、陶瓷业、造船业、采矿业、印刷业、制茶业、盐业、渔业均有巨大进步。

农业、手工业的发展，对外开放政策的支持，漫长而曲折的海岸线，以及本地历史悠久的造船、贸易传统，全面推动了沿海商业贸易的繁荣。宋元祐二年（1087年），朝廷在泉州设立市舶提举司。泉州港走向极盛，并逐渐超越福州港。虽然福州港的地位有所下降，但福州港的海外贸易活动仍然大大超越前代。此时与福州有外贸关系的国家，包括日本、暹罗（今泰国）及东南亚各国共计十多个。福州港同本国沿海各港口及内江、内河的贸易也有很大发展。福州港进口货物主要为谷米，出口货物包括荔枝、木材、纸、铁、茶、瓷器等地方特产。货物通过闽江流域的干流与各支流汇集到福州，再输出海外。随着贸易的扩大，以福州为起点，向四周辐射的市镇网络也逐渐成型。为方便河流两岸的城乡贸易联系，福建各地致力于疏浚险滩，设置渡口，建造桥梁。据初步统计，宋元时期福建修建桥梁约有527座[8]，其中，石梁石墩桥为数甚多，为工甚巨，胜极于闽。"郡境之桥，以十百丈计者，不可胜记，（福州）万寿桥与洪山桥尤为雄壮"[9]。

政治、经济中心的南移，带动了文化中心的南移。大批文化名流仕宦闽中，福建的教育水平从唐之前的相对落后，一跃为全国领先。北宋时期，以范仲淹、王安石和蔡京主导的3次兴学运动，建立了覆盖全国各州县的官学系统[10]，极大地推动了官学（州县学）的发展。至南宋时，福建1府5州2郡和58县均设立了学校[11]，设州县学比率达到100%，此时全国平均水平仅为44%[12]。宋时的官学大多以庙学的形式出现，即立学于孔庙所在地。而福建除了庙学之外，还设有宗学和番学。宗学位于福州，为宗室子孙及功臣子弟设立；番学位于泉州，教育外侨子弟，促进中外交流[13]。

在官学不断完善并制度化的同时，私学也得到了极大的发展。私学主要指经馆、蒙馆等学塾。南宋吕祖谦诗"最忆市桥灯火静，巷南巷北读书声"很可能指的就是福州城中私学涌现的情况。值得注意的是，追求自由讲学、学术交流的书院也在此时进入繁荣期。福建的各大书院主要是理学家讲学授徒的文化基地。就选址而言，书院多位于山林僻静之处，学塾多位于城中街巷或郊区村野之中，官学多位于城镇繁华之地，不同的选址在一定程度上反映出各类教育机构在服务对象与办学理念上的区别。

福建文教成果直接体现在科举取士的数量、理学的发展与人文艺术的萌芽上。宋代，福建籍进士人数占全国进士人数的1/5，中举人数居全国第一。两宋共118位状元，其中福建籍达25人[14]。《宋史》记载闽人位至宰辅之数，居全国第三[15]。应当说明的是，宋代以科举为入仕的基本途径。通过读书谋求衣食成为贫寒子弟最好的出路，这或许能够稍微解释福建虽然总体经济水平和文化水平不及两浙，但在中举人数上超过两浙的原因[16]。

在理学的发展上，朱熹（1130-1200年）是理学的集大成者。因朱熹一生多在福建著述讲学，弟子也以福建籍门生为主，因而福建成为朱子理学的主要传播地、南宋理学之乡，以朱熹理学为基本内容的学派也被称为"闽学"。闽学符合专制集权的需要，备受封建统治者推崇，自南宋之后便成为历代封建王朝的官方哲学，福建的文化地位因而显得尤为特殊。

在人文艺术的萌芽上，《全宋词》载福建北宋词人14人，居全国第三；《宋诗歌纪事》载福建诗人128位，居全国第二[14]。同时，福建也开始涌现出一批金石家与书法家，福建人文景观的内涵愈加丰富。福州于山元绛的"金粟台"篆书，乌山的朱熹题刻，鼓山的蔡襄、李纲题刻均极为珍贵。同时，福建在音乐、绘画、工艺美术方面也有长足进步，刻书业极为发达。自宋代起，福建便有了"滨海邹鲁"[17]之称。

元代，受战乱冲击与政治压迫，福建文化发展呈现衰微景象。元朝统治者在文化上加强了政治控制，科考次数的减少与汉人名额的严重压缩，使得福建考生再也无法维持宋代科举取士中的繁荣景象。

第二节　宋子城与宋外城

在政治地位提升，经济、文化空前发展的背景下，宋代福州空间营建的进展主要体现在四个方面：一，由于政权更迭导致的城垣的变化，包括宋子城的重建与其余城垣的毁弃；二，由于水陆变迁促进了城市水利的更新，使得福州形成了与海潮涨落相适应的内外水系；三，基于新的水文环境，政治与经济空间的自发调整，尤其是通过行政建

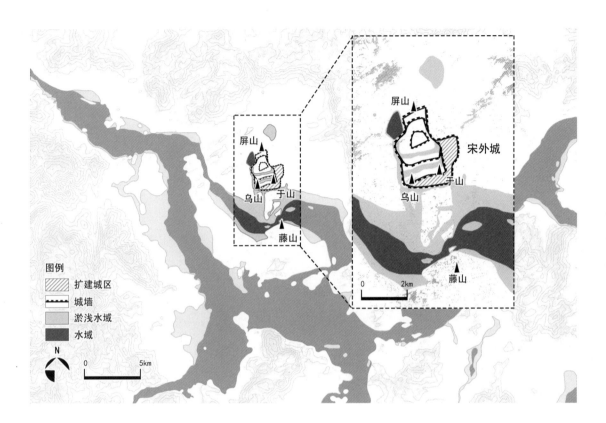

筑、坊巷、桥梁进一步明确了福州城强调中轴又因地制宜的城市布局；

四，由文人官吏与市井百姓共同促成的人文特征与山水风景的发展。

首先，关注因政权更迭导致福州城垣废复的情况。

城垣是中国古代城市最重要的城防设施。正如前文所说，福州对于中原政权更替的反应是相对滞后的。五代时，福州是割据政权的重镇。北宋建立时，福州尚属吴越国。直至北宋建立18年后，福州才纳入北宋版图。而南宋灭亡之际，福州仍作为南宋政权的行都、重要的抗元基地。因而在五代至北宋、南宋至元代这两次朝代更替中，福州的城垣建设均受到了新政权的严格限制。

北宋开宝七年（974年），福州在吴越国管辖之下，郡守钱昱扩建福州东南城区，史称宋外城（图5-1）。

《淳熙三山志》详细描述了宋外城的形制（图5-2）：

图5-1 宋外城城墙示意
［图片来源：主要参考 卢美松. 福建省历史地图集[M]. 福州：福建省地图出版社，2004. 中的《福州市区水陆变迁》；林汀水. 历史时期"福州古湾"的变迁[J]. 历史地理，2008（1）：220-226. 中的《福州古湾水陆变迁图》与 郭巍、双嘉、三山和河网——福州山水形势与传统城市结构分析[J]. 风景园林，2017，（05）：94-100］

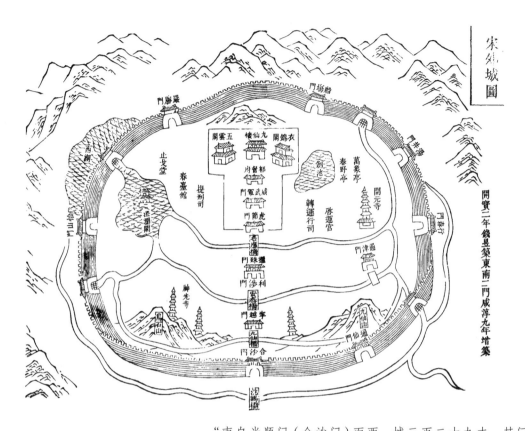

图5-2　宋外城图
[图片来源:(明)王应山《闽都记·图·
五、六》]

"南自光顺门（合沙门）而西，城三百二十九丈，其门
楼六间，敌楼三十间。东自东武门（行春门）而北，便门二
（汤井门、船场门），敌楼九间，城二百七十四丈，开沿城河
二千九百尺。自东武门而南，门楼三间，敌楼二十四间，城
三百一十丈，开沿城河三千六百尺。凡城高丈有六尺，而厚半
之，石其基，累甓而覆以屋，二年乃毕" [18]。

太平兴国三年（987年），吴越纳土归宋。为防止地方割据，宋
室诏堕福州城垣，"由是诸城皆废" [19]，"四海混同，人无外虞，断
垣荒堙，往往父老徒指故迹以悲" [20]。

皇祐四年（1052年），曹颖叔完成了北部严胜门局部城墙的修缮
工作："自严胜门始甓百五十丈" [18]。熙宁元年（1068年），交趾（今
越南北部）叛乱，大卿章岷连上两奏章申请修复子城城垣。第一次
上奏从民生出发，申请修缮资金（二三百度牒），没有得到批准。第
二次上奏则强调城墙荒废，无以御敌，终于获得朝廷批准，得度牒

一百五十道，每道许卖一百贯足。但当时大多数人认为钱少、工程量大、劳役又重，"费与役广，恐不能成"[20]。此时，唯有主持筑城的程师孟认为"第得钱两千万，半岁可就"[20]：

> "（程师孟）益以西南隅，周九百五十丈。旧子城西至宜兴门，今又广至丰乐门。厚五寻，而杀其半，崇得五之四。表里累以礨石，上设女墙。其下覆以椽瓦为台（名威武），以抗其隅。创九楼城上。下负墙为亭三……浚其隍，为桥十二……费缗钱一万九百七十四，用工十一万七千，三百八十九日卒功"[20]。

熙宁八年（1075年），子城女墙坏，知州军元积中将城墙瓦片拆除，建造砖楼，把控制高点。南宋绍兴元年（1131年），盐商范汝为据建州起义，饥民从之。待制程迈利用街巷路面的石块新建了虎节、定安、丰乐、康泰四处瓮门与敌楼。之后，部分瓮门、敌楼又毁，总共剩下七个城门，分别为：南虎节门、门外还珠门、东南安定门、东康泰门、西丰乐门、门内宜兴门、西南清泰门。

宋外城也有多次修缮计划，但都因经费不足、敌情平复而中途作罢。因此，终宋之世，除子城城垣得以重建外，罗城、外城的城垣均不复旧，但城门、城楼均有保留。

南宋德祐二年（1276年），宋室以福州为行都，升其为福安府。元至元十五年（1278年），元朝统治者改福安府为福州路，并再次下诏堕福州城垣。元末，为加强城防，至正十四年（1354年），平章陈有定稍事修葺城垣，并于南台岛藤山顶设烽火台，与中洲炮垒相呼应，藤山因而得名烟台山。

宋代，福州城垣的废复受到政局更迭的直接影响，福州的水利建设则面临着来自自然与人口的双重压力。但值得庆幸的是，在官员们的努力下，福州水利建设呈现出革故鼎新、适时而动的良好势头。

此时，由于福建山区开发规模不断扩大，加重了闽江上游的水土流失。泥沙在下游平原大量淤积，福州洲土进一步南拓。同时，海潮也逐渐退出福州，福州土地盐碱问题减轻，百姓的围湖、围海造田活动加速。庆历年间（1041-1048年），东湖已经基本被耕地占垦，福州西湖也在不断萎缩。城中第一道护城河大航桥淤积明显。城南沙洲发展迅速，呈现“沙洲颇合”的景象。水土流失加剧，湖体、港汊萎缩，这直接影响了福州山间汇水的蓄泄。据统计，宋代福州城共计发生水灾51次，旱灾32次，受灾次数均位于福建各地首位[21]。因此，宋代官员更加注重对湖池港汊的疏浚，致力于形成蓄泄有致的水文环境。

庆历四年（1044年），时任福建转运使的蔡襄，于古东湖湖区开五塘，用于灌溉民田。皇祐四年（1052年），郡守曹颖叔疏浚西湖，此时西湖“自迎仙门至遗爱门”，较之晋代“所存仅十之三”[22]。嘉祐元年（1056年）蔡襄再次任福州知州，蔡襄“有意疏浚西湖，未果”[22]，于是命闽县、侯官县、怀安县疏导渠浦，以辅助滞纳、引导水流。其中，闽县扩大东部城壕，沿乐游桥向南垂直方向挖河通向闽江，“导东北诸水以达东门”[22]，成为之后南鏁港（今日的晋安河）的雏形（图5-3）。

图5-3 宋代水利建设

［图片来源：主要参考 卢美松. 福建省历史地图集[M]. 福州：福建省地图出版社，2004. 中的《福州市区水陆变迁》；林汀水. 历史时期“福州古湾”的变迁[J]. 历史地理，2008（1）：220-226. 中的《福州古湾水陆变迁图》与 郭巍. 双城、三山和河网——福州山水形势与传统城市结构分析[J]. 风景园林，2017，（05）：94-100］

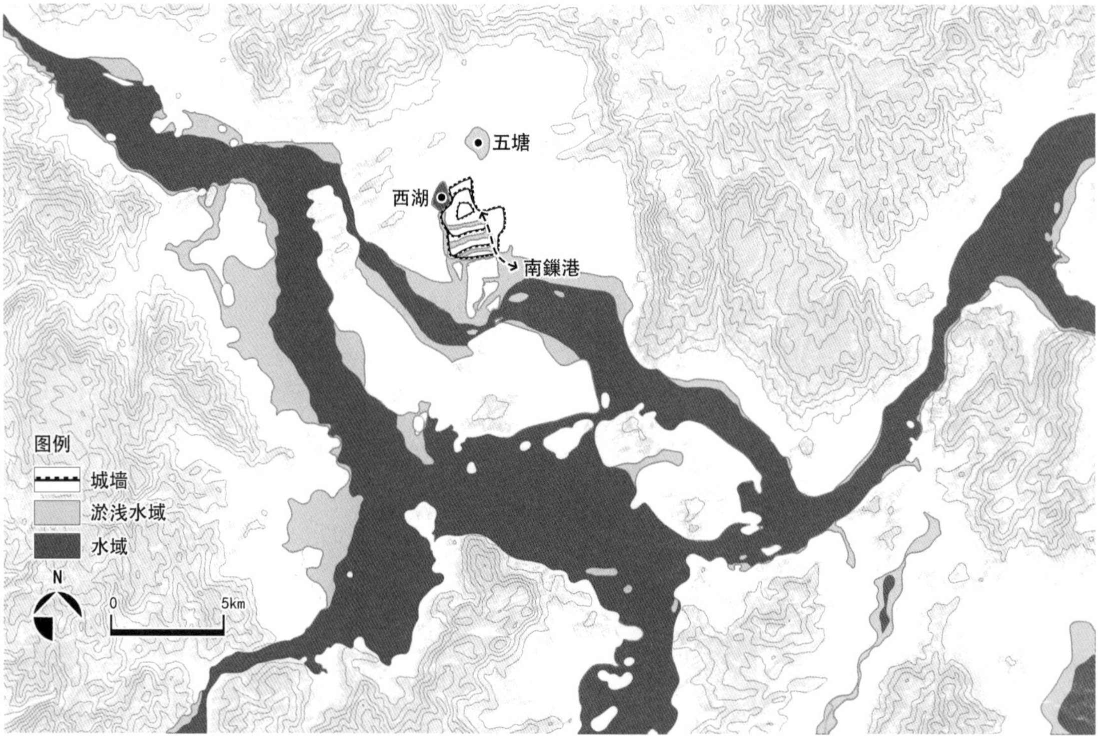

一百年后，至南宋淳熙年间（1174-1189年），东湖尽为民田："浮仓山昔在水中央，今周遭皆民田。东北诸乡俱名湖墚"[22]。西湖成为福州水系治理的关键。淳熙九年（1182年），福州知府赵汝愚考察西湖水利旧迹，并沿威武堂旧址创建澄澜阁，"取诸澄清安澜之意"[23]，用以"俯视众役"[24]。次年，正式奏请疏浚西湖：

"（西湖）旧时湖周回十数里，天时旱暵，则其发所聚，高田无干涸之忧。时雨泛涨，则泄而归浦，卑田无淹浸之患。民不知旱涝，而享丰年之利。后来，人户夤缘请射，岁纳些小课利，谓之池户。官中但见其丝毫之人，而不知其为民户永远之害。岁月浸久，填淤殆尽……西湖、南湖不复相通……虽潮水不住往来，而上下阻隔，无由通济。臣照得本州地狭民贫，全仰岁事丰登，田畴广殖，小有荒歉，难以枝梧。况田并潮，弥望尽是负郭良田，自从水源障塞之后，稍遇旱干，则西北一带高田，凡数万亩皆无从得水。至春夏之交，积雨霖淫，则东南一带低田，发泄迟滞，皆或巨浸"[25]。

赵汝愚的奏章有理有据、情感充沛。奏章中首先声明福州西湖在调节水势，缓解旱涝灾害上的实用价值。进而描绘福州水利荒废、水流阻滞、航道堵塞、良田得不到及时灌溉的情景。终于，赵汝愚恳请修复西湖的建议得到朝廷支持。在此次疏浚中，赵汝愚不仅恢复了西湖水域的规模，更通过建闸与加强管理进一步控制了西湖的水流蓄泄，据《淳熙三山志》记载，赵汝愚疏浚西湖后：

"湖之闸高六尺，长二丈四尺，板二重，各五片，高五尺，长一丈一尺五寸，开元寺看管。第四闸，高六尺，长二丈三尺，板二重，各五片，高四尺五寸，长九尺，安国寺看管。第五闸，高六尺五寸，长三丈五尺，板二重，各四片，高四尺，长一丈七尺，东禅寺看管。右五闸，各以板数为准，滀水灌溉，常宜扃锁，不可妄启。惟大潮候日，初三、十八，遇有小舟，乘载往来，听启闸一次"[25]。

在整体水系通畅的基础上，文人官吏为保障城市饮用水源的供给，方便百姓就近取水，又对水系做了一些细节上的优化。北宋庆历六年（1046年），苏舜元于福州城内陆续开凿了12口苏公井、7口七星井。同时，福州自宋代开始铺设排水沟。皇祐三年（1051年），福州城南造七星沟，作为城市排水、冲污的辅助设施。

福州城内水源自众山而下，或泄而为川，或潴而为湖，各尽丘壑之妙。与此同时，福州作为强潮型河口，海潮作用强，潮差大，潮水一日两度涨落。涨潮时，潮水涌进闽江入海口，顶托江水逆行进入城市河道，达于东西两湖；落潮时，闽江水位下降，城内河水回流至闽江[26]。当时，人们对福州的潮汐规律已经有了比较准确的认识，能够利用潮汐规律缩短航运时间：

> "水路，视潮次停泊，犹驿铺也。循州境东出……道闽安而上……萦纤数百里，危径狭道，行者茧足，轻舟朝发，乃一夕可至。南望交广，北睨淮浙，渺若一尘。乘风转舵，顾不过三数日……浮于海、达于江，以入于河，莫不有潮次云"[27]。

此时，福州港道分为二路：一路通过闽江与上四州联系，船只大多数在洪塘码头靠岸；一路则通过海上航道，与沿海城市沟通。商船多自闽江口进港，由于福州城区航道滩浅石多，大多数商船选择在闽安镇港卸货，有的货物通过陆路搬运至福州城，有的货物则在闽安镇港换小船搭载，再随潮水涨落进入福州城。福州城区码头主要分布于城西南的洪塘地区、大庙山下的崇嘉里，以及从南镇港可以直接抵达安泰桥、澳桥附近（图5-4）。

随着洲土发育，南台地区也在不断淤积成陆，为城南码头的发展提供了可能性。元祐年间（1086-1094年），南台江"江沙颇合，港疏为二，中成楞严州。"元祐八年（1093年），太守王祖道在楞严州南北建联舟浮桥：

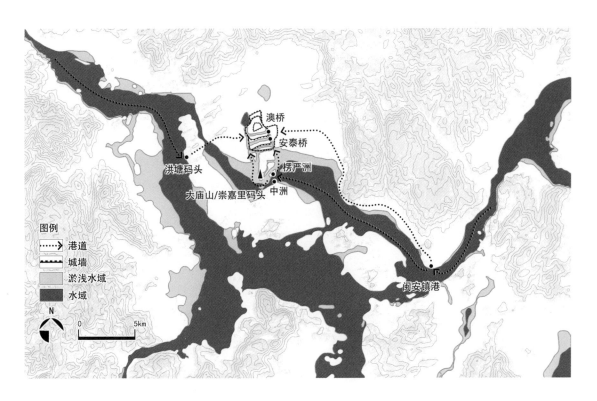

图5-4　宋代航运节点

[图片来源：主要参考 卢美松. 福建省历史地图集[M]. 福州：福建省地图出版社，2004. 中的《福州市区水陆变迁》；林汀水. 历史时期"福州古湾"的变迁[J]. 历史地理，2008（1）：220–226. 中的《福州古湾水陆变迁图》与郭巍. 双城、三山和河网——福州山水形势与传统城市结构分析[J]. 风景园林，2017，（05）：94–100]

"相其南北，造舟为梁。北港五百尺，用舟二十，号合沙北桥；南港二千五百尺，用舟百，号南桥。横舟从梁板其上，翼以扶栏，广丈有二尺，中穿为二门，以便行舟。左右维以大藤缆，以挽直桥路于南北。中岸植石柱十有八而系之，以备疾风涨水之患"[28]。绍圣三年（1096年），浮桥建成，"寻又为屋以覆缆柱，架亭于其侧以憩行者"[29]。

北宋崇宁二年（1103年），南台江分为北、中、南三支水道，浮桥重修，用舟总数由120只减少为102只。元初，船户将中洲至南台岛段的浮桥改为木桥，取名江南桥。元大德七年（1303年），万寿寺头陀王法助奉旨募造中洲至楞严州之间的平梁石桥，并于至治二年（1322年）建成，称万寿桥。

宋元时期，福州水利建设的主要内容体现了古人对当时水文环境的适应与改造，而城市内部轴线与布局的变化则反映了城市功能的转变。

　　宋元时期，福州已经形成了"一府两县"的行政建置，这种行政建置一直延续到清末（图5-5）。福州既是福州州治所在，也是闽县、侯官县县治所在。闽县、侯官县以福州城市中轴分为东西两部分，隶属于福州。福州城北部，尤其是子城范围内依然是主要的行政活动区。自子城向南，城市政治职能逐渐减弱，经济职能逐渐加强，城市经济活动区南移至城南安泰桥及南台江两岸。

　　福州府治仍然位于晋严高择址的冶山南面。福州府治是城内等级最高、最为重要的行政建筑。府治前有鼓楼与仪门。其中，鼓楼前身为唐代威武军门，五代时改名彰武军门。宋嘉祐八年（1063年），元绛将威武军遗址改为双门，并在上建九间楼。熙宁二年（1069年），程师孟在楼上增滴漏，推测昼夜时间。仪门前身为唐代大都督府门，庆历八年（1048年）大修，列十四支戟于门前，亦称衙门。鼓楼与仪门的翻新修整，使得州治行政意义大大增强，"于是重谯杰丽，邃宇闳固，翚飞云蠢，望者肃服……自公之暇，据胜临

图5-5　福州中轴与闽县、侯官县县治位置关系图
［图片来源：张天禄. 福州方志史略[M]. 福州：海风出版社，2007. 中的《闽县疆域图》］

眺，乐丰余而壮吟观"[30]。

福州城中道路分为九轨、六轨、四轨、三轨、二轨共五个等级。城中南北主干道道宽九轨（以1轨相当于周制8尺，周制1尺约0.23 m计算，九轨干道宽度约为16.56 m）。治平四年（1067年），太守张伯玉"令通衢编户浚沟六尺，外植榕为樾，岁莫不凋"[31]。将冠大荫浓、根系广布的榕树作为行道树，既有助于巩固堤岸、减缓暑热，也塑造了独具地方特色的植物景观。熙宁（1068–1077年）以来，"绿阴满城，行者暑不张盖。"

出府治，沿主干道往南至南台岛，需要依次通过仪门、鼓楼、虎节门、还珠门、利涉门、宁越门、合沙门，共计七个城门，并有乌石山、九仙山分列东西，因而有"七重楼向青霄动""七楼遥直钓龙台"等诗文描述福州中轴的瑰丽景致（图5-6）。

与城内严整庄重的城市氛围不同，城南诸码头则是商贸繁华之地，正如《马可·波罗行记》中记载：

> "此城为工商辐辏之所……有一大河宽一里，穿行此城（顾河两岸皆有民居，迄于南门，人烟不绝，殆误以附廓为城内软，此误甚细，盖今人亦称南台为福州）。此城制糖甚多，而珍珠宝石之交易甚大，有不少印度船舶来此，亦有商人赴印度诸岛贸易。在此（福州）见有足供娱乐之美丽园囿甚多。此城美丽，布置既佳，凡生活必需之物皆饶而价甚贱"[32]。

宋代，福州城人文内涵愈加充实、丰富，发展了以山水格局、山海特征为基础，生活与艺术融会贯通的城市风景。就整体风貌而言，"惟昔瓯越险远之地，为今东南全盛之邦……三山鼎峙，形势尊雄"[33]。"三山"已经成为世人公认的福州的象征。由于福州水稻多种植于围海而成的潮田，商贸也依赖于海上贸易，世人称之为"海舶千艘浪，潮田万顷秋"[34]。福州繁荣的文化、经济生活也日益受到瞩目，可谓"衣冠之盛，甲于东南，工商之饶，利尽山海"[35]。就景观单体而言，文人官吏着力疏浚湖池港汊、修筑亭台楼阁、营建寺庙汤

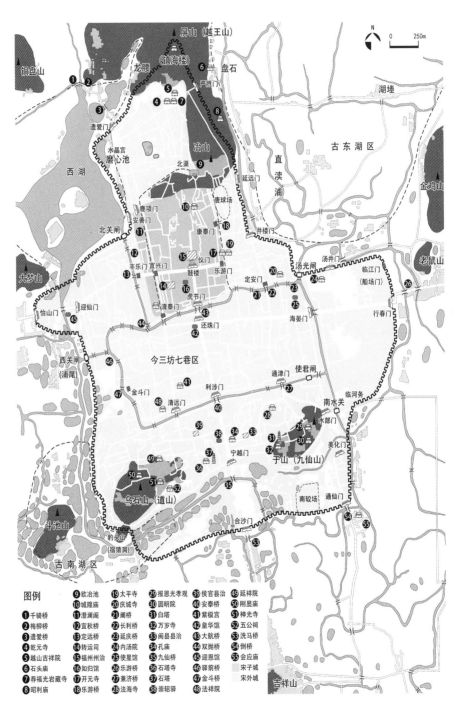

图5-6　宋代福州城区平面图

[图片来源：主要参考 福建省地方志编纂委员会. 福建省历史地图集中的《文化图组
宋代福州城区^①》]

①　镇海楼为明代所建

图例

❶千骑桥　　　❾欧冶池　　　⓳太平寺　　　㉙报恩光孝观　　㊴侯官县治　　㊾延祥院
❷梅柳桥　　　❿城隍庙　　　⓴庆城寺　　　㉚圆明院　　　　㊵安泰桥　　　㊿刚显庙
❸遗爱桥　　　⓫澄澜阁　　　㉑澜门　　　　㉛白塔　　　　　㊶紫极宫　　　51神光寺
❹乾元桥　　　⓬宜秋桥　　　㉒长利桥　　　㉜万岁寺　　　　㊷皇华馆　　　52五公祠
❺越山吉祥院　⓭定远桥　　　㉓延庆寺　　　㉝闽县县治　　　㊸大航桥　　　53洗马桥
❻石头庙　　　⓮转运司　　　㉔内汤院　　　㉞孔庙　　　　　㊹双抛桥　　　54倒桥
❼荐福光岩藏寺⓯福州治　　　㉕使星馆　　　㉟九仙桥　　　　㊺迎恩馆　　　55会应庙
❽昭利庙　　　⓰如归馆　　　㉖乐游桥　　　㊱石塔寺　　　　㊻驿前桥　　　▨宋子城
　　　　　　　⓱开元寺　　　㉗兼济桥　　　㊲石塔　　　　　㊼金斗门　　　▨宋外城
　　　　　　　⓲乐游桥　　　㉘法海寺　　　㊳崇轺驿　　　　㊽法祥院

院、推广果木种植，并以题刻、诗文记述史实，赋予功能设施、文物古迹以诗情画意。比如，北宋时期，曹颖叔、蔡襄、赵汝愚等人致力于浚治水利，缓解旱涝，以利民生。南宋绍熙二年（1191年），辛弃疾知任福州，连作西湖名篇四首，有"烟雨偏宜晴更好，约略西施未嫁""说与西湖客，观水更观山"等句，概述福州西湖的婉约风致。除西湖、三山外，鼓山已成为福州城郊著名的风景胜地，山上既有"精庐庄严海，百室云雾浮"[36]的涌泉寺、"俯仰百年间，磨镌遍岩幽"[36]的题刻，还可登山远眺，东瞰沧溟，俯视城郭村墟。

　　以城内外山体为依托的城防、宗教建筑，逐渐转变为人们日常游赏的场所，温泉沐浴的习俗也得到进一步的推广。程师孟曾在城内四方做九仙楼、东山楼、望云楼、绥带楼、三山楼、清微楼、堆玉楼、蕃宣楼、西湖楼，用以远眺近观。北宋乾德二年（964年），屏山南麓兴建越山吉祥禅院，明代改名华林寺。崇宁二年（1103年），王祖道在仓前山建崇宁寺，政和元年（1111年）改名天宁万寿禅寺，南宋绍兴十三年（1143）年改为报恩光孝寺，仓前山因而又有天宁山之称。城内外楼台寺院与山形水势的结合，使福州有"城里三山古越都，楼台相望跨蓬壶。有时细雨微烟罩，便是天然水墨图"（宋陈轩《冶城》）的美誉。宋代，福州城东设置内汤院，与龙德外汤院均为"官汤"，虽然仅供达官贵人沐浴，但汤井巷、温泉坊等地名在官方地图中已有明确标注，可见温泉沐浴习俗已经有了一定的民众基础。

　　此时，人们也逐渐认识到农作物、经济作物与园林植物的审美价值与文化价值。治平四年（1067年），程师孟继张伯玉知任福州，对张伯玉编户植榕之举，写道"三楼相望枕城隅，临去犹栽木万株。试问国人来往处，不知曾忆使君无？"点明榕城景致受益于仁政，赋予植物景观以文化内涵。庆历四年（1044年）与嘉祐元年（1056年），蔡襄两度知任福州。蔡襄撰写《荔枝谱》，大力推广荔枝种植，他盛赞福州洪塘西与越王山荔枝种植"数里之间，焜如星火……观览之胜，无与为比"[37]。而蔬果林木之胜，与商业贸易相结合，反映在龙昌期《三山即事》诗中，即为"苍烟巷陌青榕老，白露园林紫蔗甜。百货随潮船入市，千家沽酒户垂帘"（图5-7、图5-8）。

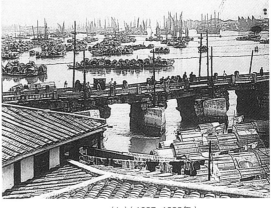

（a）（1927年）　　　　　　　　　　　　（b）（1937—1938年）

图5-7　福州的植物景观老照片（1876—1877年）
［图片来源：哈佛大学燕京图书馆藏］

图5-8　福州水运老照片
［图片来源：（a）[日]岛崎役治. 亚细亚大观（第三辑）[M]. 大连：亚细亚写真大观社，1927；（b）[日]岛崎役治. 亚细亚大观（第十四辑）[M]. 大连：亚细亚写真大观社，1938］

　　世俗生活是城市文化的重要组成部分，也是城市风景的主要素材库。宋元时期，在特定场所、特定时间中，百姓自发的群体活动表达了古人对于空间的独特感知。据《淳熙三山志·土俗类二》记载，宋代福州比较成规模的节日游赏行为包括：上元节（农历正月十五）观灯、寒食节（清明节前两日，后逐渐与清明节合并）开花园与游山、上巳节（农历三月三）南湖竞渡、庆佛生日（农历四月初八）西湖放生、端午节（农历五月初五）诸河竞渡、重阳节（农历九月初九）登高。可见，宋代的世俗生活已广泛地延伸至福州城中的山、水、街巷、寺庙、园林中。这使得福州城不仅具有山水之胜，也充满了文化意趣与生活气息。

参考文献：

[1] （南宋）李焘《续资治通鉴长编·卷三百四十九·宋神宗·元丰七年·癸巳》.

[2] 朱维干. 福建史稿[M]. 福州：福建教育出版社，1985.

[3] （宋元）马端临《文献通考·卷十一·户口考二》.

[4] 李瑾明. 南宋时期福建经济的地域性与米谷供求情况[J]. 中国社会经济史研究，2005，（4）：41-51.

[5] （宋）梁克家《淳熙三山志·卷之四·地理类四·西湖》.

[6] 冀朝鼎. 中国历史上的基本经济区与水利事业的发展[M]. 北京：中国社会科学出版社，1900.

[7] 《中国农业的发展》.（1368-1968年附录8，水利资料）转引自唐文基. 福建古代经济史[M]. 福州：福建教育出版社，1995.

[8] 吕变庭. 中国南部古代科学文化史第四卷 闽江流域部分[M]. 北京：方志出版社，2004.

[9] （清）顾祖禹《读史方舆纪要·卷九十六·福建二·万寿桥》.

[10] 邓洪波. 中国书院史[M]. 武汉：武汉大学出版社，2012.

[11] 刘海峰，庄明水. 福建教育史[M]. 福州：福建教育出版社，1996.

[12] Chaffee J. W. The Thorny Gates of Learing in Song China：A Social History of Examination [M]. Cambridge University Press，1985：136.

[13] 刘锡涛. 宋代福建人才地理分布[J]. 福建师范大学学报（哲学社会科学版），2005，（2）：112-116.

[14] 刘晓平. 论宋代福建经济文化发展在历史上的地位[D]. 福州：福建师范大学，2012.

[15] 林拓. 两宋时期福建文化地域格局的多元发展态势[J]. 中国历史地理论丛，2001，（3）：88-97，129.

[16] 吴松弟. 宋代福建人口研究[J]. 中国史研究，1995，（2）：50-58.

[17] （明万历）喻政 主修《福州府志·卷之七十·艺文志一·元 贡师泰·重修福州路记》.

[18] （宋）梁克家《淳熙三山志·卷之四·地理类四·外城》.

[19] （清）林枫《榕城考古略·卷上·城橹第一》.

[20] （宋）梁克家《淳熙三山志·卷之四·地理类四·子城》.

[21] 刘世斌. 宋代福建水旱灾害及其防救措施研究[D]. 福州：福建师范大学，2013.

[22] （明）王应山《闽都记·卷之二十·湖南侯官胜迹》.

[23] （清）郑广策 著，梁章矩 选编《西霞文钞·卷上·澄澜阁记》.

[24] （宋）梁克家《淳熙三山志·卷之七·公廨类一·澄澜阁》.

[25] （宋）梁克家《淳熙三山志·卷之四·地理类四·内外城壕桥梁附》.

[26] 郑力鹏. 福州城市发展史研究[D]. 广州：华南理工大学，1991.

[27] （宋）梁克家《淳熙三山志·卷之六·地理类六·江潮》.

[28] （宋）梁克家《淳熙三山志·卷之五·地理类五·驿铺·南路》.

[29] （清乾隆）徐景熹《福州府志·卷之九·津梁·万寿桥》.

[30] （宋）梁克家《淳熙三山志·卷之七·公廨类一·府治》.

[31] （宋）梁克家《淳熙三山志·卷之四·地理类四·城涂》.

[32] [法]沙海昂 注，冯承钧 译. 马可波罗行纪[M]. 北京：中华书局，2012.

[33] （宋）张守《毗陵集·卷三·谢除知福州府到任表》.

[34] （南宋）王象之《舆地纪胜·第一百二十八卷·福建路·福州·风俗形胜》.

[35] （宋）苏辙《栾城集·卷三十·林积知福州》.

[36] （宋）洪炎《游石鼓山涌泉院》.

[37] （宋）蔡襄《荔枝谱·第三》.

第六章　明清

第一节　曲折发展，艰难求生

　　元至正二十七年（1367年），明兵入闽，结束了元朝在福建的统治。1368年，明太祖朱元璋正式建立明朝。明朝无汉之外戚、唐之藩镇、宋之岁币，却恰好处于西欧从封建社会向资本主义社会过渡的重要时期，世界政治、经济形势即将发生空前变化[1]。

　　纵览明清这一时段，海防海禁政策的反复直接影响了福建沿海社会、经济的发展。明朝是中国历史上由汉族建立的最后一个封建王朝。明朝统治者对商业始终保持着暧昧的态度，他们一方面寄希望于通过"厚往薄来"的怀柔政策促成儒家思想中"四夷来朝"的景象；另一方面，内心深处仍然坚持着农本思想，经常采取各种方法打击、遏制私人海上贸易的势头。朱元璋执政早期，海禁还只是作为巩固沿海政治统治的临时性军政措施[2]。但是，以中日外交失败为导火索，朱元璋开始全面部署闽、粤海防，严格限制海外往来，以至于"片板不许下海"。海禁政策甚至被列入明朝祖训与《大明律》，要求长期执行[3]。明成祖朱棣基本承袭了朱元璋对海上贸易的态度。为了保护以农为本的自然经济，永乐二年（1404年），朱棣下令民间海船"悉改为平头船，所在有司防其出入"[4]，使沿海船只丧失远航能力。永乐五年（1407年），"不许军民人等私通外境，私自下海贩鬻番货，违者依律治罪"[5]。而永乐年间轰轰烈烈的郑和下西洋活动，主要也是巩固海防、肃清海道、镇压海外势力以及解决海外逃民问题的政治措施。朱棣之后近百年的时间里，明朝"撤西洋取宝之船，停松花江造船之役，召西域使臣还京，敕之归国，不欲疲中土以奉远人"[6]。

由于明朝与琉球在平定倭患、保持东亚海域稳定等方面有基本共识，中琉贸易成为中国海外贸易的主体。成化八年（1472年），为便于管理，福建市舶司从泉州移至福州，福州港一度成为明朝海外贸易的中心。正德三年（1508年），明朝仿照宋朝旧例，对海外贸易征收实物税，朝贡体制逐渐衰弱[7]，私人贸易日益复苏。

嘉靖二年（1523年），因宁波爆发"争贡之役"，海禁再次升级，日趋繁盛的海外贸易由此发生逆转。海外走私获利更甚，海商、贫民反而纷纷成为海寇，甚至拥兵自立。"福建罹毒最甚……屠城则百里无烟，焚舍而穷年烽火"[8]，"至嘉靖而弊极"[9]。此时，朝中有识之士已认识到倭患实际上来自海禁过严，"严禁商道，不通商人，失其生理，于是转而为寇"[10]，"愈严，则其价愈厚，趋之者愈众"[11]。嘉靖四十三年（1564年），福建巡抚谭纶奏请稍宽海禁[12]。而后，朝廷默许在福建漳州月港开放对南洋的私人贸易，由朝廷抽取商税。

明朝末年，沿海寇乱风起云涌。以郑芝龙为首的郑氏海商集团在福建沿海兴起，几乎垄断了东南沿海制海权[13]。南明隆武元年（1645年），郑芝龙迎唐王朱聿键入闽，于福州建立南明王朝。次年，隆武帝为清军所俘，郑芝龙降清，郑成功率部入海。清顺治七年（1650年），郑成功占据厦门、金门两岛，连年向漳州、泉州、福州用兵，福建沿海成为反清复明的主战场。

清朝的海禁政策，根本上是对反清复明势力的经济打击。随着郑成功军事活动的进展，海禁政策不断升级。顺治十三年（1656年），清朝制定"禁海令"，严禁商民船只私运粮食和货物出海。次年，清兵正式驻守福州。顺治十六年（1659年），郑成功率军北伐，攻克镇江，围困南京。顺治十七年（1660年），闽督李率泰将同安县沿海人民迁入内地，为福建小规模迁界之始。顺治十八年（1661年），郑成功驱逐荷兰殖民者，收复台湾，同东南亚各国广泛展开贸易，将海外贸易视作反清复明的重要资金来源[14]。同年，清政府下诏实行大规模"迁界"：以闽安镇为中心，北至浙江沙埕670里，南至广东分水关1150里，沿海百姓一律内迁30里，村庄田宅皆废弃，城堡台寨一律拆毁，一切船只化为灰烬。百姓无以为生，流离失所。

康熙二十年（1681年），郑成功之子郑经病死，郑氏集团内部分崩离析。康熙选派施琅为福建水师提督，以战逼和。康熙二十二年（1683年），清朝统一台湾，允许迁界百姓复归故土。康熙二十三年（1684年），清朝设台湾府，划归福建，并宣布开放海禁。船只"无分大小，络绎而发"[15]，形成清代海外贸易的第一个高峰。

但是，到了康熙末年，康熙以谷米外运影响民食，百姓迁居南洋造成人口流失为由，开始禁止南洋贸易。福建沿海官员纷纷上奏，以求"大开禁网，听民贸易，以海外之有余，补内地之不足"[16]。雍正五年（1727年），清朝取消南洋禁海令，但在福建省仅设厦门港作为唯一合法港口。乾隆二十二年（1757年），清朝实行变本加厉的闭关锁国政策，下令停止厦门、宁波等港口的对外贸易，只留广州"一口通商"，并对外商活动、进出口货物严加限制[17]。直至道光二十年（1840年），鸦片战争打开国门，广州、厦门、福州、宁波、上海被迫开放，成为通商口岸。

同治五年（1866年），闽浙总督左宗棠在福州马尾创建福建船政学堂，作为中国航海教育和海军教育的重要基地。光绪五年（1879年），日本以武力吞并琉球，改名冲绳县，中琉宗藩关系结束[18]。光绪十年（1884年），在清政府封闭消息、严禁反击的情形下，中法马江海战失败，福建水师全军覆没。光绪十一年（1885年），台湾单独建省。光绪二十一年（1895年），清政府签署《马关条约》，把台湾割让给日本。

宋元航海贸易发展的迅猛势头，至明清走向衰亡。究其原因，明清统治者对于海上贸易的态度过于保守。在政权更替之初，明清统治者习惯性地采取了海禁、迁界等"杀敌一万，自损三千"的方法封锁海上反对势力。但在国际贸易网络日趋发达的形势之下，海禁政策不仅不能对敌对势力产生预期的封锁效果，反而造成了沿海百姓的深重苦难，加重了社会的动乱，更大大折损了国家本身的海防力量。在政权相对稳定之后，为了维护以农为本的封建自然经济，为了将人口牢牢固定在日趋拥挤的土地之上，明清统治者依然不时地遏止开海后逐渐繁荣的贸易形势，并始终将海外华侨视作潜在的统治威胁。

"海者，闽人之田"[19]。严苛的政策限制、繁重的军饷开支使得福建从宋元时期全国商品经济最繁盛的地区之一，沦为积贫、动乱之地。此时的福建仅是明清中国落后的一个缩影。当封闭的封建统治面临以机械工业、大规模商品生产为基础的西方文明的坚船利炮时，中国迅速沦为半殖民地半封建社会[20]。

在海外贸易受到遏制的同时，福建农业发展也是步履维艰。一方面，农田水利事业面临现实困境，建造与维护农田水利工程的难度越来越大。自宋以来，全国各地的农业生产技术与人口密度均已趋于自然经济的顶峰[21]。明清人口增长迅速，田地的扩张往往是"与水争田"的结果[22]，福州西湖于万历年间屡浚屡占，康熙时期则"割据愈横"[23]。农业的过度开发导致了福建全境森林退化、水土流失等后果，加速了各流域自然河道与人工水利设施的淤积。另一方面，资金短缺、人力不济、豪强侵占成为明清农田水利发展的瓶颈。自明中叶起，地方财政危机使得政府行政职能萎缩，赋役制度的改革又限制了官府对人力的管控[24]。水利工程的兴修管理逐渐由官办过渡为"官倡民办"或"官助民办"，地方农田水利设施几近为乡族私产。农田水利服务于血缘或地缘关系，缺乏宏观把控，修复工程大多质量不高，一些水利设施呈现兴废无常的态势。同时，清初迁界政策使得界墙外的水利工程与设施大多荒废，对福建农田水利事业产生了较大的负面影响。

但是，明清时期，福建逐渐突破自给自足的自然经济，农业生产向专业化、商品化发展，区域分工日趋明显。在粮食作物生产上，番薯、玉米等耐旱、高产品种的引进和推广，缓解了福建严重的缺粮问题。在经济作物生产上，福建依然保持着宋元确立的多元发展方向。

（a）福州沿江码头贸易（1900–1910年）

（b）福州港（1900–1910年）

图6-1　福州沿江贸易老照片
[图片来源：福建省档案馆藏]

人们普遍采用插木法、压条法等无性繁殖的方法保证茶树、果树的产品质量。利用焙制法将荔枝、龙眼等水果制成果干，便于产品的保存与运输。清代后期，随着乌龙茶、红茶的问世以及海禁政策的解除，福建茶叶出口大增，茶树种植面积进一步扩大。制茶业迅速形成了从生产到销售的商业服务链。

至清代中后期，武夷茶的出口中心由广州转到福州，福州茶叶输出居于全国前列。这极大地促进了福州城市经济与港口贸易的繁荣（图6-1）：

"八闽物产，以茶、木、纸为大宗，皆非产自福州也。然巨商大贾，其营运所集，必以福州为的。故出南门数里，其转移之众，已肩属于道。江潮一涨，其待输运之舰帆樯尤林立焉"[25]。

图6-2　南台码头摄影照片（1891年左右）

[图片来源：哈佛大学燕京图书馆藏]

　　福州作为闽江流域的经济中心，在明万历年间（1573-1620年）共设市9个，其中城内6个，城厢3个[26]。到了清代，福州城市经济更为发达，南门外的南台地区（图6-2）与西郊的洪塘愈加繁盛。据记载："南台距省十五里，华夷杂沓，商贾辐辏，最为闽省繁富之地"[27]。洪塘码头则仅次于南台地区："商舶北自江至者，南自海至者，咸聚于斯，盖数千家云"[28]。

　　值得注意的是，明清时期，福建文化格局也有了明显的变化。前文宋元一章提到过，闽学以朱熹理学为核心内容，颇受历代封建统治者的青睐。清初，统治者在积极推广科举取士的同时，为遏制思想上的"华夷之辨"，对书院多采取抑制政策。随着康乾盛世的到来，康熙为统一天下言论、笼络汉族知识分子，开始致力于恢复闽学在学术思想上的主体地位。康熙不仅将闽学列为主要的科考依据、将朱熹配祀于孔庙，更特谕编纂朱熹理学相关书籍，为闽学造势[29]。

　　康熙四十六年（1707年），福建巡抚、著名理学家张伯行在福州于山山麓创建鳌峰书院。在全国各地书院噤于讲学之时，鳌峰书院恰恰以讲学为主，强调弘扬理学精神，并于开办三年后受康熙御赐"三山养秀"匾额[30]。雍正十一年（1733年），书院禁令正式解除。

雍正命各省省会创建具有全省影响力的大型书院，并对书院的办学经费、管理体制作了相应规定，使书院进一步纳入官学体系。据《清会典》记载，鳌峰书院获资为所载各省会书院经费之首。乾隆三年（1738年），鳌峰书院受赐"澜清学海"匾额。

雍正时期在省会兴建、扶持大型书院的政策，促进了行政中心与书院文化中心的重叠。福建省具有全省影响力的书院都在福州。嘉庆二十一年（1816年），闽浙总督、盐法道孙尔准兴建凤池书院。同治五年（1866年），闽浙总督左宗棠在今黄巷创立正谊书局，后改为正谊书院，并迁至福州市东街。同治十二年（1873年），福建巡抚王凯泰在原西湖书院旧址建致用书院，取"学以致用""通经致用"之义[31]。光绪二十八年（1902年），正谊书院与凤池书院合并为全闽大学堂。鳌峰书院、凤池书院、正谊书院、致用书院均为名宦倡导、官方出资的全省性的高等学府，四大书院的创立标志着福州成为福建书院文化的中心。

清代中后期，社会问题重重。嘉庆至道光年间，时任鳌峰书院山长的郑光策，议论时政、关注民生、针砭时弊，首倡经世致用之学风[32]，主张对国家法制、社会经济与文化教育进行改革，深刻影响了陈寿祺、林则徐、蓝鼎元、沈葆桢等后继名儒。沈葆桢主办船政学堂，实践"师夷长技以制夷"的具体任务[33]。沈葆桢的学生严复提倡西学，开创了中西文化的比较研究。在经世思想带动下，以鳌峰书院为据点，福州学风形成了实学为主，诸学并举的基本特征[34]。缙绅学士聚集的三坊七巷也成为明清福州文化交流的重要活动区域。晚清通商口岸开辟，传教士相继来到福州，他们以外来者的身份观察、记录晚清福州社会生活，对东西方文化的交流有十分深远的意义。

第二节　明清福州府

明清时期，在中央集权制度走向顶峰的同时，自给自足的自然经济已经难以满足社会发展的需要。明清统治者从维护封建制度的角度出发，通过重本抑末、限制自由贸易、强化八股取士等措施控制商品经济与思想文化的发展，使得中国古代社会从巩固、完善，走向封闭、僵化，直至晚清被迫采取变革与转型。

从城市发展、土地梳理的角度看，基于农业社会的传统空间营建理念和方法已经成熟[35]，商品经济对城市形态与功能的影响愈加明显，西方文明的强势植入又刺激了古代城市向近代城市的转变。福州作为闽江流域最重要的港口城市、晚清"五口通商"城市之一，在"北城南市"传统结构进一步发展的同时，呈现出"东拓"趋势。城市结构也开始向近代"组团式"城市转变，形成了三个相对独立的职能片区：福州城与南台（传统北城南市结构中的主要政治区与以福州港为依托的主要商业区）、仓前山区（外国人居留区）、马尾片区（海防要塞与造船基地）（图6-3）。

闽江北岸的福州城始终是福州政治、文化的中心区域。明清时期，福州空间营建的重点放在了巩固城防体系和完善水利工程这两个方面。

明代严重的倭患直接推动了福州城垣的修建。洪武四年（1371年），驸马都尉王恭修筑城垣，将城北城墙由沿山而筑改为跨屏山而筑，并在屏山山顶建造样楼，作为各城门门楼的范式。屏山样楼建成后，因能居高俯瞰闽江，改名镇海楼。

明代福州府共7个城门、4个水关。其中，北门为遗爱门，南门为宋代的宁越门，东门为行春门，西门为迎仙门。水部门、汤门保留不变，船场门改名井楼门。水部门东的水关名为雍水关，俗称水部门闸，即早期的清水堰。西门南的水关名为西水关，城西北隅水关名为北水关，汤门北的水关称为汤水关（图6-4）。

嘉靖年间，倭患加剧。嘉靖三十八年（1559年）为抵御愈演愈烈的倭寇袭扰，福州"增置外敌台三十有六，环城三面堑壕，深七尺五寸，广十丈，延袤三千三百四十六丈有奇。城之北枕龙腰山里许，古传龙腰不可凿……遂止"[36]（图6-5）。

清顺治十八年（1661年），总督李率泰为防火灾，拆换屋城，增筑城垣。至道光年间（1821-1850年），福州7个城门"皆有瓮城重

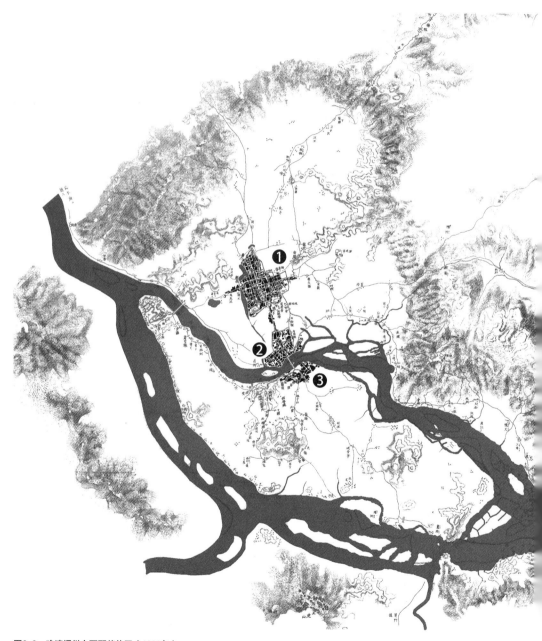

图6-3　晚清福州主要职能片区（1890年）

［图片来源：根据美国国会图书馆藏图绘制］

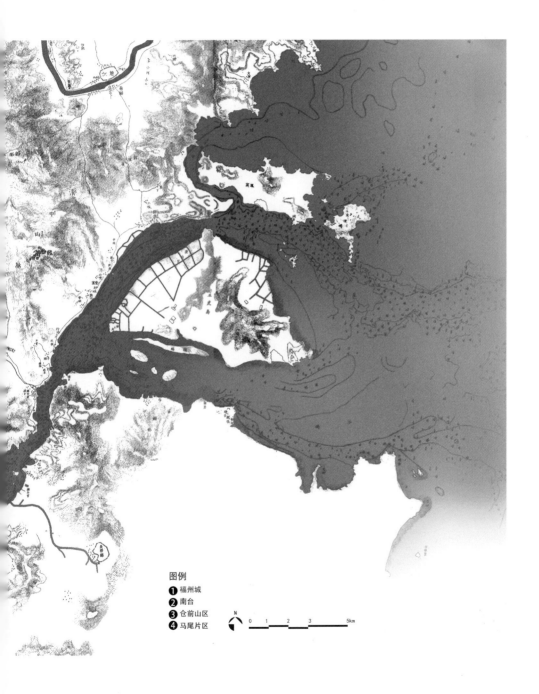

图例
❶ 福州城
❷ 南台
❸ 仓前山区
❹ 马尾片区

N
0　1　2　3　　　5km

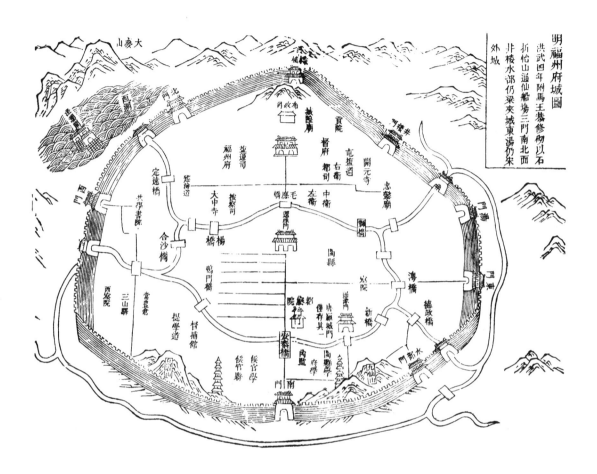

图6-4　明福州府城图
[图片来源:(明)王应山《闽都记·图·
六、七》]

图6-5　清末福州城墙摄影照片（1869年）
[图片来源:美国大都会艺术博物馆藏]

关，皆东向，唯西门瓮城中以墙隔之，内各有垣"[37]。

　　除城垣、敌楼、炮台的修建外，顺治十二年（1655年），满汉兵三万人，马万余匹，驻扎福州南门、水部门、东门、各处城郊，勒令民间养马。顺治十四年（1657年），划定福州城东，东门、汤门、水部门内的街巷为清军军营，称满洲营（图6-6）。

　　明清时期，由于泥沙淤积、水土流失，福州各湖体、河道不断淤浅；又因为人口陡然增加，百姓与水争田的矛盾日益尖锐。占湖为田、退耕还湖，成了明清水利拉锯战的两极。

　　明初，西湖周边空地已然"没于豪右，水利湮塞"[38]。万历五年（1577年），按察使徐中行恢复了西湖受侵占的湖区，并沿着湖堤植树，以巩固堤岸。然而，到了万历十四年（1586年），西湖湖水入

图6-6　清福州府城图
[图片来源：陈文忠，福州市台江建设志编纂委员会．福州市台江建设志[M]．福州：福建科学技术出版社，1993．中的《福州府城图》，原图出处：（清康熙）徐景熹《福州府志》]

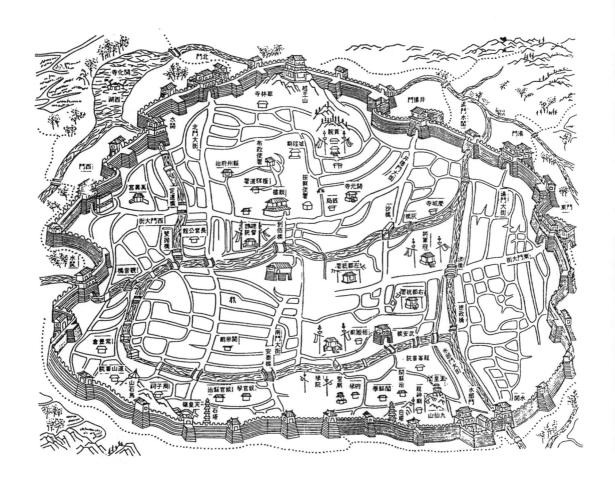

城的河道又彻底堵塞了。郡守江铎分析水利淤塞的原因主要有两个：一是自西湖引水的水路不畅，水量不足；二是城内河道利用江潮补充水量，泥沙较多，加剧了河道堵塞的情况。江铎进一步将此归纳为8个字——"上源不开，下将日壅"[39]。

针对这种局面，郡守江铎决定综合采用导、蓄、障三种治水方法。首先，疏通北关闸（北水关）、疏浚西湖湖水入城的河道，以开源的方式保障下游河道的水量。其次，依据西高东低的地形，完善城东汤关闸、水部门闸（南水关）。以石板做闸门，用横木操控水闸的启闭，从而有效调控水位升降。同时，为防止西部山洪暴涨，西湖湖水冲击城垣，"改西门迎仙桥旧闸为坝，以蓄湖水，毋令决放"[40]。在疏浚过程中，江铎"又复湖中之开化山，亭焉，舟焉，郡之士民聚族来游"[39]，促进了西湖水利建设与百姓休闲游赏生活的结合。

但是，百姓的占湖垦田行为并没有停止，湖体的淤积与疏浚成为常态。为了扭转百姓占湖为田的行为，地方官员尝试了各种各样的管理方法，但往往只能在短时间见效。长期看来，始终逃不过人走政息、日久政弛的结局。崇祯八年（1635年），西湖周边百姓"或侵地搭构亭榭，或填砌据作园池，或倾倒粪草，或发掘岸址，残毁界限，遂使官湖顿至荒芜"[41]，郡绅与当地官员共同主持西湖疏浚。康熙六年（1667年），郡绅与官员重申西湖淤积不利防火、不利农耕、天堑堪虞、不利文运、贫民无所得而豪强益肥等五害，"毁侵占湖地屋舍，清复旧址"[42]。康熙四十二年（1703年）总督金世荣、巡抚梅铝重浚西湖。并对疏浚成果绘图存案，以垂永久：

> "湖之东岸，自西城门而达北门，沿城培基以丈计者五千八百有奇；湖之西岸自迎仙桥折而北，至荷亭，将循象山、贵安山而旋，以复旧迹。念已为平田，有待清复，乃贯以长堤，亘以木植，以丈计者缩东岸之半。又凿北堤以达北湖，至龙腰山下，跨新桥其上，焕然顿还旧观。于是修湖心开化寺，建法堂，辟僧舍，创左右鼓、钟楼，为祝圣之场，殿阁峥嵘，金碧辉映。

湖光荡漾，山容倩丽，诚为三山名胜，一郡之观"[43]。

乾隆十三年（1748年），巡抚潘思榘根据图册再次浚湖，"重筑湖堤一千三百余丈，缮闸二座，葺湖心开化寺，遍植桃柳于堤"[42]。四十年后，至乾隆五十三年（1788年），西湖"湖面日侵，水柜日小"，总督福康安商议疏浚西湖与内河。次年，福州干旱且粮食供应不足。巡抚徐嗣曾以工代赈，组织工人疏浚四水关内河道，并用疏浚出的淤泥在西湖外立土丘，搭设米厂，为工人供应低价米粮：

"四关之内，河道悉复旧观，而加深通焉。去湖土约三尺，其深者以五尺"[44]，"以挑起之土，培复旧堤。培堤之外，尚有余土，则匀堆于新占湖面地方，离立作一小阜。并于附近工作之处，搭设平籴米厂，当此岁暮新正之时，物价较昂，挑夫籴买贱米，尤于口食有裨"[45]。

道光八年（1828年），总督孙尔准、巡抚韩克均、在籍官吏林则徐、陆我嵩、陈铣等重浚西湖，"自北湖头至西闸口，易土岸砌石，以杜占垦。堤长一千二百三十六丈五尺"[46]，"湖之有石岸，自是始"[42]。同治十三年（1874年），巡抚王奏凯拨盐厘余款修浚西湖。光绪十四年（1888年），拟浚湖，未果。

闽江两岸的南台地区，则主要致力于完善水陆交通，促进港市的发展。明清时期，福州盆地内洲土进一步南拓，城、市分离的趋势更加明显（图6-7）。

此时，作为福州城、市之间的主要交通路线有三条：一是自城东南水部门南镇港出，或经直渎新港，或"缭绕凡三十有六曲"[36]经水路至闽江；二是自西水关出城，通过西禅浦水道至洪塘，"亦三十有六曲"[36]，实际上经过的是淤积成陆的古南湖地区；三是出南门，通过陆路直抵南台（图6-8）。

正如前文所述，跨闽江两岸的南台地区可同时服务于闽江流域内贸与海外贸易，且宋元已修成万寿桥、江南桥，水陆交通便

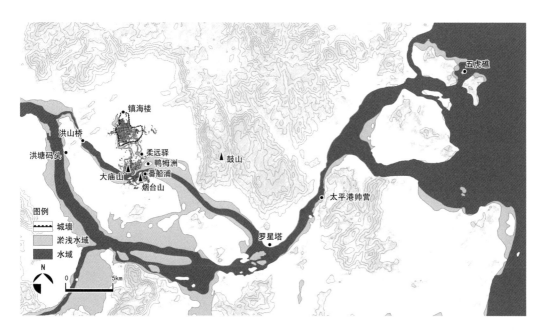

图6-7　明清福州水陆环境与土地开发
[图片来源: 主要参考 卢美松. 福建省历史地图集[M]. 福州: 福建省地图出版社, 2004. 中的《福州市区水陆变迁》; 林汀水. 历
史时期 "福州古湾" 的变迁[J]. 历史地理, 2008（1）: 220-226. 中的《福州古湾水陆变迁图》与 郭巍. 双城、三山和河网——
福州山水形势与传统城市结构分析[J]. 风景园林, 2017,（05）: 94-100]

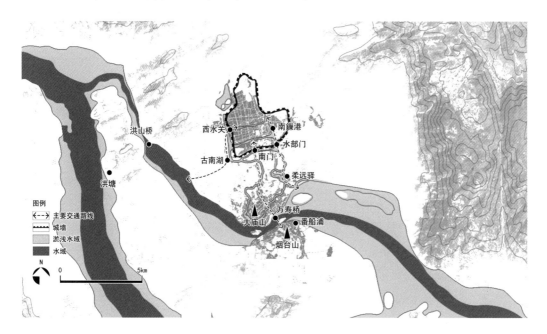

图6-8　明清福州主要交通路线及节点
[图片来源: 主要参考 卢美松. 福建省历史地图集[M]. 福州: 福建省地图出版社, 2004. 中的《福州市区水陆变迁》; 林汀水. 历
史时期 "福州古湾" 的变迁[J]. 历史地理, 2008（1）: 220-226. 中的《福州古湾水陆变迁图》与 郭巍. 双城、三山和河网——
福州山水形势与传统城市结构分析[J]. 风景园林, 2017,（05）: 94-100]

利，于是成为福州最繁华的港市所在（图6-9）。明万历六年（1578年），巡抚都御史庞尚鹏重砌万寿桥石栏。清乾隆十二年至十七年间（1747-1752年），巡抚潘思榘记：

> "出福州城而南，其市曰南台。有桥跨大江之上，曰万寿桥。度万寿桥而南，有桥相接，曰江南桥……南台为福之贾区，鱼盐百货之凑，万室若栉，人烟浩穰，赤马余皇估编，商舶鱼蜒之艇，交维于其下。而别部司马之治，榷吏之廨，舌人象胥蕃客之馆在焉，日往来二桥者，大江汪然，绾毂其口，肩靡趾错，利涉并赖"[47]。

洪塘则主要服务于来自闽江上游的商贩，是福州第二大港市。"民居鳞次，舟航上下云集"[48]。洪塘地区，原本建有跨江东岸西禅港口至西岸的石桥，"门狭隘，水迅急善崩，民以为病"[49]。明成

图6-9　万寿桥两岸摄影照片（1910-1915年）
［图片来源：美国国会图书馆藏］

化十一年（1475年），镇守太监卢胜"广其旧址，重建水门四十余，其七门当冲流，屡坏屡修"[50]。万历六年（1578年），巡抚庞尚鹏重新选址，以两岸山麓为新桥的起止点。新桥定名洪山桥，但仍多次毁于水火。清顺治、康熙时相续重修，但不久之后都倾圮了。乾隆三十七年（1772年），总督钟音参照万寿桥施工方法，将洪山桥桥墩全部改用巨大条石纵横砌筑，上部做舟形。由于此地众支流汇洪而下，潮退时，水势若奔马，因而桥身向下游作弧形，以减少水势冲击（与万寿桥桥身向上游作弧形的做法相反）[51]，乾隆四十一年（1776年），洪山桥竣工，沿用至民国，今桥墩尚存（图6-10）。

自宋元起，南镔港就是经水路进福州城的重要港道。南镔港自城东南水部门入城，南北向连接了福州的内河。明成化八年（1472年），福建市舶司从泉州迁至福州，在水部门外河口地区设柔远驿、进贡厂（图6-11）。

柔远驿是贡使馆寓之所，进贡厂负责点验勘合、装卸贡品。市舶司的迁来，直接推动了福州城南朝贡港口的发展。弘治十一年（1498年），督舶邓太监自河口开凿直渎新港，"径趋大江，便夷船往来。土人因而为市"[52]。后因鸭姆洲出露，南镔港水道日益淤浅，对内商港便自然而然地趋于城西洪塘码头与城南大庙山、烟台山附近的南台码头，番船浦则成为福州主要的对外港口。

就陆路而言，自南门至南台地区的十里长街，商行林立，既是福州城重要的南北干道，也是历代城市中轴的延续（图6-12）：

> "由福之南门出，至南台江十里而遥。民居不断，跨桥江中，怒石踞立，醢舟鳞次，亦一胜处也。过此山行数十里间，荔枝、龙眼夹道交荫。丹榴、绿蕉矗斐间之，令人应接不暇。舟渡西峡，浩渺汹涌。望江势滔滔赴海，击楫而生壮怀"[53]。

明清时期，不仅福州城、市布局基本定型，马尾罗星塔也成为福州景观的重要组成部分（图6-13）。由于罗星塔以西水面浅滩多，外海船舶从闽江口溯流直上，往往停靠在罗星塔周边水域卸货，再

（a）洪山桥一带江景　　　　　　　　　　　（b）洪山桥(1920年左右)

图6-10　洪山桥摄影照片
［图片来源:（a）福州市档案馆藏;（b）福建省档案馆藏］

（a）柔远驿外的小万寿桥　　　　　　　　　（b）柔远驿正厅——琉球馆

图6-11　柔远驿（1905-1937年）
［图片来源: ryubun21. net，转引自福州老建筑百科］

图6-12　清代福州城市中轴（1900-1910年）
［图片来源: 福建省档案馆藏］

图6-13　罗星塔照片（1890年左右）
[图片来源：卓克艺术网]

雇用内河船只进入福州城。作为福州港的航道标志物，罗星塔在明初《郑和航海图》中就已明显标注，后又收入《航海针经图册》[54]。清道光二十四年（1844年），福州正式开埠，罗星塔又为欧洲人熟知，成为国际公认的重要航标之一，被称为"中国塔"，而罗星塔所在山阜则被称为"宝塔锚地（Pagoda Anchorage）。"

　　闽江南岸的仓前山区与罗星塔下的马尾港区，是福州在西风东渐影响下新生成的城市片区。仓前山主要作为外国人居留区，设立于马尾港的福建船政则是中国近代重要的造船基地。

　　仓前山，因明洪武年间（1328–1398年）山前置有盐仓而得名，又因为山顶曾设烽火台，又称烟台山。弘治十一年（1498年），福建督舶邓太监因"贪受番人厚贿"，将仓前山北部临江地区"以为地方淤泥堆积，仅丈许之废地，许与番人开凿新港，以便番船往来寄碇停泊，谓之番船浦"[55]，后谐音改为泛船浦。万历年间（1573–1620年），"其地渐成洲田，渐可播种，而番人愈延愈广……今则田化为屋，成为通商口岸矣"[55]。鸦片战争失败后，外商为积极参与茶叶贸易，在仓前山地区广设洋行、仓库[56]。

　　清道光二十五年（1845年），英国在仓前山首设领事馆，而后在

仓前山境内设领事馆的国家迅速增至17个，仓前山成为外国人的主要居留区（图6-14）。同治三年（1864年），政府以泛船浦民田抵换因"中西礼仪之争"而没收的宫巷天主教三山堂。同治八年（1869年）传教士建立泛船浦教堂。

图6-14　外国人居留区照片（1873-1874年）
［图片来源: John Thomson's China-1 Illustrations of China and Its People, Photo Albums］

马尾港是福州外港，天然的深水良港，也是国内外认可的具有发展潜力的造船基地。明永乐三年至宣德八年（1405-1433年），郑和七下西洋，多次入港区内的五虎礁、太平港候风补给，中转商货，恭请海神妈祖保佑。清咸丰四年（1854年），外国商人在罗星塔下建立道比船厂（Dobie&Co.），兼营船料供应和船舶修理。同治三年（1864年），英国商人士开（John V. Skey）在罗星塔下建立福州船坞（Foochow Dock），并不断扩充规模，建立翻砂铸铁工厂，铸造修船所必需的铜铁铸件，后因福州贸易地位衰弱而逐渐萧条[57]。咸丰十年（1861年），洋务运动正式开始。洋务派官员大规模引进西方科学技术，兴办近代化军事工业和民用企业。同治五年（1866年），闽浙总督左宗棠倡议在马尾筹建"福建船政"，引进法国全套造船技术和设备。光绪十年（1884年），福建船政已相继建造兵舰、商船25艘，同时编成福建水师。

福建船政是当时国内最大的工业企业之一，在远东地区也是首屈一指，是中国近代造船工业的先驱[58]，并开创了近代高等教育的先河。然而，随着中法马江海战的战败以及洋务运动的最终失败，福建船政走向衰弱。但马尾工业区的形成促进了福州城市格局的转变，对福州城市发展有着重要意义（图6-15）。

明清福州府的空间发展，在整体结构上，体现了福州从古代城市开始向近现代"组团式"城市的转变。受洲土南拓的影响，在"北城南市"进一步分离的同时，呈现东拓趋势。闽江北岸的福州城，着重在传统空间营建的框架下，进一步巩固城防体系、完善水利工程。跨闽江两岸的南台地区，强调依据港市的发展，完善水陆交通。闽江南岸的仓前山片区，以及罗星塔下的马尾港则明显受到西方城市规划的影响，呈现与闽江北岸截然不同的景观风貌。

除了空间结构上的转变和各片区的各自发展外，值得注意的是，明清已有了"天下堪舆易辨者，莫如福州府"[59]的论调。可以说，风水学说对福州空间发展产生了广泛的影响。

在宏观尺度上，古人很早就能够借助风水附会手法凝练山水特征，使城市个性更加易于把握，比如"三峰峙于域中，二绝标于户

**图6-15　福建船政摄影照片
（1860年左右）**
［图片来源：mikedashhistory网站］

外……逢兵不乱，逢饥不荒，沙合路通，海滨邹鲁"[60]等。但到了明清时期，古人对福州山形水系有了更加准确的认识，也能够以风水局的大小推论福州空间发展的局限，与以往报喜不报忧的心态有了明显的差异：

> "……其山水明秀如此。土人犹谓方山稍西，俗名五虎，迫视有猛势，以为微缺陷处。然予谓即东方山而平之，亦终不能作天子都。何者？愈显则根愈浅，愈巧则局愈小"[59]。

在中观尺度上，风水学说利用"要害、文运、形势"等浅近的语言笼统概括重要节点上的景观标志物，有助于完善与维护景观特征。如屏山镇海楼的修建，最初是作为军事防御的望敌楼，后转化为以休闲游赏为主的瞰江楼，文人墨客往往聚集于此。江西诗人喻应益《登越山》作诗道："遥天海色满高邱，历历山川城上头。选地得幽如在野，望春宜远更登楼"[61]。"形家者云：会城四面群山环绕，唯正北一隅势稍缺，故以楼补之"[37]，点明了镇海楼对于强化福州

城市南北中轴的重要意义。

马尾罗星塔既是海上交通的航标，又是海上防御的瞭望塔。塔上二层有方塔铭，曰"中流砥柱，险要绝伦，以靖海疆，以御外侮"，而风水学家以"屹立江心，镇会城水口……全闽要害"[62]直言罗星塔的重要性，从而在罗星塔被海风推倒，或在豪右毁塔为坟茔的情况下，对罗星塔的复建活动均能得到社会各阶层的支持。西湖也具有以水制火之功，称为"南离主火，惟火得水之润，以伏其燥烈之威"[63]。明正德壬申年（1512年），布政使陈珂重建还珠门，"双门之中，凿巨石为狮子，厌制南面五虎山"[64]，促成了福州城"三狮镇五虎"的俗语，强化了福州城内人工构筑与自然环境的对应关系。福州的山水风景总体特征由此凝练为"左旗右鼓，三狮五虎，三山两塔一条江。"

在微观尺度上，由于风水学说杂糅了五行八卦等内容，在景观的细节设计上显示出许多迷信与心理安慰的成分。如福州南门"城闉内砌石，屈曲如水纹，以制离火"[37]，虽然对于城市防火于事无补，但毕竟丰富了城市建设的细节，仍有一定可取之处。

但是，风水学说毕竟是一种原始科学，逐渐与空间发展的实际需求脱节。以城南直渎新港的废复为例，堪舆家依据风水学说推演港道的开塞利弊，却得出对立的结论，一定程度上加剧了工程的争议性，不利于水利建设的有序开展[65]。而对于镇海楼高度"旧制楼高六丈三尺，以闽中八卦地，八八六十四卦，气太满，故只用六丈三尺"[66]，实在令人费解。

风水对古代福州空间发展的积极作用如表6-1所示。

风水对古代福州空间发展的积极作用　　　　　　　　　　表6-1

影响尺度	影响方式	典型案例
宏观（地域尺度）	凝练山水特征与人文内涵、预测城市发展趋势	"三峰峙于域中，二绝标于户外""沙合路通""亦终不能作天子都"
中观（景观节点）	甄别、完善景观节点 维护景观要素 发展山水特征	以镇海楼强化南北中轴 以罗星塔突出航海路线 重建还珠门，"双门之中，凿巨石为狮子，厌制南面五虎山"
微观（景观细节）	丰富景观层次	南门墙砖绘水纹，"以制离火"

［资料来源：作者绘制］

参考文献：

[1] 林金树. 明代政治史研究的思考[J]. 汕头大学学报, 1997,（6）: 43-50.

[2] 魏华仙. 近二十年来明朝海禁政策研究综述[J]. 中国史研究动态, 2000,（4）: 12-18.

[3] 卢建一. 明代海禁政策与福建海防[J]. 福建师范大学学报（哲学社会科学版）, 1992,（2）: 118-121, 138.

[4] （明）历朝官修《明实录·太宗实录·卷二十七·永乐二年正月辛酉》.

[5] （明）历朝官修《明实录·太宗实录·卷六十八·永乐五年六月癸未》.

[6] （清）张廷玉《明史·卷三百三十二·列传第二百二十一·西域四》.

[7] 韩庆. 明朝实行海禁政策的原因探究[J]. 大连海事大学学报（社会科学版）, 2011, 10（5）: 87-91.

[8] （清乾隆）陈瑛《海澄县志·卷之二十一·艺文志·李英请设县治疏》.

[9] （明）张燮《东西洋考·卷七·饷税考》.

[10] （明）陈子龙等《皇明经世文编·卷之二百七十·御倭杂着·唐枢复胡默林论处王直》.

[11] （明）谭纶 撰，（清）陆费墀 总校.《钦定四库全书·史部六·谭襄敏奏议·卷二·条陈善后未尽事宜以备远略以图安疏》.

[12] （明）历朝官修《明实录·世宗实录·卷五百三十八·嘉靖四十三年九月丁未》.

[13] 聂德宁. 郑成功与郑氏集团的海外贸易[J]. 南洋问题研究, 1993,（2）: 20-27.

[14] [美]彭慕兰 著, 史建云 译. 大分流：欧洲、中国及现代世界经济的发展[M]. 南京：江苏人民出版社, 2003.

[15] （清）贺长龄《皇朝经世文编·卷八十三·兵政十四·海防上·施琅论开海禁疏》.

[16] （清）邵之棠《皇朝经世文统编·卷十六·地舆部一·地球事势通论·兰鼎元 论南洋事宜书》.

[17] 黄国强. 试论明清闭关政策及其影响[J]. 华南师范大学学报（社会科学版）, 1988,（1）: 48-53.

[18] 郑剑顺. 福州港[M]. 福州：福建人民出版社, 2001.

[19] （清）佚名《清一统志台湾府·附录·崇祯十二年三月给事中傅元初请开洋禁疏》.

[20] 陈克俭, 叶林娜. 明清时期的海禁政策与福建财政经济积贫问题[J]. 厦门大学学报（哲学社会科学版）, 1990,（1）: 90-95, 120.

[21] 吴松弟. 中国近代经济地理格局形成的机制与表现[J]. 史学月刊, 2009,（8）: 65-72.

[22] 张建民. 试论中国传统社会晚期的农田水利——以长江流域为中心[J]. 中国农史, 1994,（2）: 43-54.

[23] （民国）何振岱《西湖志·卷二·水利二·康熙六年六月绅衿陈丹赤等公呈》.

[24] 郑振满. 明后期福建地方行政的演变——兼论明中叶的财政改革[J]. 中国史研究, 1998,（1）: 147-157.

[25] （清）郑祖庚 纂, 朱景星 修《闽县乡土志·商务杂述四·输出货》.

[26] 厦门大学历史研究所, 中国社会经济史研究室 编. 福建经济发展简史[M]. 厦门：厦门大学出版社, 1989.

[27] （清）张集馨《道咸宦海见闻录·庚申六十一一岁（咸丰十年1860年）》.

[28] （明）林燫《洪山桥庙记》转引自徐晓望. 论明清福州城市发展及其重商习俗[J]. 闽江学院学报, 2008,（1）: 34-39.

[29] 黄新宪. 清代福州书院特色考略[A]. 福建省炎黄文化研究会. 闽都文化研究——"闽都文化研究"学术会议论文集（上）[C]. 福建省炎黄文化研究会, 2003.

[30] 许维勤. 鳌峰书院与福建理学的复兴[A]. 闽都教育与福州发展[C]. 福建省炎黄文化研究会、福州市闽都文化研究会, 2012.

[31] 叶宪允. 清代福州四大书院研究[D]. 上海：华东师范大学, 2005.

[32] 黄保万. 郑光策与清代福州经世致用之学[A]. 福建省炎黄文化研究会. 闽都文化研究——"闽都文化研究"学术会议论文集（上）[C]. 福建省炎黄文化研究会, 2003: 12.

[33]　陈俣. 近代福州文化的崛起及其影响[A]. 福建省炎黄文化研究会. 闽都文化研究——"闽都文化研究"学术会议论文集（上）[C]. 福建省炎黄文化研究会, 2003: 12.

[34]　陈忠纯. 鳌峰书院与近代前夜的闽省学风——嘉道间福建鳌峰书院学风转变及其影响初探[J]. 湖南大学学报（社会科学版）, 2006, （1）: 121-122, 124, 123, 125-126.

[35]　吴良镛. 中国人居史[M]. 北京: 中国建筑工业出版社, 2014.

[36]　（明万历）喻政 主修《福州府志·卷之八·建置志一·城池·府城》.

[37]　（清）林枫《榕城考古略·卷上·城橹第一》.

[38]　（民国）何振岱《西湖志·卷一·水利一·历代开浚始末》.

[39]　（明万历）喻政 主修《福州府志·卷之七十·艺文志一·明 叶向高 西湖通水关记》.

[40]　（明）王应山《闽都记·卷之十五·西湖沿革》.

[41]　（民国）何振岱《西湖志·卷一·水利一·历代开浚始末·崇祯八年二月水利道章告示》.

[42]　（民国）何振岱《西湖志·卷二·水利二》.

[43]　（民国）何振岱《西湖志·卷二·水利二·郑开极 重修福州西湖记》.

[44]　（民国）何振岱《西湖志·卷二·水利二·徐嗣同 重浚福州会城河湖水利碑记》.

[45]　（民国）何振岱《西湖志·卷二·水利二·乾隆五十三年 总督福、巡抚徐重浚福州河湖告示》.

[46]　（清道光）陈寿祺等《重纂福建通志·卷三十三·水利四·侯官县·西湖》.

[47]　（清乾隆）徐景熹《福州府志·卷之九·津梁·江南桥》.

[48]　（明）王应山《闽都记·卷之十九·湖西侯官胜迹·洪塘市》.

[49]　（明）王应山《闽都记·卷之十九·湖西侯官胜迹·洪山桥》.

[50]　（清乾隆）徐景熹《福州府志·卷之九·津梁·侯官县·洪山桥》.

[51]　福州市建筑志编纂委员会. 福州市建筑志[M]. 北京: 中国建筑工业出版社, 1993.

[52]　（明）王应山《闽都记·卷之十三·郡东南闽县胜迹·直渎新港》.

[53]　（明）王世懋《闽部疏·三》.

[54]　福州市马尾区地方志编纂委. 福建省 福州市 马尾区志（下册）[M]. 北京: 方志出版社, 1998.

[55]　（民国）蔡人奇《藤山志·卷之二·八·番船浦》.

[56]　林星. 近代福建城市发展研究（1843—1949年）——以福州、厦门为中心[D]. 厦门: 厦门大学, 2004.

[57]　汪敬虞. 十九世纪西方资本主义对中国的经济侵略[M]. 上海: 上海人民出版社, 1983.

[58]　福州市马尾区地方志编纂委. 福建省 福州市 马尾区志（上册）[M]. 北京: 方志出版社, 1998.

[59]　（明）王世懋《闽部疏·一》.

[60]　（明）王应山《闽都记·卷之二·城池总叙》.

[61]　（明）王应山《闽都记·卷之八·郡城东北隅侯官县·越王山》.

[62]　（明）王应山《闽都记·卷之十二·郡东闽县·罗星塔》.

[63]　（民国）何振岱《西湖志·卷二·水利二·康熙六年七月福州府李亲临踏勘看语》.

[64]　（明）王应山《闽都记·卷之三·郡城东南隅闽县·还珠门》.

[65]　郑力鹏. 福州城建发展缘考（续）[J]. 福建建筑, 1994, （1）: 11-15, 24.

[66]　（清）郭柏苍《镇海楼小记》转引自郑力鹏. 福州城市发展史研究[D]. 广州: 华南理工大学, 1991.

第七章

福州传统空间营建的影响因素

从汉冶城至明清府城，福州古代建城史跨越了两千余年。在自然环境的限定中，福州在空间营建过程中不断平衡、协调科学性、社会性与艺术性的综合需求，将福州塑造为一个兼具自然胜概与人文内涵的山水城市（表7-1）。

古代福州城市发展阶段性成果　　　表7-1

朝代	城市名称	空间营建的阶段性成果	重要历史背景
先秦	闽	从半定居发展为定居	先秦越国贵族南下，形成闽越族
秦汉	汉冶城	始有建置，并设东冶港	闽越政权覆灭，福州纳入中原版图
魏晋	晋子城	奠定城市发展、水利建设与风水模式的基础	中原文化正式介入福州城市建设
五代	后梁夹城	三山成为城防制高点，"三山"成为福州别称	河南王氏入主福建，福州成为地方政权的首府
宋元	宋外城	形成与海潮涨落相适应的内外水系，确立城、市分离的空间结构	宋室南渡，福建政治、经济、文化迅速发展，福州成为东南望郡
明清	福州府城	形成三个独立片区：福州城与南台、仓山外国人居留区、马尾造船基地	鸦片战争，福州成为通商口岸

[资料来源：作者编制]

　　福州显然远离了中国古代农耕文明最为发达的地域，却始终是中国传统文化最为根深蒂固的地区之一[1]。其空间营建过程，充分体现了自然与文化的相互作用。

第一节　自然：限定与禀赋

　　在人对自然的改造相当有限的情况下，山脉属于地理隔绝因素，河川江海则为地域间的联系提供支撑[2]。

　　福建省地理环境素有"海抱东南、山联西北、重关内阻、群溪交流"[3]之称。群山的阻隔，使得远古时期福州的开发远远落后于中原地区。但自唐宋南方经济起步之后，福州能够相对远离中原政治环境的纷扰，获得一时的安靖。群山之中，闽江作为福建省最大的河流，自福州盆地向东入海。因此，福州既可通过水路与闽江上游进行联络，又可东出海上与江浙、广东、台湾、东南亚邻近地域进行交流。这一面江临海的水文环境，弥补了福州在陆路交通方面的不足，确立了福州对于省域政治、经济的影响力。因港设城，依港兴城成为福州空间发展的基调（图7-1）。

　　就福州盆地自然条件而言，福州僻处东陲，旧称泽国，土地卑湿。古人对于海平面下降的过程已经有了一定的认识：《山海经·海内南经》谓"瓯居海中，闽在海中"[4]。《闽书》明确记载"海中者，今闽中地。有穿井辟地，多得螺蚌壳，败槎。知洪荒之世，山尽在海中。后人乃先后填筑之也"[5]。同时，由于福州盆地四面环山，闽江斜贯中部，闽江与诸山山溪携带的泥沙大量淤积，使得福州洲土不断南拓（图7-2）。福州城独特的平面形态和山水特征均是在适应、改造自然条件的过程中逐渐形成的，水陆变迁更是直接影响了福州城市的选址，并促进了城、市空间位置上的分离。

　　具体而言，魏晋时期，郡守严高依据海退后形成的海湾地形，疏浚东西二湖、开凿大航桥河，大航桥河河口与南台大庙山山麓成为当时最主要的码头。唐时，福州大航桥河外再开新河（安泰河），大航桥河转变为城市内河。宋时，安泰桥河外开东西河，大庙山下

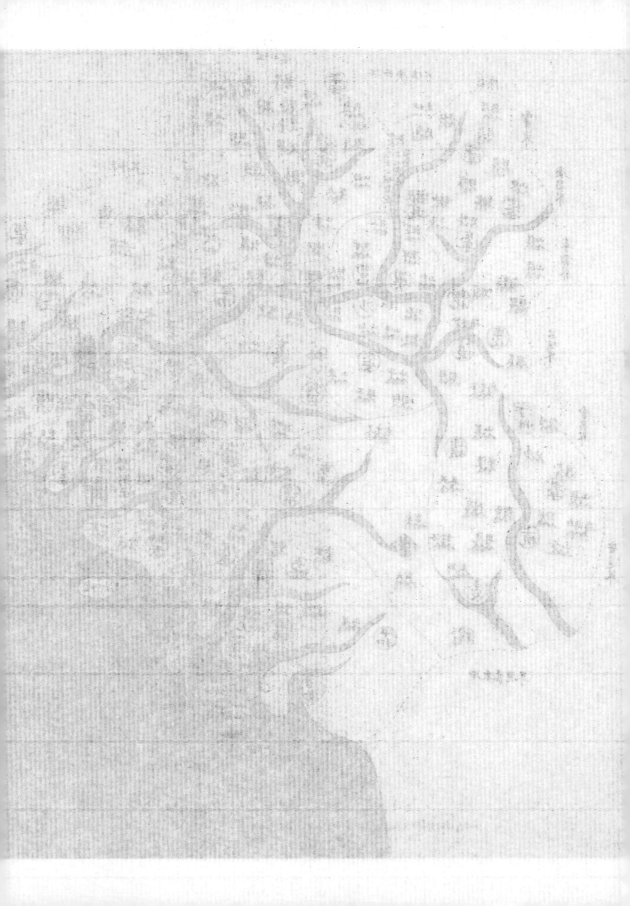

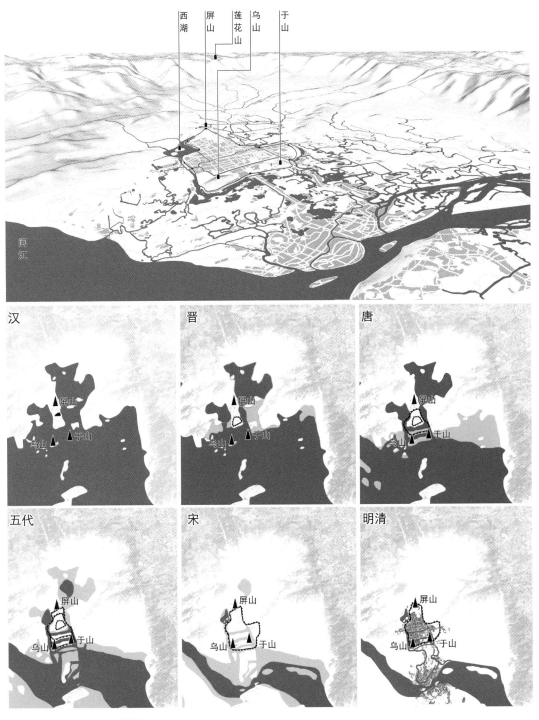

图7-2 自然条件对空间发展的影响
[图片来源：作者自绘]

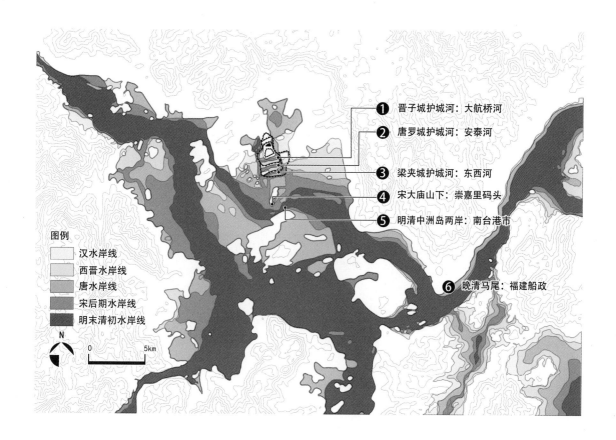

① 晋子城护城河：大航桥河
② 唐罗城护城河：安泰河
③ 梁夹城护城河：东西河
④ 宋大庙山下：崇嘉里码头
⑤ 明清中洲岛两岸：南台港市
⑥ 晚清马尾：福建船政

图例
汉水岸线
西晋水岸线
唐水岸线
宋后期水岸线
明末清初水岸线

N
0　　5km

的洲渚扩张成陆。元代，万寿桥建成。南台地区的水陆交通优势日益凸显，推动了福州主要经济活动区的南移（图7-3）。

图7-3　水陆变迁与城、市空间分离
［图片来源：根据多重图纸与文献资料汇总绘制］

第二节　文化：选择与引导

　　自然限定了空间发展的界线，也赋予了空间发展的可能性。不同文化背景的人对自然的反应并不相同，"岂能纯粹如自然现象"[6]。纵观世界各地文明的起源，自然环境通过影响生产方式进而影响社会制度与意识形态，而人们又根据历史经验以及他们对自然的理解改造自然环境[7]。以下将从集体经验、经济基础和政治影响三个方面阐述"文化"对于福州传统空间营建的选择与引导作用。

　　一，集体经验。这里的集体经验指的是汉文化体系下，以文人官吏为主导的，对空间营建的基本共识。纵观福州空间营建的历史沿革，福州偏安一隅，长期落后于中原地区。秦汉时期，越族泛海而至，创建了闽越国与冶城。魏晋时期，汉族首次大规模迁入福州，为福州带来了大量的人口、先进的技术与相对完善的中原文化。福州至此确立了以汉文化为主体的空间营建理念、方法，奠定了后世空间发展的基础。唐末五代时期，王审知延揽中原人才，招徕海中番客，重修子城、扩建唐罗城、后梁夹城，并进一步完善城市中轴与水利工程。在北方限佛、灭佛背景下，福州的佛教文化得到空前的发展，高耸的佛塔重塑了城市天际线。王审知后代称帝后，又试图遵循中原都城的规制改造福州城。唐末至宋元时期，中原文人的大量入闽，促进了以诗词歌赋为载体的城市风景的认知。及至明清，福州在土地梳理、城市建设方面愈加完善。人们热衷于运用风水学说总结城市特征，附会城市的发展。在中原文化的熏陶下，福州逐渐从"虎豹猿猱之墟……单危寂绝之境"[8]转变为中国古代"山—水—城"的典范（表7–2）。

集体经验对福州空间营建的影响   表7–2

内容	集体经验	福州空间营建思路
城市选址	临水筑城、山水朝对	北望莲花山（主山），南瞰五虎山（案山），背倚屏山，以乌山、于山为双阙，南临大航桥河
农田水利	随山浚川、陂障九泽	利用海退后的东西海湾筑堤，形成东西二湖，以备旱涝。依次疏浚大航桥河、安泰河、东西河，以引水、通航
功能布局	以北为尊、卫君守民	郡衙、官署居北，主要位于子城内。市肆、码头居南，随水陆变迁不断南移。形成分离式的"北城南市"格局

［资料来源：作者编制］

二，经济基础。虽然农业是中国古代经济的基础与核心，但福州及福建省内有限的土地规模与生态容量、愈演愈烈的人地矛盾促进了人口向非农部门的转移。在闽江流域经济单元内，福州长期依赖上游的余粮供应。闽西、闽北的茶叶、杉木需要在福州码头中转。古代盐、铁官营制度又以福州为贸易起点，将盐、铁输送至上游各府县。在宋元以来商业经济的驱动下，福州城市的规模迅速突破城垣限制，港口、港道以及街区成为福州城市生活中越来越活跃、越来越重要的社会空间。福州城市的每一次发展，包括城垣边界的扩张、城市结构的变化、城市风景的形成，均是以水利系统的整治为基础，以水陆交通的发展为依据（图7-4）。

三，政治影响。中国古代城市是农业社会的政治、军事中心。城市从产生到发展的过程中，不可避免地受到行政建置、经济政策的影响。

首先，全国政治格局的变化，直接影响着福州城的建置、等级、规模、城防设施的兴废。秦并天下后，设闽中郡，虽有建置但未开展有效的治理。汉时，闽越王无诸、馀善开始建设城市，设城池、宫殿、宗庙和邑里。汉武帝灭闽越，虚其地，福州城市建设暂时停滞。魏晋时期，严高根据州城等级，将府衙置于城北尊位。唐末五代，福州再次作为地方割据政权的首府。王审知为加强军事防御功能，十年内连续扩城并将三山囊括于城中。福州城由此形成子城、罗城、夹城三重城垣，七重城门，左右临湖，三山鼎立的空间格局。王审知后代

图7-4　福州泛船浦——150年前世界最大茶叶港
［图片来源：哈佛大学藏］

称帝后，以天子规制兴建宫室。随后，福州被钱氏吴越国所占，宫、殿"废撤无留者，独面衙门一殿，故址犹在"[9]。钱氏纳土归宋，宋朝"诏悉堕其城，由是诸城皆废"[10]。宋末，福州作为南宋政权行在，升福安府。南宋政权覆灭后，元朝统治者再次废堕宋代所建福州城垣。明代又因防倭需要，不断增筑城垣、加设敌楼，巩固城防。在社会相对稳定的时期，依山襟水的城防设施成为百姓登高望远、临流抒怀的场所，有助于山水风景的认知与体验。

　　其次，赋役政策的调整、社会权力体系的变化制约着地方农田水利事业的组织方式[11]，影响了水利兴修的结果。明中期以前，地方官员在赋税收缴、徭役摊派方面有较高的主动权，能够保障水利兴修所需的财力、人力。然而，为减轻人民负担，避免官员巧立名目增派赋役，万历五年（1577年），福建开始推行"一条鞭法"，将赋役合并为征收银两。明末，财政支出项目又屡遭裁减。地方官员既失去了兴修水利的财政来源，也不能免费征用人丁。福州西湖的疏浚事宜不可避免地转化为官倡民办、官督民办的组织方式。封建社会后期，与水争田的矛盾不断激化。西湖等农田水利工程所呈现的规模与形态，一定程度上是官府与地方财税利益妥协的结果[12]。同时，明清统治者对闽学的扶持，直接促进了福州庙学、书院的建设，对福州城市个性的形成和发展也有重要影响。

第三节　福州传统空间营建的主要成就

　　福州自然山水秀丽，而富有远见的城市选址、顺应自然的土地梳理、重点经营的标志性建筑、别具特色的榕城风貌，则共同构筑了人工与自然完美融合的城市格局[13]（图7-5）。

　　在城市选址方面，晋太守严高已认识到"沙涨成陆"的动态发展规律。他将晋子城城址选定于三山之中，构建了北向莲花山，南望五虎山的山水秩序，并协调统一了城市选址与山水朝对、道路走向、建筑朝向的关系。五代，王审知筑夹城，将屏山、于山、乌山纳入城中，以利城防。宋代，福州城南沙洲颇合，城、市开始分离，

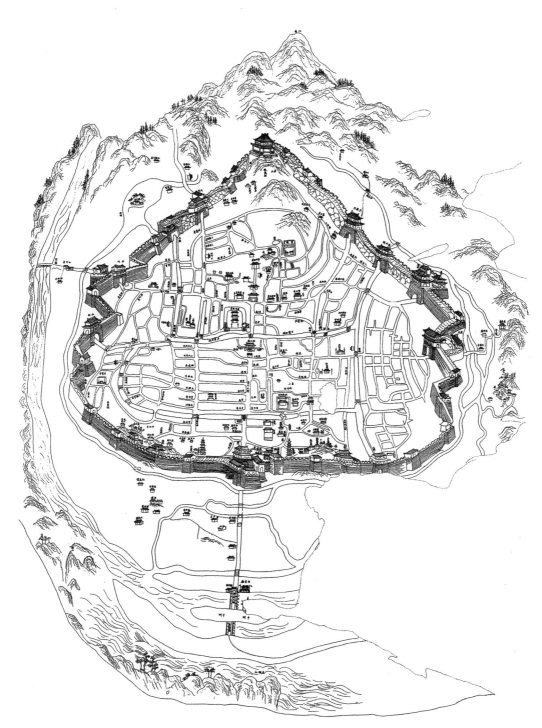

图7-5 清代福州的城市格局

[图片来源：王树声. 中国城市人居环境历史图典. 福建. 台湾卷中的《福州城图（摹绘）》，吴良镛先生提供，原图绘于清嘉庆
二十二年（1817年）]

福州经济中心逐渐南移至跨闽江两岸的南台地区。明清，闽江南岸
仓前山下允许外国商人往来寄碇，后成为福州通商口岸的港埠所在。
因山上设有炮台，又称烟台山。福州城市发展既顺应了水土变迁的
趋势，又能始终与晋代定立的山水秩序相契合。城市南拓的过程中，
历代外濠逐渐成为内河。城市格局具有很强的延续性（图7-6）。

　　在土地梳理方面，福州三面环山，前临闽江，地势西北高而东
南低，江水与海潮相通。晋太守严高顺应自然地势，以疏导、调蓄
山洪为目的，凿治东、西二湖。历代福州官员继而增设堰、闸、坝、
堤，并委派邻近寺院管理湖水蓄泄，以加强对城市水文环境的调控
能力。唐代，福州乌山西部新辟南湖，进一步承蓄西湖之水。至此，
三湖脉络相通，蓄泄有致。城中河渠因地形之便，"凸则为基，坳则
为洫"[14]，畎浍四达。河水与江潮、湖水互通。"省城内外，舟帆畅

图7-6　福州南北向剖面
［图片来源：作者自绘］

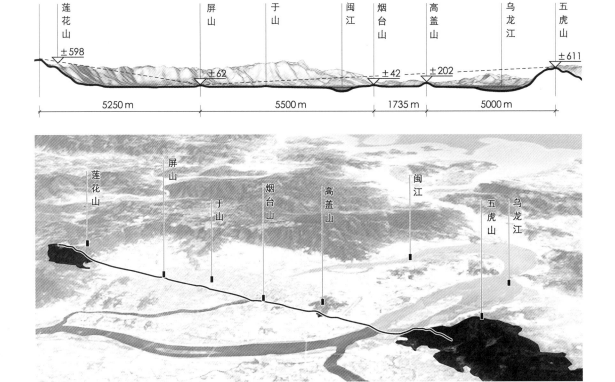

达，商贾辐辏，田亩沃灌，尽成膏腴"[15]。

　　重点经营的标识性建筑是福州城市风景的关键。这些标识性建筑大多位于山水形势的关键地段，承载了丰富的历史、人文信息。福州城外群山环绕、大江横流，城内三山鼎秀，屏山、于山、乌山成掎角之势。三山上分别建有镇海楼、报恩定光多宝塔（白塔）与崇妙保圣坚牢塔（乌塔）。屏山镇海楼位于城市南北中轴的北部端点，既可登高览胜，又可弥补屏山山势之不足。位于乌山、于山上的二塔（乌塔、白塔）分立城南中轴线两侧，被喻为福州城左右双阙（图7-7）。山间更有亭台、怪石、摩崖石刻以增胜概。同时，城中西湖有"寻旧址、因旧名，以延故人之志，更有警醒世人湖塞之害"[16]的澄澜阁，城东马尾港有"中流砥柱，险要绝伦，以靖海疆，以御外侮"的罗星塔，城外江上还有万寿桥、洪山桥。城中佛寺、

图7-7　福州东西向剖面
[图片来源：作者自绘]

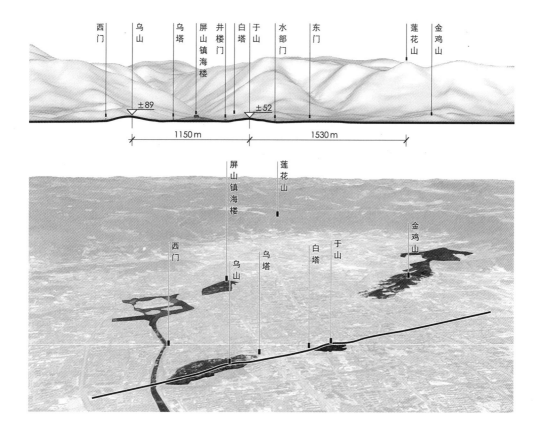

门楼、书院、津梁更是数不胜数。

福州植物景观也极具地域特色。自北宋熙宁年间以来，福州遍植榕树，"绿阴满城，行者暑不张盖。"荔枝延迤原野，"数里之间，焜如星火……观揽之胜，无与为比"[17]。方山（五虎山）、鼓山均有产茶，茶园、茶驿、茶亭由来已久。兼之花有"木犀、山矾、素馨、茉莉，其香之清婉，皆不出兰芷之下"[18]。不仅农业生产与园林美化相结合，花好果香的城市风景也融入闽人生活之中。如"闽人多以茉莉之属，浸水瀹茶"[19]，孕育了独特的生活美感（图7-8）。

图7-8　福州地区植物景观老照片
[图片来源：哈佛大学燕京图书馆藏]

（a）乌山（1876—1877年）

（b）洪塘（1876—1877年）

（c）南台（1876—1877年）

（d）北岭（1876—1877年）

（e）鼓山（1876—1877年）

（f）郊区(1920—1930年)

因此，当宋代程师孟登临乌山，面对福州的山水胜概，不禁感叹道：

"福州，东南一都会，跨巨海，负高山，泉石幽清。观连峰万仞，绵属云霄。晴岚朝开，痴霭四卷，锦屏绣障，周围环合，不知几千载也。城郭缭绕，鼎立三山，飞阁层楼，架空耸汉，得泉石之胜，不可殚纪。郡人、风物，熙和冲融，故名长乐"[20]。

参考文献：

[1] 单之蔷. 矛盾的福建[J]. 中国国家地理，2009，（5）：28-31.

[2] ［德］黑格尔（Hegel，G.E.F.）著，王造时 译. 历史哲学[M]. 上海：上海书店出版社，2001.

[3] （清）顾祖禹《读史方舆纪要·卷九十五·福建一·按》.

[4] （先秦）佚名《山海经·海内南经第十》.

[5] （明）何远乔《闽书·卷之一·方域志·福州府 闽县（一）》.

[6] ［法］白吕纳 著，任美锷 李旭旦 译. 人地学原理[M]. 钟山书局，1935.

[7] 顾乃忠. 地理环境与文化——兼论地理环境决定论研究的方法论[J]. 浙江社会科学，2000，（03）：134-141.

[8] （宋）梁克家《淳熙三山志·卷第三十三·寺观类一·僧寺 山附》.

[9] （宋）梁克家《淳熙三山志·卷之七·公廨类一·府治》.

[10] （清）林枫《榕城考古略·卷上·城橹第一》.

[11] 郑振满. 明清福建沿海农田水利制度与乡族组织[J]. 中国社会经济史研究，1987，（4）：38-45.

[12] 谢湜. 治与不治：16世纪江南水利的机制困境及其调适[J]. 学术研究，2012，（9）：109-119.

[13] 吴良镛. 中国人居史[M]. 北京：中国建筑工业出版社，2014.

[14] （宋）梁克家《淳熙三山志·卷之四·地理类四·外城》.

[15] （民国）何振岱《西湖志·卷二·水利二·潘思榘·重浚福州西湖碑记》.

[16] 王树声. 中国城市人居环境历史图典 福建 台湾卷[M]. 北京：科学出版社，2015.

[17] （宋）蔡襄《荔枝谱·第三》.

[18] （宋）罗大经《鹤林玉露·丙篇·卷四》.

[19] （明）徐𤊟《茗谭》.

[20] （宋）梁克家《淳熙三山志·卷之四十·土俗类二·重阳》.

福州山水风景体系

中国传统空间营建，不仅满足了古人生存之必须，更承载了古人对生活的艺术追求。因此，本书将山水风景体系分为山水格局、世俗空间、艺术表达三个层次，各层次相辅相成、融汇共生、彼此成就。

山水格局呈现了古人对山水环境的整体把控，展现了城市营建适应自然、融入自然的过程与方法。山水格局可细分为山形水势、水利系统、景观要素与风水模式。山形水势是空间营建的依据。古人在全面、详实地寻察山形水势、明确水文规律的情况下，开展随山浚川、因地制宜的水利建设，并通过在山形水势的关键地段构建标志性景观要素，以培护和补缺山形水势。同时，借由拟人化、象征化手法凝练山水格局总体特征，形成契合文化传统的风水模式，以期启发大众对山水格局的认知，形成世俗生活的宏观背景。

世俗空间，仍然延续着山水的脉络，只是"质地更为紧密"[1]。世俗空间主要包括以官府衙署、学宫书院、牌坊门楼、官仓校场、城隍（社稷）为代表的政治空间；以街巷、港道、桥梁为代表的交通空间；以适应自然条件为前提，创造了更为持久的土地价值的生产空间；以私宅园林、风景名胜为代表的游赏空间等。世俗空间体现了人们为了更好的生活，对土地更加彻底、深入地改造。

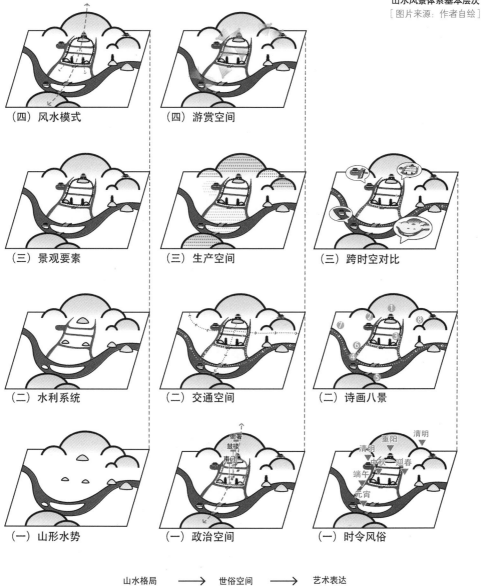

（四）风水模式　　　　　（四）游赏空间

（三）景观要素　　　　（三）生产空间　　　　（三）跨时空对比

（二）水利系统　　　　（二）交通空间　　　　（二）诗画八景

（一）山形水势　　　　（一）政治空间　　　　（一）时令风俗

山水格局　　⟶　　世俗空间　　⟶　　艺术表达

　　艺术表达是古人对于山水格局与世俗空间的辨识、鉴赏、凝练与升华，它集中反映了山水风景的人文内涵，表现了人们的价值取向。雅俗共赏的艺术表达可以从以市井百姓为主体的时令风俗、以文人士大夫为主体的诗画八景以及跨时空对比三个方面来理解。时令风俗是社会大众对于空间自发的认识及再组织，直接表现为古人以城市及周边自然环境为载体，在特定时节中，约定俗成的行为方式。具有一定规模的时令风俗活动往往是城市个性与特征的重要组成部分。诗画八景将古人的审美意识与赏景习俗相结合，是以文人为主体对山水风景的整理与再创造。诗画八景不仅忠实地记录了城市风貌与民俗生活，更在对实景的概括、提炼中提升了景观的意境。同时，中国古代文人名士宦游各地，其诗文图画中时常结合了自身的学识、体验，表达出跨越时空的对比与思考。这既有助于地方风景的辨识、赏析，也建立了各地各时山水风景的广泛联系。

参考文献：

[1] [美]牟复礼. 元末明初时期南京的变迁[A]. [美]施坚雅. 叶光庭，陈桥驿译. 中华帝国晚期的城市[M]. 北京：中华书局，2000.

第一节　山形水势

　　山形水势是山水格局的基础，也是空间营建的自然背景。

　　福州盆地是典型的河口盆地，盆地东西长约36 km，南北宽约40 km，面积约1500 km² [1]。盆地四周山岭环抱，势出天然。东有鼓山（大顶峰海拔919 m），西有旗山（最高峰755 m），北有莲花山（最高峰598 m），南有五虎山（虎尾顶海拔611 m），屏蔽四方。盆地内地势低平，分布着较多孤山、残丘。城内诸山以乌山（海拔89 m）、于山（海拔52 m）、屏山（海拔62 m）最为醒目。城内还有十余座小山阜，大多是这三山的支脉，经长期侵蚀，山形已经很难辨识，但是山址犹存。城外丘陵更多，比如位于南台岛的高盖山（海拔202 m）、烟台山（海拔42 m）等[2]（图8-1、图8-2）。

　　福州城内诸山自古便有"三山藏，三山现，三山不看不见"之称。"见者曰：越王山（屏山）、九仙山（于山）、乌石山（乌山）鼎峙山中，三者最巨，故称三山"[3]。史料中对"藏与不见"的六山阐释不一。

　　第一种说法由明代何远乔载于《闽书》："罗山，与侯官之冶山、闽山，其藏者也。又有隐隐磅礴于阛阓间者，曰灵、曰芝、曰钟，

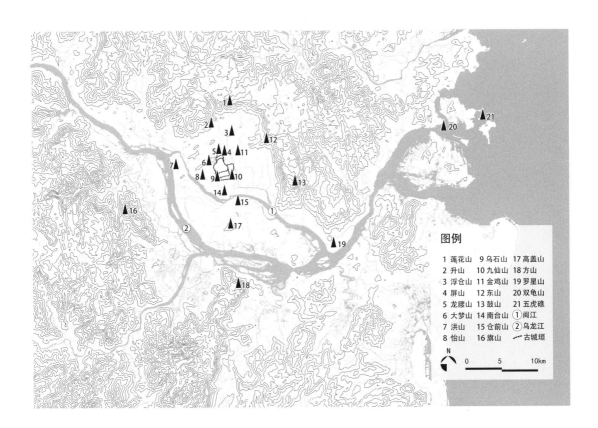

图例

1 莲花山	9 乌石山	17 高盖山
2 升山	10 九仙山	18 方山
3 浮仓山	11 金鸡山	19 罗星山
4 屏山	12 东山	20 双龟山
5 龙腰山	13 鼓山	21 五虎礁
6 大梦山	14 南台山	① 闽江
7 洪山	15 仓前山	② 乌龙江
8 怡山	16 旗山	⌒⌒⌒ 古城垣

N

0　　　　5　　　　10km

图8-1　福州山形水势图

[图片来源：作者自绘]

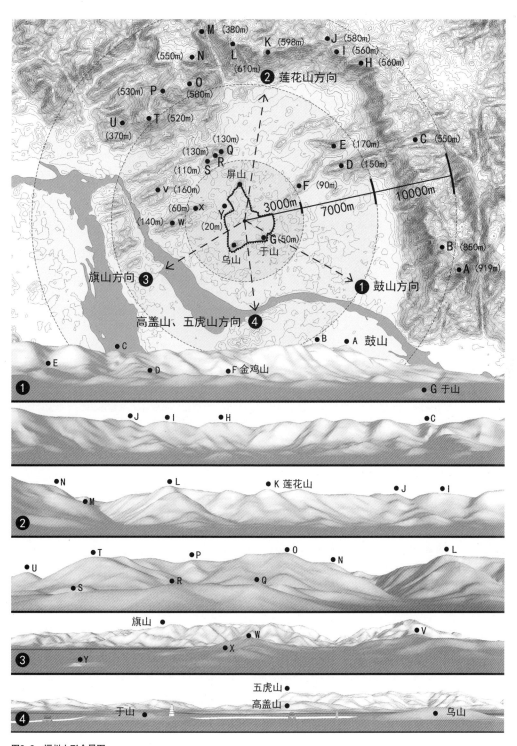

图8-2 福州山形全景图
[图片来源：作者自绘]

故曰不可见也。"[4]第二种由清代林枫载于《榕城考古略》："其藏与
不可见者，向无定论。或以罗山、芝山、丁戊山为藏，灵山、钟山、
玉尺山为看不见。其实省城山脉，自龙腰入城建起为负扆者，曰越
王山。越山南行复起为乌山、九仙山也，东西峙为门户。三山之脉，
蜿蜒起伏，如瓜引藤，贯于城中，随地异名"[3]（表8-1）。

　　福州城外诸山，除了盆地外围崒峙环绕的低山外，盆地内零星
分布的山峦大多彼此联属，本是一山，但因山峰有多处，而有了多
个名字。比如南台山就包括了惠泽山、钓龙山、大庙山、横山等多
个名称（表8-2）。

　　闽江是福州盆地内最重要的河流。闽江发源自闽赣边界的武夷
山脉，自西北流入福州盆地，再向东南注入大海。受南台岛阻挡，

福州城内诸山　　　　　　　　　　　　表8-1

名称	别称	概述
屏山	越王山	屏山位于福州城北部，东部与冶山相联。明代，屏山上建造样楼，后更名镇海楼。今海拔62 m
冶山	泉山 将军山 城隍山 王墓山	**屏山支脉。**因山上旧时有泉水、唐宋时有军营驻扎、山麓建有城隍庙，又称泉山、将军山、城隍山。"唐时山高峻，有望京之名。荐经营拓，试院开凿，所存惟山骨耳。"山西侧有小丘隆起，传说是无诸冢，民间称为王墓山
芝山		**屏山支脉，**有芝草生。与灵山联属，历代营建，铲凿殆尽
灵山	龙山	**屏山支脉。**在芝山东后，一山二名。历代铲凿殆尽
乌山	闽山 道山 乌石山	乌山位于福州城西南角，与九仙山东西对峙。唐天宝末敕改闽山。因宋代程师孟称乌山可比拟道家蓬莱三山，因此有道山之称。今海拔89 m
闽山	玉尺山	**乌山支脉。**宋代程师孟任职光禄卿时，曾在此游览，后人在此刻"光禄吟台"四字
钟山		**乌山支脉。**南朝梁太守袁士俊的居住地，因时常传出钟声而得名
于山	九仙山 九日山	与乌山对峙。相传汉代何氏兄弟九人居此仙去、越王无诸九日燕集此山，因此有九仙山、九日山别称。其支峰为鳌峰，建有鳌峰书院。今海拔52 m
罗山		**于山支脉。**位于古罗城通津门外，历代凿铲，山址仅存
丁戊山	嵩山	**于山支脉。**在城东，后梁代王审知在此建造七层木塔（新塔）

[资料来源：根据资料编制
（清）林枫《榕城考古略·卷上·城橹第一·城内古迹总略·三山九山》、
（清乾隆）郝玉麟 等修，谢承道等纂《福建通志·卷之三·山川·福州府》、
（明）何远乔《闽书》（明）王应山《闽都记》]

福州城外诸山

表8-2

名称	别称	概述
莲花山		福州城北，山形上锐下圆，形若菡萏
升山	飞来峰	福州城北。相传越王勾践时，自会稽飞来。唐天宝中，任放于此升举，因名升山
浮仓山		福州城东北。晋代，此山在东湖湖心，上平下方，形若浮仓
龙腰山		屏山半蟠城外的部分，古人称龙腰不可凿
大梦山		福州城西北，山中水源与西湖连通
祭酒岭	高安山	福州城西。五代王延翰以湛温为国子祭酒，王延翰命湛温毒杀建州王延禀使者，湛温为避免兄弟反目，饮鸩而死，葬于此地
怡山	西禅山	福州城西南，平田中一峰突起，多荔枝
金鸡山		《闽中记》载，望气者谓此山有金鸡之祥。金鸡山西北是古东湖淤废之地
凤邱山		福州城东北。朱熹大书"凤邱"二字，又有鹤林二字
东山		福州城东北，山中有榴花洞，南有鳝溪，即白马三郎射鳝处
鼓山		福州城东，屹立海滨。西望郡城，东视大海
旗山	翠旗山	洪塘江西，形如展旗，与鼓山东西对峙
南台山	横山 惠泽山 大庙山 钓龙山	福州城南，乌山余脉，被称为福州城第一案山。南台山西南为惠泽山，北为大庙山，大庙山上建有无诸庙。闽越馀善在此钓得白龙，又称钓龙山、全闽第一江山
仓前山	天宁山 藤山	福州城南，被称为第二案山，俗名盐仓山。向东地脉起伏如瓜引藤，称为藤山。植梅万株，直抵程埔
洪山	妙峰山 小金山	又名洪塘山。东部靠江部分称妙峰山；江中心有岛，称小金山
高盖山		福州城南，被称为第三案山。高盖山山形较大，有三峰九岛
方山	五虎山 内五虎 甘果山	福州城南，被称为四案山、正南案山。自福州城看此山（自北往南），端方如几；自东西两侧看此山，五个主峰耸立，如五虎雄踞，又名五虎山。四周多橘柚，唐天宝中赐名甘果山
罗星山		位于马江中，为省防要害，山上有磨心塔
双龟山	双龟屿	闽江最狭之口，称急水门
五虎礁	五虎门	五山排闼，临大海中。为与方山（五虎山）区分，又称外五虎

［资料来源：根据资料编制
（清）林枫《榕城考古略·卷上·城橹第一·城内古迹总略·三山九山》、
（清乾隆）郝玉麟 等修，谢承道等纂《福建通志·卷之三·山川·福州府》、
（清）郑祖庚 纂，朱景星 修《闽县乡土志·地形略二·诸山》《侯官县乡土志·地形略下之一（山域）》、
（明）何远乔《闽书》（明）王应山《闽都记》《侯官县乡土志》］

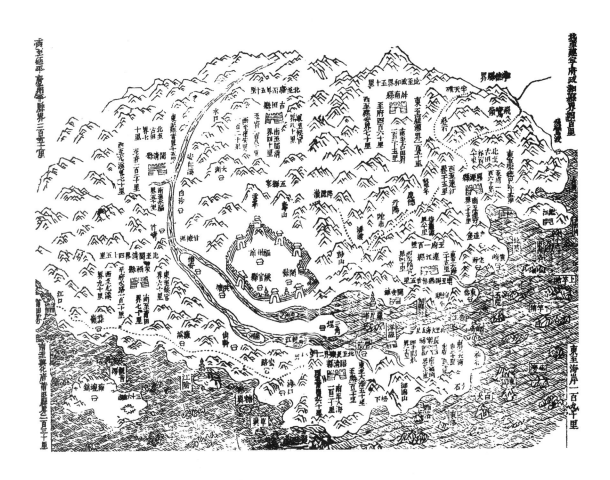

图8-3　闽江
[图片来源：王树声. 中国城市人居环境历史图典·福建·台湾卷[M]. 北京：科学出版社，2015. 中的《福州府十县全图》，引自清乾隆二十一年（1756年）《福州府志》]

江水分为南北二港。由于西北山洪南下，东南海潮北上，福州水道多为双向水道。双向水道受潮汐涨落影响，水流运动十分复杂。闽江在具体江段上有不同的名称：闽江至洪塘附近，称作洪江、洪山江或洪塘江。受南台岛阻隔，北港仍称闽江，又称钓龙江、白龙江、南台江，水流"迅湍回洑"[5]。南港称乌龙江、东西峡江，江流浸阔，山溪汇注。南港、北港、马江汇合处称作三江口，江上岛屿之巅有罗星塔。马江东出，"水阔数十里，港口之北洲屿无数，最峥嵘者五虎门也。是为闽江大海口"[6]（图8-3）。

第二节　水利系统

水利系统是适应自然变迁、改善水陆交通、解决水旱矛盾的重要措施，是塑造山水格局的关键步骤。福州平原规模不大，并受诸山山溪与闽江涌潮的双重影响。古人将其水文环境之恶劣程度总结为：

> "闽地入春多雨，当畚锸方兴之时，而水且溢入，不胜澎湃之灾。至夏苦旱，当桔槔欲施之时，而尘垄相吹，曾不收涓滴之润"[7]。

> "附郭东南，襟带双江，虽有膏壤，然海潮朝夕上涌，斥卤易侵，常有泛滥之患。其西北，群山环绕，逼束狭隘，泉流悬下，漂迅易干。偶霖雨崇朝，山水暴注。下逆江潮，不能蓄泄，又一望弥然矣。故旱涝皆至患"[8]。

从古人的论述中，不难看出福州治水需要解决三个矛盾：降水不均与稳定的农业生产之间的矛盾、斥卤易侵与淡水蓄积之间的矛盾、山洪暴注与江潮顶托之间的矛盾。具有丰富治水经验的文人官吏们，很早就认识到，福州治水的关键在于滞蓄、疏导山洪。山洪的有序化，既可以降低雨季洪水漫流对生产、生活的负面影响，保障城市行洪安全，又能够将蓄纳的洪流作为城市饮用、农业灌溉的主要水源。

晋代，郡守严高根据海退后的水湾地形，凿治东西二湖。以西湖受西北诸山之水，东湖受东北诸山之水，由此确立了东西二湖、北水南流的水利格局。唐代，福州城外东、西湖湖体仍然十分广阔。观察使王翃在乌山西麓再辟南湖（也称洪塘浦），"接西湖之水灌于东南。"[9]同时，在晋子城、唐罗城、后梁夹城的扩建过程中，都将取土筑城与内外河道的疏浚相结合。三湖湖水通过河道相互沟通，水利格局达到相对理想状态。城东西两侧以河渠疏导山洪，再开塘浦以利蓄泄的做法，为后世所遵从：

> "藉东西南之湖，深蓄以灌溉高田，连堰堤圩之障，坚崇以不淹低土，备旱涝而两利之，为谋至深远也"[10]。

　　宋代，东湖、西湖湖体日渐淤塞，城南沙洲逐渐出露，形成了大面积的河滩与沼泽。宋嘉祐二年（1057年），转运使蔡襄在东湖区复修五塘，并沿城东挖濠通闽江，"导东北诸水以达于东门"[11]，尽可能使福州城东排水顺畅。南宋淳熙九年（1182年），郡守赵汝愚重浚两湖。此时，西湖湖面较以往已经大大萎缩。四百年后，至明万历十六年（1586年），知府江铎改建西门外闸为坝，通过改造水关，强化对水利系统的调控。此时，东湖、南湖俱已湮灭无存，西湖及历代水道的整治则成为福州水利梳理的主要内容（图8-4）。

图8-4　蓄滞、疏导相结合的治水思路
[图片来源：作者自绘]

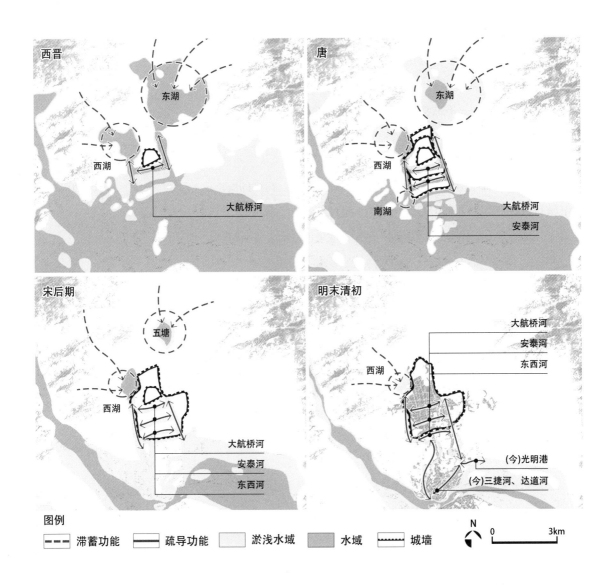

蓄滞、疏导相结合的治水思路简明而高效。福州水利系统也因结构清晰、引清排浊、蓄泄有余的三个基本特征，受到文人官吏的推崇。

就水系总体情况而言，来自西北、东北、南面的水流各有其相对独立的泄洪路线，各路线又通过水门、水闸等控水设施相互联系，使得整体水系具有较好的稳定性与弹性。古人也充分认识到缭绕弯曲的湖池港汊对山洪与江潮的调蓄与缓冲作用[12]。相对独立的泄洪路线、联合运作的控水设施、有助泄洪的城濠，是福州在低洼平原地带稳定发展的重要保障（图8-5~图8-8）。

福州城外濠缭绕；城内水道可大致视为井字形，各水道以南水关、西关闸、北关闸、汤光闸（甘棠闸）为起止（图8-9）。四闸以时启闭，调控城中各河道的水位，从而有序地引水、排涝。值得注意的是，福州城内自南水关北上潮水、自西关闸西来潮水与自北关闸南下之湖水在双抛桥相遇，因而双抛桥又有会潮桥之称。

除城内主水道外，福州子城外一度开凿了东西龙须河，城南则有七星沟、三元沟，以助泄恶排浊。宋《淳熙三山志》载，东西龙须河为宋程师孟重修子城时"寻其源而复浚"而成。东龙须河自长利桥往北，过康泰门乐游桥，趋于屏山之南；西龙须河自清泰门东，北上循子城城垣，过宜兴门，至澄澜阁前[13]。明《万历府志》载"龙须河二：一自谯楼（鼓楼）左经开元寺前，至剃刀桥入河。一自谯楼右经大中寺前，至按察司前桥入河"[14]。清《榕城考古略》载"（西龙须河）盖前此河身甚长，今则悉为民居矣……东龙须河址今亦就湮，龙须桥亦无考"[15]。

清代郭柏苍曾议及福州城南七星沟、三元沟，他指出：

> "城南昔有沟道二，一为七星沟，沟九曲七淳，泄城中之浊水，由重闸曲出，西达于濠……一为三元沟，引海潮，穴城南根而注入府学之泮池"[16]。

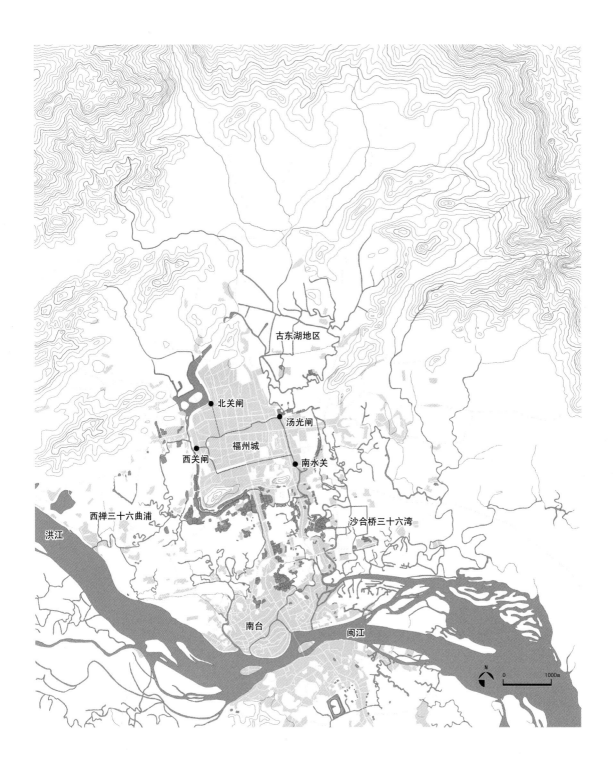

图8-5　清代福州城水系概况

[图片来源：根据中华民国二十四年修测（1936）福建福州民国军用地图（闽侯）绘制]

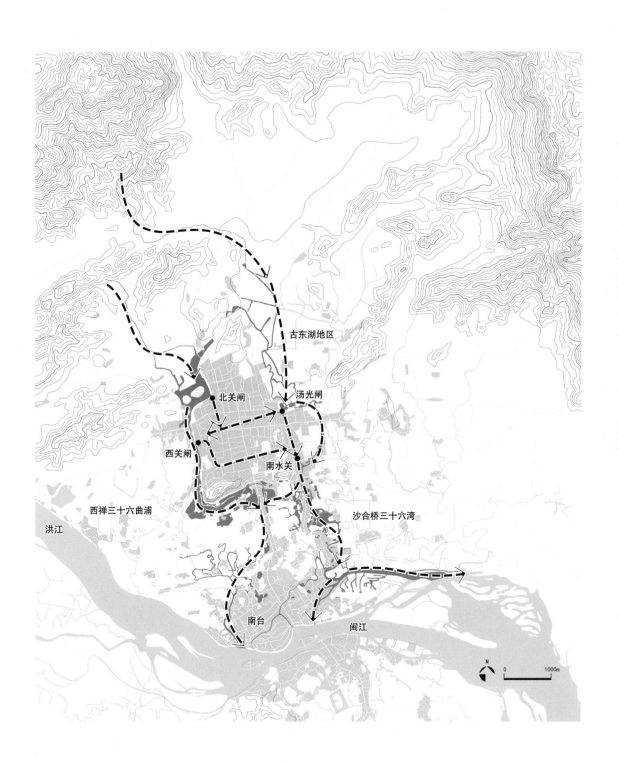

图8-6　福州西部诸山汇水的泄水路线

[图片来源：根据中华民国二十四年修测（1936）福建福州民国军用地图（闽侯）绘制；并参考 郭巍.
双城、三山和河网——福州山水形势与传统城市结构分析[J]. 风景园林，2017，（05）：94-100]

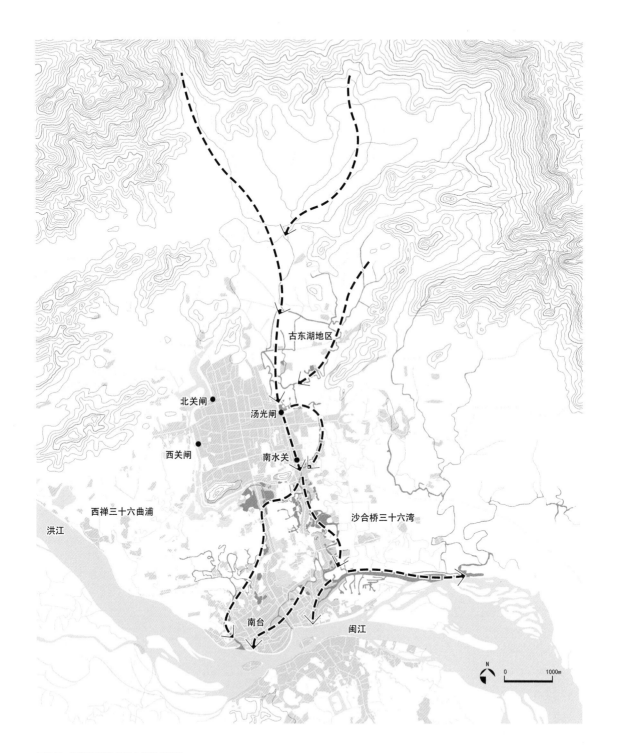

西禅三十六曲浦

洪江

古东湖地区

北关闸

汤光闸

西关闸

南水关

沙合桥三十六湾

南台

闽江

N

0   1000m

图8-7 福州东部诸山汇水的泄水路线

[图片来源：根据中华民国二十四年修测（1936）福建福州民国军用地图（闽侯）绘制；并参考 郭巍.
双城、三山和河网——福州山水形势与传统城市结构分析[J]. 风景园林，2017，（05）：94-100]

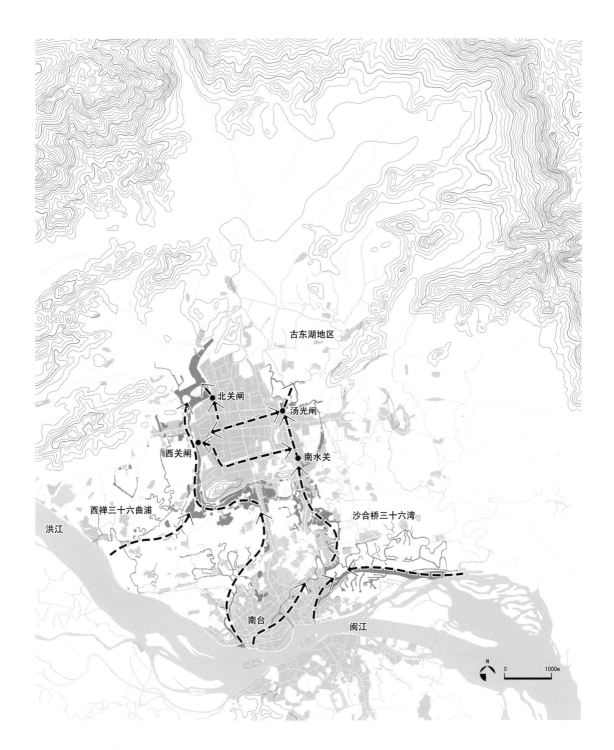

图8-8　福州闽江江潮上涌路径
［图片来源：根据中华民国二十四年修测（1936）福建福州民国军用地图（闽侯）绘制；并参考 郭巍.
双城、三山和河网——福州山水形势与传统城市结构分析[J]. 风景园林，2017，（05）：94-100］

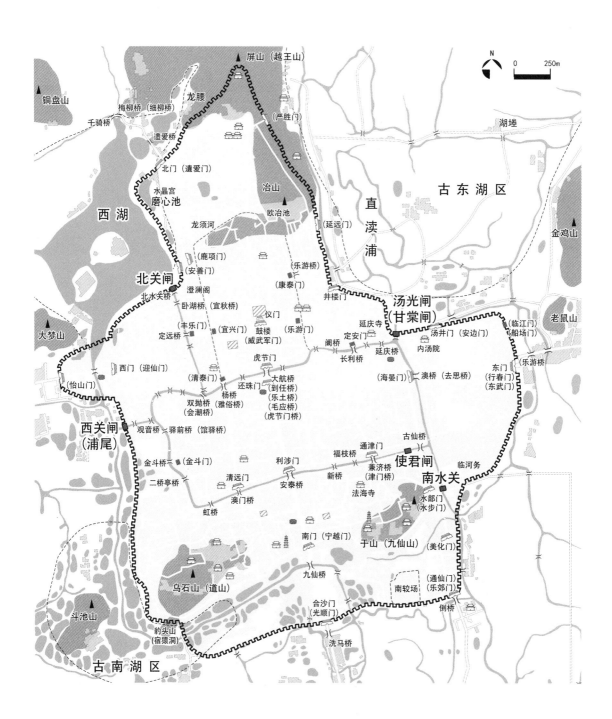

图8-9 宋代城市尺度的水系概况

[图片来源：主要参考（清）林枫《榕城考古略·城内河道桥梁附》；福建省地方志编纂委员会.
福建省历史地图集中的《文化图组 宋代福州城区》]

　　福州城中还有七星井、苏公井、乾元寺内金鸡井、龙腰山下龙腰井等数量众多的水井。"七星井，其六在宣政街之内，其一在还珠门之外"[17]。苏公井为宋提刑苏舜元所凿，共十二个：

　　　　"一在嘉荣坊内，一在开元寺南，一庆城寺南，一石井巷，一在登后坊内，一在桂枝坊内，一在万岁寺前，一在官贤坊长官衙前，一在甘液坊，一在盐运司前，一在西察院后，一在断事司前"[18]。

第三节　景观要素

　　景观要素是通过人文经营补缺山水的重要媒介。古人对于空间的感应、观察和认知，既受到自然环境的直接影响，又与地方行政建置、特定文化传统息息相关[19]。因此，古人时常通过人工构筑物进一步强化山水形势。这些直接影响了城市轮廓线、天际线、水岸线的人工构筑物，是景观要素的重要组成部分。

　　在以往的研究中，景观要素多指代以视觉感受为主的景观实体。但实际上，视觉感受与心理距离都是人们辨识空间的重要影响因素。在山水风景体系的研究中，风景的尺度一般比城市尺度更大。因目力所及有限，心理距离有时候比视觉感受更有助于人们确立方位感和对空间的归属感。因此，应尽可能地综合视觉感受与心理认知对景观要素的辨识，发掘山川形势、地方建置与文化传统的交叉融合点。古代方志详细记载了城内外空间的发展变迁，舆图则概要描述了古人对于生活空间的认知，这两种研究材料对于追溯福州古代的景观要素有着重要的参考价值。

　　图8-10是截取的清初海防长卷舆图《福建海岸全图》的福州府部分。这张图采用了形象画法：以交代事物的相对关系为重点，展现古人对于理想世界的认识。从这张图上，可以清晰地捕捉到这些景观要素：环福州府城的城墙以及城楼、府城南部以及闽江入海口的三座高塔，连接城南诸岛的众多桥梁，鼓山之上的庙宇。各景观

要素与山形水势的关系如图8-10、表8-3所示。接下来，将依次阐述福州城墙、津梁、高塔、寺观与山形水势的关系。

福州城墙的总体特征，可以归结为"倚山水为险"。城墙是中国古代城市的基本构成要素，古代百姓对城墙有着根深蒂固的信赖。不论一个定居点规模多大，地位多重要，治理多有序，如果没有正式确定且闭合的城墙，它就不能算作传统意义上的中国城市[20]。城墙作为古代治所城市不可或缺且体量巨大的基础设施，与城濠、城门、水门、敌楼、炮台组成了一整套完善的防御工事。

景观要素与山形水势的关系　　　　　　　　　　　　　　　表8-3

类型	特征	建设内容	时期	与山形水势的关系
城墙	倚山水为险	冶城	汉	**依山临水**：依山置垒，据将军山、欧冶池以为胜
		子城	晋	**依山临水**：北倚冶山，南面大江，东西临河
		夹城	后梁	**依山临水**：北倚屏山，东贮于山，西盛乌山；派西湖以为隍
		外城	宋	**临水**：依据沙洲成陆的情况，扩建东南城区
		府城	明清	**跨山离水**：北部城垣改为跨屏山而筑，在山顶建样楼（镇海楼）；受制于城南卑湿的自然条件，南城退回后梁夹城位置
津梁	辅水陆之便	万寿桥	宋（始建）	**跨水连洲**：依据沙洲成陆的情况，联舟为桥（闽江中楞严洲、中洲陆续出露，将闽江水道自南、北两支，分为南、中、北三支，浮桥也从两座改为三座
			元（重修）	**顺应水势**：北段浮桥改木桥，取名江南桥；中段改平梁石桥，取名万寿桥，万寿桥平面向上游做弧形，以消减东南海潮的水势
		洪山桥	始建不详	**跨水连陆**：跨洪塘两岸，方便水陆转运
			明（改建）	**跨水连山**：改为原址上游，与洪塘两岸山麓相接
			清（重修）	**顺应水势**：参照万寿桥做法，桥身向下游做弧形，以消减西北山洪与闽江落潮的水势
高塔	补山川之势	乌塔、白塔、崇庆塔等	唐（始建）	**依山**：以乌山、于山及其支脉为依托，分列唐罗城、后梁夹城东西城区
		开元塔	五代（始建）	**依山**：灵山开元寺内，唐子城城东
		定慧塔	五代（始建）	**依山**：钟山大中寺偏西处，唐子城城西
		罗星塔	宋（始建）	**江口山顶**：自闽江进入福州的标志，称为闽海咽喉
寺观	拥湖山之胜	澄澜阁	宋（始建）	**临湖**：西湖西边，与浚治西湖相关
		开化寺	明（始建）	**湖心**：西湖湖心屿中央，与浚治西湖相关
		涌泉寺		**山上**：城东鼓山上，控海隅、俯城区
		金山寺		**江心**：城西洪江上，孤悬江心

［资料来源：历代方志］

自秦代设闽中郡以来，福州一直是地方政治、军事中心，并两度为王都（秦汉时期闽越国、五代闽国王都），两度为行在（宋末、明末临时京都），明清时期又是沿海抗倭的重要基地。城墙防御体系的兴修废复贯穿了城市发展的各个重要阶段，并从侧面反映出福州政治、军事力量的变化（图8-11）。

"闽之有城，自冶城始"[21]。"闽越王无诸开国都冶，依山置垒，据将军山、欧冶池以为胜"[22]。晋太康三年（282年），郡守严高重新选址，扩筑子城，虽然城墙规制不详，但城垣北倚冶山，南面大江，东西临河的布置思路，将城墙的设置与自然山水环境紧密联系起来。唐末中和年间（881-884年），黄巢起义转战东南。观察使郑镒为加强城防，在晋子城的基础上修拓城垣。城墙北起冶山，南至虎节门，东有康泰门、安定门，西有宜兴门、清泰门。五代王氏治闽，福州成为地方政权的中心。唐天复年元年（901年），王审知筑唐罗城，罗城环绕子城外，又称大城，罗城城墙全部以砖砌筑，在当时实属罕见。后梁开平二年（908年），王审知继而在罗城的南、北两侧增扩城垣，南北夹城垣形似弯月，因而分别称作南月城、北月城。北夹城倚靠屏山，自西湖取土筑城，派西湖以为隍。南夹城东贮九仙（于山），西盛乌石（乌山），城东南设水部门，以通潮汐。罗城和夹城的建设，大大加强了福州的城墙防御功能。至此，福州

图8-11　闽江沿岸的防御工事
［图片来源：（a）哈佛大学燕京图书馆藏；（b）[日]岛崎役治. 亚细亚大观（第三辑）］

（a）水师旗营圆山水寨（1876-1877年）　　　　　（b）倭寇于南台附近设立的烽火台（1927年）

共计有子城、罗城、夹城三重城垣，并以屏山、乌山、于山三山为城防制高点，"三山"别称由此而来。王审知死后，王氏政权内乱不断，福州遂归吴越。宋开宝七年（974年），郡守钱昱根据福州东南沙洲成陆的情况，扩建福州东南城区，"城高丈有六尺，而厚半之，石其基，累甓而覆以屋"[23]，南至光顺门（即沙合门），东至东武门（即行春门），东北至汤井门（即汤门），西北至船场门（即临江门），西至怡山门（即西门），史称宋外城。

太平兴国三年（978年），吴越纳土归宋。为防止地方割据，宋室诏堕福州城垣，"由是诸城皆废"[24]。皇祐四年（1052年），曹颖叔渐次修葺城北严胜门附近砖墙。熙宁二年（1069年），郡守程师孟开始修复子城城墙。城墙"厚五寻，而杀其半，崇得五之四。表里累以甓石，上设女墙。其下覆以椽瓦为台，以抗其隅"[25]。程师孟在子城城墙上创设九楼：城西有坐云祠，城西北有西湖楼、蕃宣楼，城北有缓带楼，东南有三山楼，东北隅堆玉楼，清泰门上清微楼、康泰门上泰山楼，"五云楼或作望云，其不可考"[26]。绍兴元年（1131年），盐商范汝为据建州起义，"程待制迈乃发巷石，累虎节、定安、丰乐、康泰四瓮门，设敌楼"[25]。随着建州起义平复，各敌楼、瓮城废，各门均恢复旧制。宋代的福州，总体上社会安定，虽偶有敌情，旋即平复，城市活动也已突破了城垣范围，因而只是重建了子城城墙，以重点保护政治中心[27]。元至元中，城墙复堕废。元末，"平章陈有定稍缮完之"[24]。

明清两代，在沿海局势的影响下，福州城墙防御体系不断加强：

"明洪武四年，命驸马都尉王恭修砌以石，北跨越王山，为楼曰样楼……南则因故外城绕乌石、九仙二山而围之，广袤方十里，高二丈一尺有奇，厚一丈七尺，周三千三百四十丈。城上敌楼六十有二，警铺九十有八，堞楼二千一百六十四，女墙四千八百有五。中卫指挥使李惠等重加修治，并建楼周而覆之……嘉靖三十八年防倭，增置敌台三十有六……国朝（清）顺治十八年，总督李率泰因防火灾，拆换城屋，增筑垣墙，高二丈四尺，厚一丈九尺，计窝铺二百六十四座，炮台九十三座，垛口三千有奇，马道五千五百三十丈。康熙三十年，总督郭世隆重建西南二楼。雍正五年、九年（1727、1731年），相继重修，增筑女墙……今城之门七，各门皆有瓮城重关，皆东向，唯西门瓮城中以墙隔之，内各有垣"[24]。

此外，受制于城南卑湿的自然条件，明清福州府城在北拓的同时，将福州城的南限又退回了五代梁夹城的位置（图8-12、图8-13）。

从建筑设施上看，明清时期的福州城墙最为完备：城门外有瓮城；水道入城处有水闸；城墙上有敌楼可取俯瞰之势；有雉堞等排列如尺的矮墙用以掩护；有民兵当值的警铺，并有女墙、垛口、马道、炮台环绕。从城墙选址上看，福州外城城墙"因山川之险以之固"[28]，或倚三山，或凭河湖。同时，受自然条件的影响，平面呈

图8-12　福州古代城墙变化示意图
［图片来源：主要参考卢美松．福建省历史地图集中的《福州古城》和《文化图组 宋代福州城区》和福州市地方志编纂委员会．三坊七巷志中的《民国城区与三坊七巷》］

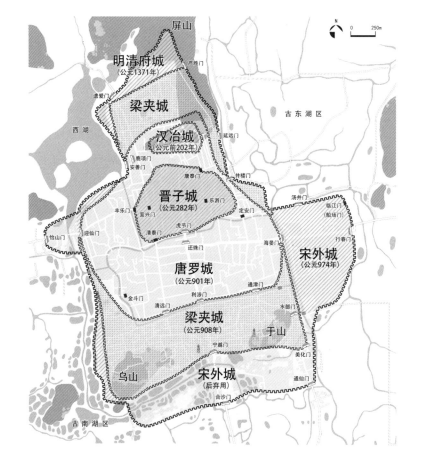

（a）福州水部门老照片　　　　　　　　　　　　　　（b）福州城门老照片

（c）西湖附近城墙老照片（1920-1930年）

图8-13　福州城墙、城门老照片
［图片来源：（a）（b）网易博客;（c）福建省档案馆藏］

现不规则形态。

城墙，构筑了古代福州城的外观，界定了福州的政治中心，集中体现了福州城市的发展与历史文化的变迁。福州城墙的防御作用在社会动荡、朝代更迭、倭患袭扰之时显得尤为重要。但是，随着冷兵器时代的结束，在清末殖民主义列强的炮击之下，城墙和古人千百年来对城墙的依赖心理逐渐崩塌[29]。

除了作为地区政治中心与军事重镇，福州襟江临海，河湖纵横，自古也是闽江流域与海外贸易的水陆交通枢纽。津梁作为城市经济生活的基础设施，在空间发展中起着重要作用。据清顾祖禹《读史方舆纪要》记载，"郡境之桥，以十百丈计者，不可胜记，万寿桥与洪山桥尤为雄壮"[30]。

洪山桥位于福州城西，连接洪塘江两岸，满足自闽江上游至福州的商民水陆转换的需求。万寿桥及其附属桥梁，位于福州城南，用于连接古南台地区。古南台地区以闽越王钓龙台命名，受水陆变迁和人类活动的影响，该地区自北向南渐次淤浅，这使得福州最重要的港口、港市不断南移。古人以大小桥统称南台地区各桥梁。实际上，大小桥多是相对而言，若以万寿桥为大桥，小桥一般指江南桥；若以万寿桥与江南桥统称大桥，小桥则指城南沙合桥（图8-14、图8-15）。

　　　"万寿桥一名大桥，横跨台江，江广三里。宋元祐间，闽江沙颇合，港疏为二，中成楞严州。郡人王秘监祖道为守，造舟为梁……左右维以大藤缆，植石柱十有八，而系之以备疾风涨雨之患。寻又维屋以覆缆柱，架亭于其侧，以憩行者……元大德七年，头陀王法助奉旨募造石栏桥。酾水为二十九道，上翼以石栏。长一百七十丈有奇，南北构亭二。至治二年落成……万历十六年，巡抚庞尚鹏重砌石栏"[31]。"度万寿桥而南，有桥相接，曰江南桥"[32]，"水位高时，轻载的船只可以放下桅杆通过"[33]。

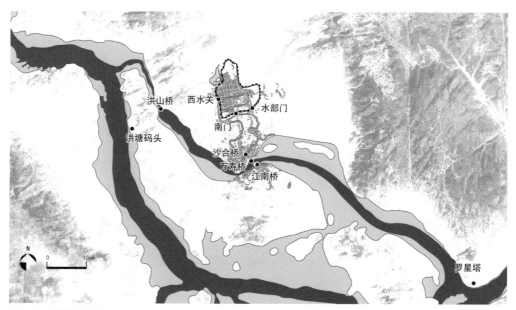

图8-14　福州桥梁示意图
［图片来源：作者自绘］

（a）自仓山看万寿桥（1876-1877年）

（b）江南桥（1880年）

（c）万寿桥近景（1900-1910年）

图8-15　福州城南大桥（万寿桥、江南桥）老照片
［图片来源：（a）George Newnes，Round the World from London Bridge to Charing Cross via Yokohama and Chicago，1895.；
（b）伦敦亚非学院；（c）福州档案馆藏］

塔，是中国古代城市构图中最为醒目的垂直要素[34]。随着佛教的汉化，塔的宗教意味渐淡，而登高揽胜、瞭敌警戒、补缺风水的世俗功能日益明显[35]。造型突出、工艺精巧、意蕴丰富的塔，不仅重新塑造了中国古代城市的天际线，也深刻影响了人们的日常生活与心理感受。统治者建塔以垂功德，百姓奉塔以求庇佑，乡绅护塔以兴风水。"宋谢泌诗云：城里三山千簇寺，夜间七塔万枝灯"[36]。"今诸塔俱毁，惟定光、坚牢二塔独存，所称会城双塔也"[37]。

坚牢塔，在乌山东麓，全名崇妙保圣坚牢塔，俗称乌塔。唐贞元十五年（799年），观察使柳冕造石塔，赐名"贞元无垢净光塔。"唐庾承宣《无垢净光塔铭并序》中写道："瞻彼灵塔，巍巍崇崇，疑自地踊，若将天通。作镇海隅，高标闽中，影护下界，形仪太空"[38]，后废。后晋天福二年（937年），王延羲在旧址上重建石塔，改名崇妙保圣坚牢塔[39]。重建后的坚牢塔高34.74 m，平面呈八角形，为七层阁楼式石塔[40]，之后屡经修缮。明洪士英《登石塔》诗曰："寺废塔犹存，经年不启门。邻梯闲借上，石磴始能扪。鸡犬烟中市，桑麻雨外村。残碑虽剥蚀，仿佛辨真元。"

定光塔，在于山山麓万岁寺内，全名报恩定光多宝塔，俗称白塔。唐天祐二年（905年），由王审知创建。原塔石台座，砖轴心，外木构楼阁式，七层八角，高66.7 m，元时重修。明"嘉靖十三年二月十九日，雷震万岁寺。浮屠火起如巨烛，照城中外数十里"[41]。定光塔被火焚毁，只剩砖造塔心。嘉靖二十七年（1548年），乡绅集资重建，利用残存砖轴，架梯砌成砖塔，仍为七层八角，高仅41 m，塔身粉刷白灰，因而又称白塔。重建后的白塔，仍为当时全城最高建筑物。清乾隆三十八年（1773年），再次重修[40]。

崇庆塔，在丁戊山安福寺内，又名新塔。"唐咸通十三年建。梁乾化二年，王审知始造木塔七层于其上，号新塔……今新塔街至塔崎顶等地，皆塔寺之故址"[42]。塔崎顶又称作塔影移，反映了唐宋时期，崇庆塔的影子随着太阳方向改变而移动的景象[43]。

报恩塔，在乌山西麓南报恩寺内。"唐大中十一年……观察使杨发以隙游亭地，命僧鉴空创院及石塔七层……明道中始为禅刹，今废"[44]。唐周朴《福州神光寺塔》诗曰："风云会处千寻险，日月中时八面明。"明陈亮《登神光塔》诗曰："七级高标壮，千门属望同。"

开元塔，在灵山山麓开元寺内，为五代王审知创建，"木塔七层"[45]。唐周朴诗曰："开元寺里七重塔，遥对方山影拟齐。"

定慧塔，在城西南钟山大中寺内。"旧九层。朱梁开平四年（910年），伪闽建。天圣中爇（烧毁）之。累数年，闽人复创……复灾"[46]。明《闽都记》载定慧塔"王审知建定慧塔，七层，今毁。"本书根据志书成书年代的先后顺序，选用了宋《淳熙三山志》九层记录。

普光塔，"《三山志》所载其数仅六，其一或云即普光塔。《闽都记》：普光塔寺在甘棠坊。宋熙宁五年建，旧有塔五级。明洪武间，增为七级；宣德间徙建寺西，后塔毁"[37]。

福州七塔大多依三山及三山支脉的山麓而建，且大体位于南北中轴两侧对称位置（表8-4，图8-16）。这既体现了古人对于建筑位置的推敲与经营，也显示了福州城市选址与自然山水的和谐关系。七塔现仅存乌山乌塔与于山白塔，双塔在福州城市风景中占据了极其重要的地位（图8-17）。

七塔概要　　　　　　　　　　表8-4

名称	始建年代	位置	形态特征
崇妙保圣坚牢塔（乌塔）	唐（799年）；后梁重建（937年）	乌山东麓	七层八角石塔
报恩定光多宝塔（白塔）	唐（905年）；明重建（1548年）	于山万岁寺	七层八角砖塔
崇庆塔	唐（872年）	丁戊山安福寺	木塔七层
报恩塔	唐（857年）	乌山报恩寺	石塔七层
开元塔	五代（909-945年）	灵山开元寺	石塔七层
定慧塔	五代（910年）	钟山大中寺	九层
普光塔	宋（1072年）	甘棠坊	宋塔五级，明塔七级

［资料来源：历代方志］

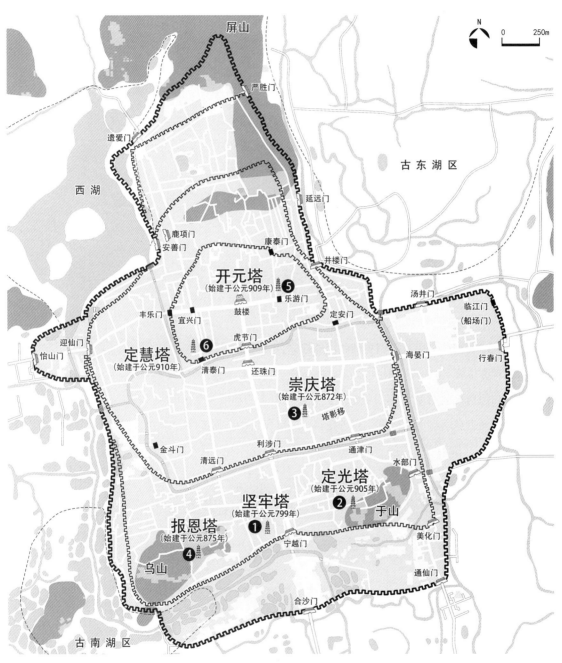

图8-16　福州六塔位置示意图
［图片来源：历代方志；卢美松. 福建省历史地图集中的《福州古城》、《文化图组
宋代福州城区》］

（a）福州乌塔

（b）福州白塔(1946年)

（c）两塔对峙老照片（1900年）

在福州山水风景体系中，塔不仅用以强调城市轴线，还用以强调空间的围合感。古人有"水口空虚，灵气不属……法宜人力补之，补之莫如塔"[47]的说法。福州作为古代重要的港口城市，"城外由江达海之路，以罗星塔为关键。塔据山巅，四面皆波涛汹涌。其由闽县达长乐，则必以罗星塔山下为暂泊候潮之所。盖海潮由此而分也"[48]。罗星塔始建于宋，重建于明天启四年（1624年），高达31.5 m，塔座直径8.6 m，为八角七层石塔。罗星塔是古人自闽江进入福州的标志，

图8-17　福州会城双塔
［图片来源：（a）东南网；（b）新浪博客；（c）维基百科］

（a）罗星塔近景

（b）罗星塔远景（1900年左右）

图8-18　福州马尾罗星塔
［图片来源：（a）ebay.com，转引自福州
老建筑百科；（b）林轶南收藏，转引自福
州老建筑百科］

有"闽海咽喉"[49] "万船识门庭"[2]之称。清郁永河诗曰："浩荡江波
日夜流，遥看五虎瞰山头。海门一望三千里，只有罗星一塔浮"[50]。

　　道光二十四年（1844年），福州开港，罗星塔成为国际公认的
海上重要航标之一。光绪二十三年（1897年），闽海关设大清邮政福
州邮务总局，并设罗星塔分局，罗星塔于是成为世界邮政地名之一。
作为福州乃至明清沿海标志性的景观意象，罗星塔一度称为"中国
塔（China Tower）"，罗星塔所在岛屿则被称作"宝塔锚地（Pagoda
Anchorage）"[51]（图8-18）。

　　福州以一隅之地，揽湖、山、江、海胜概。除倚山水为险的城
墙、辅水陆之便的津梁、补山川之势的高塔外，福州湖中、山间、
江上均有名寺，所谓"绀宇琳宫罗布郡邑"[52]。这些名寺依山形水
势而建，与山水互为裨益，促进了人对山水的感知体验。

　　西湖附郭，延袤城外。自魏晋至明清，西湖始终是福州水利系

统中关乎全局的关键。"昔贤治湖，必兼治园亭……垂废复兴固多有，虽废而灵踪异迹犹在人耳目间"[53]。西湖之上，闽有水晶宫，宋有澄澜阁，明有开化寺，清有宛在堂、李纲祠。湖光山色、亭台楼阁成为家国情怀、时空喟叹的景观载体。水晶宫、澄澜阁是西湖诗词中较为常见的意象，但实物久以不存。湖中开化寺与屏山镇海楼互相掩映（图8-19），虽不能争美钱塘，但以此追思古人浚湖之功德，明辨西湖开塞之得失亦足矣。

开化寺位于湖心屿中央，原是明时谢氏私宅。嘉靖三年（1524年），知府汪文盛捐资建寺，标"开化"之名。清康熙四十四年（1705年），总督金世荣疏浚西湖后重修。"殿阁峥嵘，金碧辉映，湖山荡漾，山容倩丽，诚为三山名胜，一州巨观"[54]。乾隆十三年（1748年），巡抚潘思榘浚湖时再次重修，"毋废后观"[55]。康熙年间，郭雍题诗："金碧湖心寺，澹烟朝夕横。我来芳树暖，钟动晚波平。"

涌泉寺位于鼓山山腰，海拔455 m[56]，有"全闽第一峰头寺，积翠岩峣控海隅。钟磬遥闻通上界，江山俯视临中区"[57]之称。鼓山胜迹以涌泉寺为中心，总计一百六十多景，寺东有灵源洞、喝水岩等二十五景，寺南有罗汉台、香炉峰等五十二景，寺西有达摩洞十八景，寺北有屴崱峰（今绝顶峰，又名大顶峰）、白云洞等四十五景[58]。

涌泉寺创建于唐建中四年（783年），"龙现于山之灵源洞，因建寺镇焉"[52]。"后有僧灵峤诛茅为台，颂《华严经》而龙不为害，因号曰华严台，亦以名其寺。梁开平二年，闽王审知复命僧神晏居焉，号国师馆，徒三千，倾国资以给。乾化五年，改为鼓山白云峰涌泉院"[59]。宋咸平二年（999年），宋真宗赐"鼓山白云峰涌泉禅院"匾额。明嘉靖年间（1522–1566年），增拓鼓山下院，"殿宇壮丽有加"[60]。清康熙、乾隆年间受赐匾额、藏经（图8-20）。

金山寺，在福州城西洪江之上。"岛屿孤悬于江心……谓一天地中自然景趣，仿佛镇江之金山"[61]。金山寺"从潮高下，水涨而山不没"[62]。金山寺限于地形，只是一个小型寺院，但情致天然，与江上风景极其相宜。宋朱熹题联曰"日夜长浮，不用千篙争上水。

图8-19　西湖上的开化寺与远景镇海楼（1890年左右）
［图片来源：高士威的相册，布里斯托尔大学藏，转引自福州老建筑百科］

图8-20　鼓山中的涌泉寺（1876-1877年）
［图片来源：哈佛大学燕京图书馆］

乾坤屹立，独能一柱砥中流"。自元代起，金山寺就是城西洪塘的重
要景观标志，元王瀚称其："胜地标孤塔，遥津集百舫"[62]。民国林
其蓉作诗曰："洪山桥下水潺潺，桥上游人日往还。此去洪塘刚数里，
塔尖榕影是金山"[63]（图8-21）。

图8-21　洪江上的金山寺（1871年）
[图片来源：John Thomson. Foochow and the river min[M]. London，1873]

第四节　风水模式

风水模式体现了古人对山水格局的整体把握。

福州的风水模式可以概括为两部分内容：一，建立山水秩序。山水秩序代表了人工与自然的关系，它直接影响了城邑选址、城市轴线、建筑方位与视角控制。二，以仿生象物、托名附会为主体的象征化处理。其中，仿生象物，主要采用的是诸如龙、狮、虎这些为人们所熟悉的具体形象，给人们以直观的整体空间感受；托名附会，则是以名人言行渲染空间营建的科学性、准确性与神秘感。

建立山水秩序

首先，阐释建立福州山水秩序的过程。建立山水秩序，包括寻龙、察穴、立向三个步骤。风水家以龙指代山川，"象形势之腾伏"[64]。寻龙，就是探寻大尺度的山势走向，以此估测选址区域的气候、水文条件。福州地势由西北向东南倾斜：西北崇山峻岭，有利于遮挡寒流；闽江自闽赣交接处发端，水势长足；东西两侧旗鼓相当，重重开帐，如龙伸爪驻足；南部又有方山呼应，拱揖环抱，"手足尽为回顾翻转，恰如勒马之状，此与急中取缓之义同，其为有结无疑矣"[65]。

察穴，是在确定龙脉，即大范围环境勘察之后，通过研究竖向变化，寻找具有良好小气候的位置。察穴以"在凸突之地寻找凹陷之穴，在凹陷之处确定凸突之穴"为基本原则[66]。福州盆地中心的屏山、于山、乌山三山鼎立呈品字形。三山于周边地势下降之处再次升高，使得福州盆地内出现了"大山环绕小山"的情景，与风水学说中的"过峡"概念相当吻合。这种地形十分有利于蓄水、防洪、排涝。郡衙作为福州城中形制最高的建筑，就选址于"三山之中"[67]，"自严高大相兹土，告卜于晋，乃定宅方位，迄今不移矣"[68]。福州河湖发育的过程也侧面反映了风水察穴理论的科学性（图8-22）。

确定穴场之后，需要根据穴场与龙脉的走势确定城市及建筑的朝向，也就是立向。立向是山水秩序确立的关键，古人称之为"千里江山一向间"。当然，风水学说也充分肯定了人对山水环境灵活变通的再理解，所谓"向是人立，是以立向有转移之巧"[69]。

晋子城建城时，严高以图咨风水术士，最终以莲花山为主山，高盖山为主案，五虎山为朝山，以罗盘壬丙向归纳山峦走势，将城市南北轴线定为北西偏移约15°。由此，乌山、于山恰好位于城市南北轴线两端约30°位置，而乌山乌塔与水口罗星塔也约略落位于文笔塔的吉向——丁位与巽位[70]，其中，罗星塔"屹立江心，镇会城水口……形家谓全闽要害"[71]。清乾隆《福州府志》载：

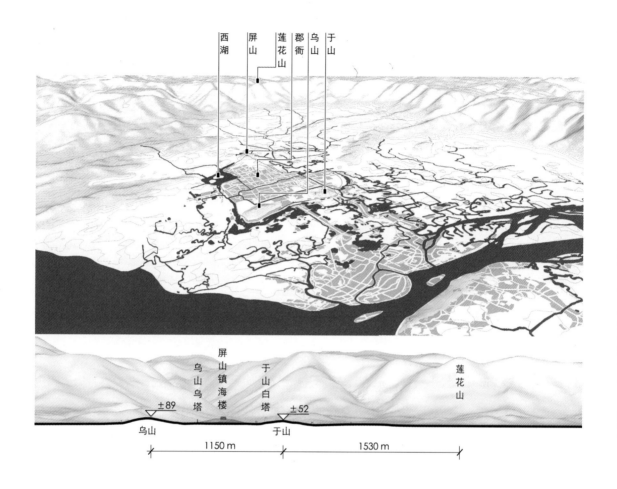

图8-22　三山之中——福州城的"穴"
［图片来源：作者自绘］

"闽诸山皆北来，拱于会城……七郡之水朝宗会城，此全郡之形势也。自郡城而论，则越王山为主山脉……越龙腰入城，为负宸。南面山有四案：横山（南台山）第一，天宁山（藤山）第二，高盖山第三，方山（五虎山）第四。水环束有九条：到任桥第一，安泰桥第二，九仙桥第三，洗马桥第四，虎策桥第五，沙合桥第六，万寿桥第七，江南桥第八，乌龙江第九。西北则诸山环绕，东南则双江带流，洪江内抱，台江外卫，此郡城之形势也"[72]。

福州"落穴于龙脉尽头，顺龙脊来脉正面结穴，左右龙虎适中，朝岸端正，水聚堂中"[70]，是顺骑龙局的典型代表，因而有"天

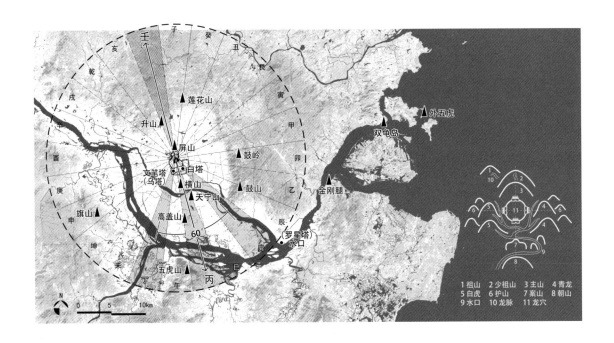

图8-23 福州山水秩序
[图片来源：作者自绘]

下堪舆易辨者，莫如福州府"[73]之称（图8-23）。

　　风水学说的积极意义，还在于充分肯定人工趋避裁成对山水秩序的完善。古人十分注重轴线的感知特征，而非一味强求几何关系。福州空间轴线随着水陆变迁、人工营建而不断延伸、加强。

　　魏晋时期，主要经济活动区界止虎节门外大航桥两岸；隋唐时期，主要经济活动区南移约0.7 km至利涉门外安泰河两岸；宋元时期，再次南移1.1 km至合沙门外洗马桥两岸；明清时期，主要经济活动区又南移动约3 km至仓前山山麓。自福州城南门至南台岛沿途，自明代即有僧侣中途设亭供茶；清代更建有茶馆服务行者，茶市林立，遂成街市。由此，福州在山水感知上的朝对关系，逐渐落实到了实体空间，促成了福州以屏山为屏扆，镇海楼为高点，乌山、于山为双阙，经城外长街，过万寿桥，抵南台岛，全长约6.3 km的城市南北轴线[74]（图8-24）。

以仿生象物、托名附会为主体的象征化处理

　　仿生象物在福州城中也得到了充分应用。自五代闽国3次拓城，将福州三山括入城中，"三山"就成为古代福州城最突出的城市意象。

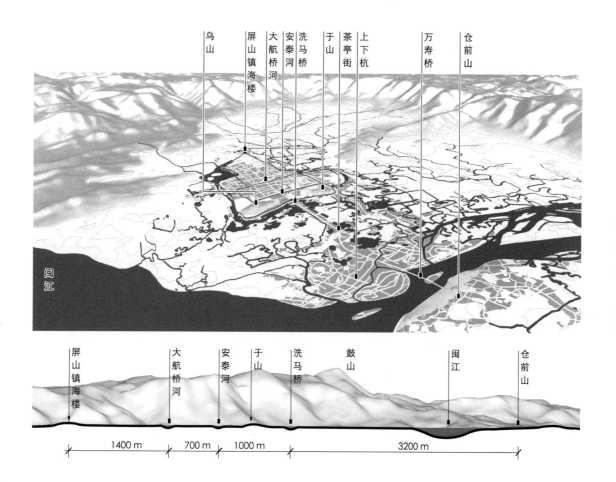

乌山　屏山镇海楼　大航桥河　安泰河　洗马桥　于山　茶亭街　上下杭　万寿桥　仓前山

闽江

屏山镇海楼　大航桥河　安泰河　于山　洗马桥　鼓山　闽江　仓前山

1400 m　700 m　1000 m　3200 m

宋代大文豪曾巩在《道山亭记》中写道：

图8-24　福州城市南北轴线示意图
［图片来源：作者自绘］

　　"城之中三山，西曰闽山，东曰九仙山，北曰粤王山。三
山者鼎趾立。其附山，盖佛、老子之宫以数十百，其瑰诡殊绝
之状，盖已尽人力……程公以谓在江海之上，为登览之观，可
比于道家所谓蓬莱、方丈、瀛州之山"[75]。

　　从山水风景的角度观之，福州城中三山鼎立，两塔高绝，而曲
线流畅的马鞍墙与绵延的群山形成和谐的构图，如波涛万顷，烘托
着三山两塔[74]。同时，福州水系与闽海互为沟通，水归东南；福州三
山呈品字形排列，与昆仑山顶三角的平面布局极其相似（一角正北，

（a）三山示意图

（b）太华全图（光绪六年 1880 年）

图8-25 "三山"意象
［图片来源：（a）汪德华《中国山水文化与
城市规划》中的《图7.63 福州城市规划山
水形胜示意图》；（b）中国国家图书馆藏］

一角正东，一角正西）（图8-25）；再加上"三山藏，三山现，三山看不见"的俗语，与东海三山的传说又有一定相合之处。这种种空间形态与文化隐喻上的巧合，进一步增强了福州"一池三山""东海三山"的神仙意象[66]。宋陈师尚《贺徐中丞启》云："三山鼎峙，疑海上之仙家；千刹星联，实人间佛国。"

　　在古人反复强化福州整体空间特征的同时，福州城中局部也有象龙、狮、虎、龟、文笔的传统。古人认为福州屏山西边的龙腰最为宝贵，"伪闽尝凿之，术者以为不可，遂罢"[76]。"俗谓鼓楼龙头，双门龙鼻，九仙、乌石二塔龙角，龙须东西河"[77]，（表8-5）"龙腰东北诸山之水，汇于溪，送入汤水关。龙腰西北诸山之水，汇于湖，送入北水关，此二送龙水也"[78]。

福州城内象龙说法			表8-5
龙头	龙鼻	龙角	龙须
鼓楼	鼓楼双门	乌塔、白塔	东西龙须河

［资料来源：历代方志］

　　乌塔（坚牢塔）既是福州双阙之一，也被认为是福州的文笔，与福州文运相关。明林恕《登石塔》一诗就直接以乌塔为笔，以乌山为砚："晴霄高耸笔锋铦，海月江烟挂碧檐……欲借乌山磨作砚，兴来书破彩霞缣"[38]。

虎是福州常用意象。福州有内五虎、外五虎之分。内五虎即城南五虎山，又名方山。明正德壬申年（1512年），布政使陈珂重建还珠门，"双门之中，凿巨石为狮，厌制南面五虎山"[79]，促成了福州城"三狮镇五虎"的中轴意象。外五虎指闽江入海口的五虎礁。五虎礁位于福州古代海上交通的必经之路，因长期受海浪冲刷，形态峥嵘奇绝，与双龟岛合称"双龟把口，五虎守门。"

宋许敦仁《三山阁》诗曰"蓬莱方丈与瀛洲，东引长江欲尽头……七百年来遗谶事，钓台沙合瑞烟浮"[80]。福州不仅在风水形势上极具特色，也继承了风水学说中托名附会的特征。纵观历代福州志书，均载有郭璞为晋子城的建立提供建议，部分志书中也附有郭璞《迁州记》为佐证（表8-6）。

与郭璞迁城相关的部分文史资料　　　　　　　　表8-6

出处	相关内容
宋《淳熙三山志》	晋太康三年，既诏置郡，命严高治故城，招抚昔民子孙。高顾视险隘，不足以聚众，将移白田渡，嫌非南向，乃图以咨郭璞。璞指其小山阜曰："是宜城。后五百年大盛。"于是迁焉[25]
明《八闽通志》	太康三年，太守严高图越王山南之形势以咨郭璞，璞曰："方山秀拔于前，三山环峙于后，八百年后大盛"[81]
明《闽都记》	晋太康三年，置郡树牧，狭视冶城。太守严高询于郭璞，乃经始于越王山之南[80]
清《榕城考古略》	晋武帝太康三年，始置郡。太守严高狭视郡城规制，将移白田渡，嫌非南向。乃为图咨于著作郎郭璞。璞指一小山阜，使迁之，乃经始于越王山之南，是为子城，自晋迄六朝皆仍之[24]
清《读史方舆纪要》	晋太康四年，太守严高以故城狭隘，将移于白田渡，嫌非南向。乃图以咨郭璞，璞指越王山南小阜曰，宜城于此。即今郡子城也[22]

[资料来源：历代方志]

郭璞《迁州记》写道：

"桑田为海，人事更改……前有双眉，重施粉黛（九仙、乌石山为之眉，方山为之黛，是太阴宫也）。溪涧水来，尽归

于海（南台有江，出其地户去也）。主揖其客，客住主在（莲
花山、高盖山、方山相应）。稳守东日，高山镇寨（卯山见，
高盖为日门，鼓山为威胆之位）。本自添金，因成右兑（在乾
为金，佛国；兑，赤金也）。但见蛇形，莫知坐亥（木行巳街，
正坐壬也）……其城形状，如鸾似凤。势气盘拿，遇兵不馑。
遇荒不掠，逢灾不染。其甲子满，废而复兴"[82]。

　　文中点明了晋子城迁城的自然背景、新址的风水要点，行文方
式"近形家言"[83]。

　　郭璞是两晋时期最重要的风水学者。郭璞为母亲"卜葬地于暨
阳，去水百步许。人以近水为言，璞曰当即为陆矣。其后沙涨，去
墓数十里皆为桑田"[84]。这种对水陆变迁规律的认识，在福州空间
营建过程中起到了重要的作用。但郭璞生卒年为公元276–324年。晋
太康三年为282年，郭璞尚5周岁。严高肯定不会将迁城大事委以5岁
幼童，因而《迁州记》也不一定由郭璞本人所写。其实，托名现象
在古代十分常见。也许是在流传过程中，后人已难以确认风水师原
名，只好以郭璞姓名代指，历代志书作者也未对此有更改。但可以
肯定的是：风水确实在迁城中起到了一定的作用，当时的风水师已
经能够根据现状，预判空间发展的趋势。

　　虽然已经无法追问当年给出迁城建议的风水师是谁，但诸如
"南台沙合，河口路通，先出状元，后出相公"[85]这类将自然变迁
与美好寓意相融合的谶语，至今仍然受到社会大众的喜爱与口口
相传。

参考文献：

[1] 中国人民政协福建省福州市委员会．福州地方志：简编，上[M]．文史资料工作组，1979．

[2] 福州市地方志编纂委员会编．福州市志（第一册）[M]．北京：方志出版社，1998．

[3] （清）林枫《榕城考古略·卷上·城橹第一·城内古迹总略·三山九山》．

[4] （明）何远乔《闽书·卷之一·方域志·福州府·闽县一·九仙山》．

[5] （明）何远乔《闽书·卷之二·方域志·福州府·闽县二 侯官县一·川水利附·南台江》．

[6] （清）齐召南《水道提纲·卷十七·闽江》．

[7] （民国）何振岱《西湖志·卷一·水利一·李思诚 重修福州西湖闸记》．

[8] （民国）何振岱《西湖志·卷十·园亭·澄澜阁·郑光策 澄澜阁记》．

[9] （明）王应山《闽都记·卷之十五·西湖沿革》．

[10] （民国）何振岱《西湖志·卷十·园亭·澄澜阁·马森 澄澜阁记》．

[11] （明）王应山《闽都记·卷之十五·西湖沿革》．

[12] 郭巍．双城、三山和河网——福州山水形势与传统城市结构分析[J]．风景园林，2017，（5）：94-100．

[13] （宋）梁克家《淳熙三山志·卷之四·地理类四·内外城濠桥梁附》．

[14] （明万历）喻政 主修《福州府志·卷之五·舆地志五·山川（下）·城中水》．

[15] （清）林枫《榕城考古略·卷上·城橹第一·城内河道桥梁附》．

[16] （民国）郭白阳《竹间续话·卷二》．

[17] （明万历）喻政 主修《福州府志·卷之六·舆地志六·七星井》．

[18] （明万历）喻政 主修《福州府志·卷之六·舆地志六·七星井、苏公井》．

[19] 张伟然．中古文学的地理意象[M]．北京：中华书局，2014．

[20] [瑞典]喜可龙 著，邓可 译．北京的城墙和城门[M]．北京：北京联合出版社，2017．

[21] （清）林枫《榕城考古略·卷上·城橹第一·附旧城考略》．

[22] （清）顾祖禹《读史方舆纪要·卷

九十六·福建二·福州府》．

[23] （清乾隆）徐景熹《福州府志·卷之四·城池街坊附·外城》．

[24] （清）林枫《榕城考古略·卷上·城橹第一》．

[25] （宋）梁克家《淳熙三山志·卷之四·地理类四·子城》．

[26] （清乾隆）徐景熹《福州府志·卷之四·城池街坊附·子城》．

[27] 郑力鹏．福州城市发展史研究[D]．广州：华南理工大学，1991．

[28] （元）佚名《无锡县志·卷二·山川第二》．

[29] 刘凤云．明清城市空间的文化探析[M]．北京：中央民族大学出版社，2001．

[30] （清）顾祖禹《读史方舆纪要·卷九十六·福建二·万寿桥》．

[31] （清同治）孙尔准《重纂福建通志·卷二十九·津梁·万寿桥》．

[32] （清乾隆）徐景熹《福州府志·卷之九·津梁·闽县·江南桥》．

[33] [英]施美夫 著，温时幸 译．五口通商城市游记[M]．北京：北京图书馆出版社，2007．

[34] 李允鉌．华夏意匠：中国古典建筑设计原理分析[M]．天津：天津大学出版社，2014．

[35] 戴孝军．中国古塔及其审美文化特征[D]．济南：山东大学，2014．

[36] （明）黄仲昭《八闽通志·卷之七十五·寺观·福州府·侯官县》．

[37] （清）林枫《榕城考古略·卷上·城橹第一·城内古迹总略·会城七塔》．

[38] （清）郭柏苍《乌石山志·卷之二·古迹·净光塔》．

[39] （清）林枫《榕城考古略·卷中·坊巷第二·坚牢塔》．

[40] 福州市建筑志编纂委员会．福州市建筑志[M]．北京：中国建筑工业出版社，1993．

[41] （清）林枫《榕城考古略·卷中·坊巷第二·定光塔》．

[42] （清）林枫《榕城考古略·卷上·城橹第一·城内古迹总略·丁戊山》．

[43] 李乡浏，李达．福州地名[M]．福州：福建人民出版社，2001．

[44]（清）郭柏苍《乌石山志·卷之三·寺观·报恩塔院》.

[45]（清）林枫《榕城考古略·卷中·坊巷第二·附旧迹》.

[46]（宋）梁克家《淳熙三山志·卷之三十三·寺观类一·僧寺山附·怀安大中寺》.

[47]（清）屈大均《广东新语·卷十九·坟语》.

[48]（清）梁章钜《楹联丛话全编·楹联续话·胜迹》.

[49]（清）佚名《同治甲戌日兵侵台始末·卷一·五月壬寅（初一日）福州将军文煜、闽浙总督兼署福建巡抚李鹤年、总理船政前江西巡抚沈葆桢奏》.

[50]（清）郁永河《裨海纪游·卷上》.

[51] DOOLITTLE R J. Social life of the Chinese[M].London：S.Low，son，and Marston，1868.

[52]（明）黄仲昭《八闽通志·卷之七十五·寺观·福州府·闽县·涌泉寺》.

[53]（民国）何振岱《西湖志·凡例》.

[54]（清乾隆）徐景熹《福州府志·卷之七·水利·侯官县西北·西湖·国朝郑开极 重修西湖记》.

[55]（清乾隆）徐景熹《福州府志·卷之七·水利·侯官县西北·西湖·潘思榘 福州重浚西湖碑记》.

[56] 罗山. 石鼓名山——福州鼓山涌泉寺[J]. 法音，2000，（1）：47-48.

[57] 张天禄. 鼓山艺文志[M]. 福州：海风出版社，2001.

[58] 林麟. 福州胜景[M]. 福州：福建人民出版社，1980.

[59]（宋）梁克家《淳熙三山志·卷之三十三·寺观类一·僧寺山附·鼓山涌泉院》.

[60]（明）王应山《闽都记·卷之十二·郡东（闽县）·鼓山下院》.

[61]（清）佚名《洪塘小志·艺文·林涵春 洪江金山记》.

[62]（明）王应山《闽都记·卷之十九·湖西侯官胜迹·金山塔》.

[63]（民国）林其蓉《闽江金山志·洪山桥全图》.

[64]（三国）管辂《管氏地理指蒙·象物·第十》.

[65]（南唐）何溥《灵城精义·卷上·形气章》.

[66] 张杰. 中国古代空间文化溯源[M]. 北京：清华大学出版社，2012.

[67]（明）王应山《闽都记·卷之七·郡城东北隅（侯官县）》.

[68]（宋）梁克家《淳熙三山志·卷之七·公廨类一·府治》.

[69]（宋）静道《入地眼全书·天星卷一·震龙法》.

[70] 杨柳. 风水思想与古代山水城市营建研究[D]. 重庆：重庆大学，2005.

[71]（明）王应山《闽都记·卷之十二·郡东闽县·罗星塔》.

[72]（清乾隆）徐景熹《福州府志·卷之三·疆域·形势附》.

[73]（明）王世懋《闽部疏·一》.

[74] 吴庆洲. 仿生象物与中国古城营建（下）[J]. 中国名城，2016，（9）：45-58.

[75]（北宋）曾巩《道山亭记》.

[76]（明）黄仲昭《八闽通志·卷之十三·地理·城池·福州府·府城》.

[77] 陈章汉《闽都赋》.

[78]（清）林枫《榕城考古略·卷上·形胜》.

[79]（明）王应山《闽都记·卷之三·郡城东南隅闽县·还珠门》.

[80]（明）王应山《闽都记·卷之二·城池总叙》.

[81]（明）黄仲昭《八闽通志·卷之八十五·拾遗·福州府》.

[82]（宋）梁克家《淳熙三山志·卷之三十九·土俗类一·谣谶·郭璞迁州记》.

[83]（清）林枫《榕城考古略·卷上·城橹第一·附旧城考略·子城》.

[84]（唐）房玄龄《晋书·列传第四十二·郭璞》.

[85]（宋）梁克家《淳熙三山志·卷之三十九·土俗类一·谣谶·沙合路通》.

第一节　政治空间

　　中国古代城市作为政治中心和军事重镇，有一整套管辖城市及其附近地区的官僚机构、坚固的围墙、驻军和教化万民的文化设施[1]。城市空间布局适应并体现着政治的需要，是政治合法性、权威性的象征[2]。福州作为省府城市，政治秩序不仅直接影响了官署衙门、军事驻防、官学书院等建筑的选址与形制，也影响了这些建筑所限定的轴线和边界。

　　自唐起，福州以城市南北中轴为界，划分为闽县、侯官县两县。形成了"一府两县"的政治格局，因而省府级的行政衙门大多聚集于城北主要政治活动区，县级的行政衙门，如闽县衙门与侯官县衙门则位于城南，且分列于中轴两侧：

　　　　"城内坊巷，东南属闽县，西北属侯官。而鼓楼当三山之中，自鼓楼而南曰宣政街，至于还珠门。自还珠门至南门，皆曰南门大街。其东，闽县治之；其西，侯官治之。是为合治之街"[3]。

　　在地方行政体制上，"清沿明制，而品式略殊"[4]。清代由布政
使司统领一省之民政、财赋，按察使司统领一省之司法。为加强对
地方两司的监理，朝廷将原本属于京城外派的临时性官职——督抚，
转化为地方常驻官职[5]，逐渐确立了"一省事务总之于督抚，而分
辖两司"的行政关系[6]。地方财赋中的盐道、粮驿府库为布政使司
与督抚相互监督的重要内容。

　　作为福州府最高行政机构，总督衙门、布政使司衙门与按察使
司衙门位于福州城市中轴北端。其中，布政使司衙门位于城市中轴
正北，既是山水秩序的中心，也充分利用了地形的抬升以显示威严：
"当三山之中，后枕越山，前案方山"[7]。实际上，福州历代最高等
级建筑的选址均在此（表9-1，图9-1~图9-3）：

　　　"晋太守严高建为郡衙，唐为都督府，又为观察使衙，为
　　威武军节度使衙。五代梁为大都督府。闽王氏时，改作逾制。
　　及钱氏纳土于宋，悉废之。独明威殿存，守臣以为设厅。天圣
　　中，郡守章频创都厅，郑载建大厅，范亢更名'清和堂'。端
　　宗即位于闽，以旧设厅为垂拱殿。元为中书省。明洪武初，改
　　为福建承宣布政司堂，曰政本堂。《福建通志》：国朝因之"[7]。

清代福州城内主要政治空间　　　　表9-1

名称	政治等级	职能	位置
布政使衙门	省级	统领一省之民政、财赋	城北三山之中（中轴正北）
按察使衙门	省级	统领一省之司法	城北（中轴东侧）
总督衙门	省级	督察一省事务（由中央外派改为地方常驻）	城北（中轴西侧）
贡院	省级	全闽学子乡试会场（包括台湾）	城北（东部）
八旗衙门	驻军治所	镇守福州，负责城门启闭	城东旗营（汤水关、水部门以东）
闽县衙门	县级		城南（中轴西侧）
侯官县衙门	县级		城南（中轴东侧）

[资料来源：历代方志]

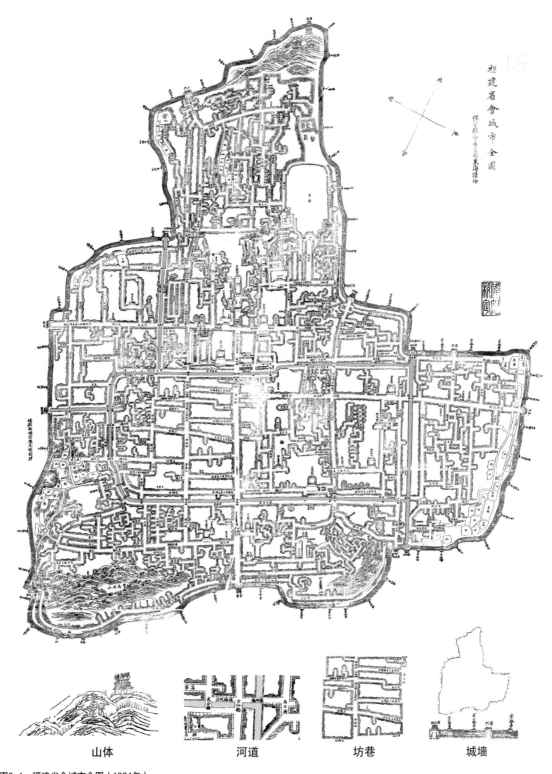

图9-1 福建省会城市全图（1864年）

［图片来源：根据《福建省会城市全图》绘制，底图来自中国国家图书馆］

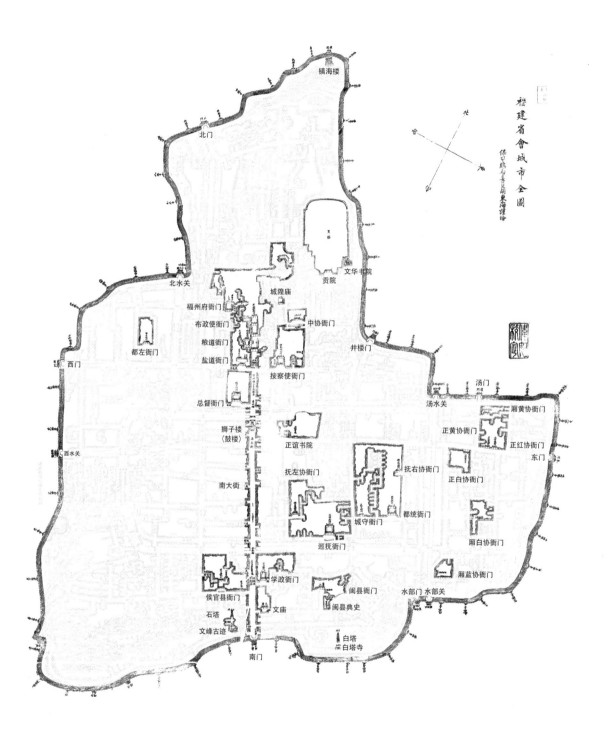

图9-2　福州城内政治空间示意图
［图片来源：根据《福建省会城市全图》绘制，底图来自中国国家图书馆］

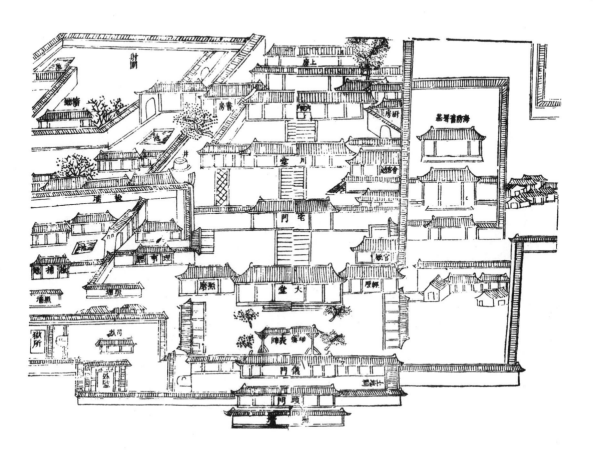

布政使衙门前的仪门、鼓楼、狮子楼，中轴两侧的会城双塔又进一步强化了人们对中轴的感知。其中，鼓楼不仅强化了中轴序列，其报时功能还具有维系社会秩序、显示王政等政治意义[8]（图9-4）。鼓楼，又称谯楼，即威武军门，唐元和十年（815年）创建，宋代开始采用滴漏报更，清末改为砖砌。

图9-3　清代福州府治图
［图片来源：（清乾隆）徐景熹《福州府志·卷首·图·四、五》］

　　"宋嘉祐八年（1063年），元绛更为双门，上建楼九间。熙宁二年，始造滴漏，有鼓角更点，下为亭翼之，左宣诏，右班春。……明嘉靖四十三年，布政使陈大宾改建，南额曰海国先声，北额曰拱辰。万历三十九年，左布政使丁继嗣、右布政使袁一骥重修，曰第一楼，南曰海天鳌柱，北仍旧名。门直方山，五虎对之"[9]。"道光甲辰火，总督刘韵珂改用砖甃，如还珠门之制，楼益复非旧。且设自鸣钟，以代古滴漏"[10]。

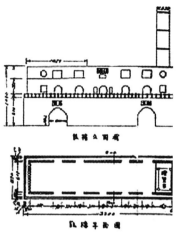

（a）福州鼓楼老照片（1947–1952年）　　　　　　　　（b）1947年修复鼓楼工程图

图9-4　福州鼓楼老照片
[图片来源：福州市鼓楼区政府门户网站]

在军事驻防上，福州为军事要地，历来为兵家所重，又是海防前线，局势并不稳定。明末清初，福州先为唐王隆武政权根据地，后频频受郑成功抗清军队进逼。至"三藩之乱"时，还是耿精忠兵变的根据地。清顺治三年（1646年），唐王朱聿键在汀州被清军所俘，郑成功则率部入海。顺治七年（1650年）起，郑成功连年向福州用兵，福建沿海成为反清复明的主战场[11]。

顺治十四年（1657年）清廷派兵驻防福州，"屯城中东门、汤门、水部三关，民居概令搬移住兵，谓之匡屋，为满洲营。其兵正披甲三千，家眷、亲戚人四五万，亦分八旗，号汉军"[12]。随后，八旗驻防一度被耿氏一族替代[13]。康熙十九年（1680年），平定耿精忠叛乱，朝廷在福州正式设四旗驻防，并置镇闽将军进行管辖。镇闽将军衙署位于福州城东，称将军衙门。四旗驻地在城东南隅，"曰镶黄、正白、镶白、正蓝，皆汉军……凡城门启闭，专司管钥，聚居会城之东偏，公私庐舍计四千七百四十五楹"[14]。乾隆十九年（1754年），添设正黄、正白、镶红、镶蓝四旗，并改为满洲八旗。八旗驻地区域内原住居民被强行赶出，七千余间房屋、数百亩田园均列为禁区[15]（图9-2）。

清代，政治因素对教育文化的引导作用愈加明显。科举文化推崇"上不负天子，下不负所学"[16]，各级府学、县学、贡院、书院

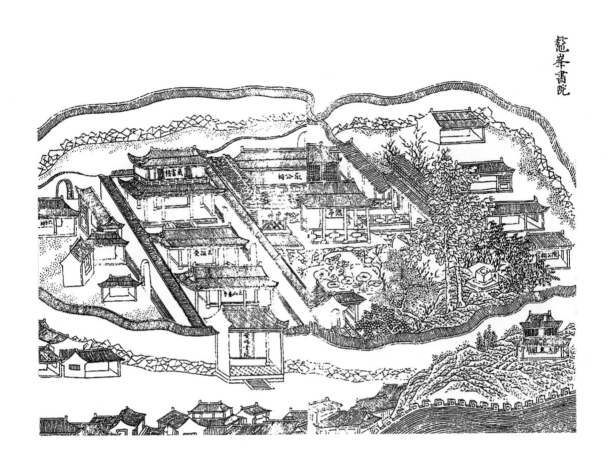

图9-5　清代鳌峰书院
［图片来源:（清乾隆）郝玉麟 等修，谢承道等纂《福建通志·卷首·名胜》］

与学政衙门在一定程度上成为科举文化的物化形态。政治力量的支持使得福州逐渐成为全省教育文化的中心。

　　首先，清代统治者将原本追求自由讲学的书院逐渐纳入官学体系。康熙四十六年（1707年），福建巡抚张伯行在于山山麓建省级书院——鳌峰书院（图9-5）。鳌峰书院被视为复兴闽学的一件大事，颇受朝廷看重：康熙赐御书"三山养秀"匾额，又赐经书八部；雍正赐帑银一千两；乾隆赐御书"澜清学海"匾额，又赐银一千两。张伯行《鳌峰书院记》中也直接说明了朝廷对于鳌峰书院的政治、文化寄托："圣天子崇儒载道……祠宇天章灿然，辉映日月，务俾闽士瞻仰兴起，益励所学，毋负先儒之教，于以育人才而厚风俗，意其盛也"[17]。

　　其次，清代统治者不断加强贡院等科举考试场所的建设（图9-6）。宋时，福州贡院在城市中轴东北部；明代，改建至城南郡

（a）贡院远景

（b）贡院近景

图9-6　清代福州贡院
[图片来源：东南网]

学北部；至清代，先后曾设文场、号舍、堂舍，增高墙垣、筑夹道、通沟渠等。及至道光年间，"市东西民房，益广号舍千余间，撤旧砖石而新之，增拓高广，公署堂所悉加增拓，规制益宏肃矣"[18]。

同时，朝廷有意识地推广文庙教化民众与扶风辅政的社会公用。福州文庙由唐代府学逐渐转化而来。唐初，府学在清代布政使司西侧，而后，观察使李椅将福州府学自州西北移至城南。五代，王潮、王审知将其改称四门学。宋代，府学内增设孔子庙、射圃、建棂星门。元代，府学内创建尊道堂，绘制先贤塑像以供祭祀。清代，府学建制更为完善："康熙十一年，大修庙学。棂星门左为更衣所，为名宦祠。右为斋宫，为乡贤祠。浚泮池，下通三元沟，潮汐出入焉"[19]。"乾隆十六年……重修……旧时学宫地甚广，自改为贡院，又改为公署，而地遂狭"[20]（图9-7）。

城墙、城隍庙也是政治空间的重要构成要素。城墙不仅具有军事防御功能，在和平时期也是金瓯永固的象征。福州城墙建设不作赘述，在此稍加说明城隍庙的政治影响。"隍者，城池无水者"[21]。城隍原义即为城濠，是城墙防御体系的重要组成部分，而后逐渐转化为保护地方，主管水旱、阴司的土地神，成为地方精神的拟人表现。城隍庙的规制、结构与地方衙署相似，象征着城市阴间的行署[22]。可以说，城隍庙实际上是以变通的方式对儒家主流社会伦理进行补充。清《福州府志》对城隍庙的记载，就包括了城隍庙的政治意义以及福州城隍庙的建制沿革："惟闽为东南大藩，

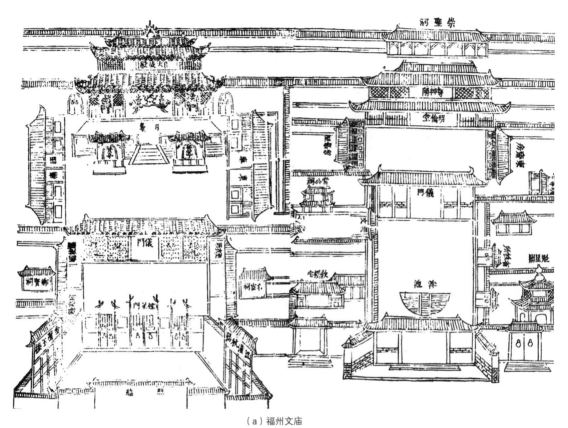

（a）福州文庙

（b）福州文庙与乌塔（1927年）

（c）福州文庙（1876–1877年）

福为八闽首郡，城隍在藩治北隅。旧志载，晋太康中，迁城肇建于此。宋绍兴末，郡守沈调增拓之。历元，兴废不已。入我朝（清）规制始备……古者诸侯为国，从事于礼乐、幽明之治……而后神人和，民生遂，熙熙然享太平之治于无穷"[23]。

图9-7 福州文庙
［图片来源：（a）（清乾隆）徐景熹《福州府志·卷首·图·三、四》；
（b）岛崎役治《支那文化史迹》，转引自福州老建筑百科；（c）哈佛大学藏，转引自福州老建筑百科］

（a）南校场

（b）柔远驿

图9-8　清康熙年间福州南校场与柔远驿（1683年）

［图片来源：清康熙二十五年福州府南台景观图（局部），荷兰阿姆斯特丹博物馆藏］

政治空间不仅局限城内，城外各处的兵营校场、以祭祀先贤名宦为主的寺庙祠观、官仓典狱、学宫书院、服务于贸易与文化交流的馆驿或多或少受到政治文化的影响。比如位于于山城墙外的南校场（图9-8a），自宋至清均为练兵场，"广四里，东西为辕门，外有扬威坊，中为阅武堂，东北为旗纛庙"[24]。位于南台琼河河口的柔远驿（明前期称怀远驿，清又称琉球馆），是明清中琉朝贡贸易与文化交流的枢纽（图9-8b）。但重要政治空间还是多位于城内醒目位置，因此本节内容也以城内的空间为主。

第二节　交通空间

本节将交通空间分为街巷、港道与桥梁三个部分。

街巷，是交通空间的基本单元。福州城中，"以街为干路，巷

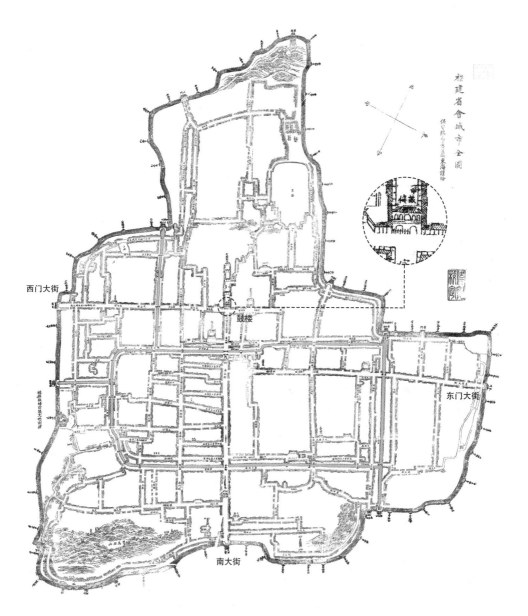

图9-9　福州城内主要交通空间（1864年）
［图片来源：根据《福建省会城市全图》
绘制，底图来自中国国家图书馆］

为支路"[25]。东门大街、西门大街、南大街组成了陆路交通的基本框架（图9-9）。三条大街以福州子城为起点，分别与东门、西门、南门成对位关系：南大街自鼓楼向南，直出南门，是福州城往来南台最便捷的路径，也是福州南下莆田的主要驿路；西门大街自鼓楼西行，出西门，是西达建、剑二府的主要驿路；东门大街出城向东后北折，是北抵永嘉的主要驿路。三条驿路对福州对外交通有着重要作用。不仅城内设有转运驿站，城外沿途也设有驿铺，以便于传递公文、宿会公车、行人憩息[26]。

自宋代起，福州城内街巷宽度基本遵循礼制要求，且多铺有巷石。"九轨之涂四，六轨之涂三，三轨之涂七，其他率增减于二轨之间，虽穷僻，侧足皆石也"[27]。在局势紧张的时候，巷石还可以用于加固城防。当时的人们对于福州的路面还是相当满意的，宋陈植《赠象环》写到"为怜世路多倾侧，故使行人尽坦平。一府轮蹄还往便，千门箕帚扫除清。"

随着福州城、市分离的趋势越来越明显，南大街不断向南延伸直至南台。"它好像福州城的脊骨。街道整洁，两旁店居，瘦削玲珑，象福州四周的山，也象福州城里的人"[28]，"可以说是一般中国街道的绝佳样品。街上可以看到各行各业的手工艺匠人……他们的屋子可谓一屋三用，既是作坊又作仓库，还兼柜台"[29]。这条南北向通衢，串联了城内南大街，城外茶亭街、中亭街、万寿桥、江南桥，确立了古代福州城"北城、南市、中街"的哑铃状格局（图9-10）。清郑开禧诗曰："试向风前唱竹枝，榕城何处最乡思。城南十里南台路，断尽客肠知不知。"

但是，在清末传教士卢公明的眼中：

"市区内外的街道都肮脏而且狭窄，一般只有西方国家的街旁人行道那样的宽度。有些主要街道的狭窄处，两顶轿子无法交错通过……许多商家都挤占街道，摆放一个一尺多宽的可移动店招，使得路面更加拥挤不堪。店铺都出檐很长，且不设檐槽……行人即使打着伞也难免全身湿透……街道路面铺花岗岩石板，上下坡的地方铺石阶。因此，即使街道足够宽，也无法使用车辆。运送货物和笨重的家具只能肩挑手提"[30]。

福州沿途的植物景观也颇具地方特色。福州地处亚热带，"州产榕木，河堤、官廨多植之"[27]，"常有一树作十数干，有即榕为门者"[31]。北宋张伯玉"令通渠编户浚沟六尺，外植榕为樾，岁莫不凋"[27]。在历代官员的补植中，"绿阴满城，暑不张盖，"福州因而

又被称为"榕城"。明《闽部疏》载："榕……至福州始多，故以
名城……居民植之以当堪舆之屏蔽，行子赖之以为憩息之嘉庇"[32]。
同时，福州鼓山有"重峦复岭锁松关"[33]的美誉，福州城内外芭蕉、
美人蕉终岁不凋的景致也令文人称道，所谓"盛冬入福州，芭蕉
叶无凋者，廨中美人蕉缬红鲜甚"[34]（图9-11）。

　　港道，指航运或行舟的路径。福州因港而兴，汉时设东冶港，
唐时开甘棠港，宋之后改名福州港。福州港既是闽江流域的经济中
心，也是明清政府与琉球国朝贡贸易的枢纽，"山海商品都在福州交
换"[35]。港道对于福州的空间发展有着重要影响（图9-12）。

图9-11　福州古代常见的植物景观
[图片来源：（a）（b）哈佛大学燕京图书馆；
（c）（d）福建省档案馆藏]

（a）城郊的榕树（1876–1877年）

（b）南台的榕树（1876–1877年）

（c）鼓山松（1920–1929年）

（d）芭蕉林（1920–1929年）

（a）自仓山远眺南台万寿桥两岸（1900–1911年）

（b）自万寿桥看台江码头（1900–1911年）

闽江至福州分为南北二港，北港河槽窄、深，便于行船，是福州对外交通的主港道。为了充分利用闽江港道，福州空间发展以逐水拓城为原则。历代城濠逐渐纳入城中，转化为城内河道，用以辅助交通。汉时，海船寄碇于城东澳桥。此时，江、城相倚，交通十分便利。晋时，太守严高以澳桥为基准，开凿东西向的大航桥河，以利舟楫往来。唐时，在大航桥河外再开新河（安泰河）。宋时，在安泰河外又开凿东西河，并在东西河的东部设南镇港，用于南北向连接大航桥河、安泰河与东西河。自此，东西向的大航桥河、安泰河、东西河，与南北向的白马河（连接西湖与闽江）、南镇港基本奠定了城内井字形水系格局（图9–13）。

城中以南水关、西关闸、北关闸、汤关闸四闸所控制的港道通舟。西关闸、南水关是船只出入城中必经的水关：

图9-12　闽江沿岸照片
［图片来源：福建省档案馆藏］

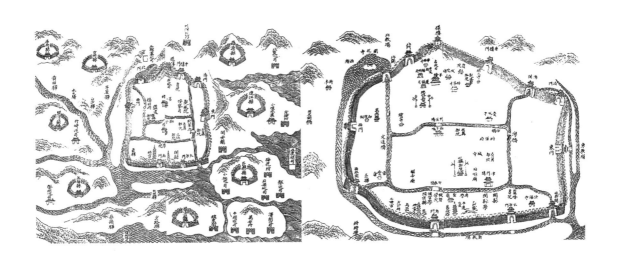

图9-13 福州城内外水系图
[图片来源:(清乾隆)郝玉麟 等修,谢
承道等纂《福建通志·卷首·名胜》]

"南水关在水部门迤东,旧清水堰也,俗称水部门闸,引南台江潮,由河口凡三十六曲而入。凡百货之由南台船运而入,悉由此入城内河。西水闸(西关闸)在西门迤南,引洪塘江潮,自西河口亦三十六曲而入。凡百货之由洪江入城者,咸由此驶入。北关闸在城西北隅,旧为闸,引西湖水入城……汤关闸在汤门迤北,与澳桥河相接,引龙腰东北诸山之水入城"[36]。

内河外江、潮汐互通是福州水上交通的最大特征。闽江潮汐属于半日潮型,一日内有两次高潮、两次低潮。海潮上涨之时,海潮带动江潮,闽江之水倒灌入城,促使内河水位升高;海潮回落时,内河水位高于闽江水位,闽江水位又高于海面,内河之水又顺流入海。涨潮时,可乘船顺流入城;退潮时,可乘船顺流出城。这一与海潮相适应的水运方式,不仅有利于商船驶出,还有助于人们乘潮到达城郊风景地(图9-14)。

福州港内的船舶普遍利用潮汐涨落规律完成商品的运输、装卸,形成了"百货随潮船入市,万家沽酒户垂帘""湖光尽处天容阔,潮信来时海起通"的独特人文景象。现将志书中记录的"潮入州城内河之候"整理如图9-15所示,可大致窥测古人对与潮汐规律的总结,遥想古代乘潮入市之景象①。

① 据1979年《福州地方志》载,闽江口大潮升5.5 m,小潮升4.0 m,罗星塔大潮升4.6 m,小潮升3.3 m,涨潮与落潮水位差约有2~3 m;闽江口至马尾涨潮时间差为2小时,马尾与解放大桥(古时的万寿桥)涨潮时间差为1小时。

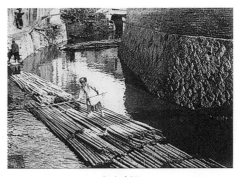

（a）内河

（b）外江

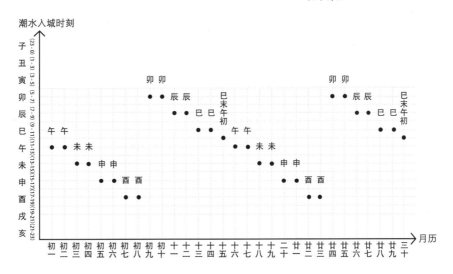

"闽中桥梁甲天下，虽山坳细涧，皆以巨石梁之。上施榱栋，都极壮丽……盖闽水怒而善崩，故以数十重重木压之。中多设神佛像，香火甚严，亦厌镇意也"[34]。福州气候湿热，木桥容易朽坏，因此桥梁建造多采用石材。城外大桥有万寿桥、洪山桥、江南桥三桥。城中桥梁以尺寸较小、造型轻巧的石拱桥、石梁桥为主（表9-2）。为方便船舶乘潮来去，城中主要港道上的桥梁大多为拱桥，起拱也比较大。

图9-14　内河外江水道照片（1920-1929年）
［图片来源：福建省档案馆藏］

图9-15　宋代乘潮入城时刻示意图
［图片来源：主要参考（宋）梁克家《淳熙三山志·卷之六·地理类六·江潮》］

福州城内外主要桥梁　　　　　　　　　　　　表9-2

名称	始建年代	位置	概述
路通桥	唐（672-649年）	台江区路通河	二墩三孔石拱桥，长30.7 m，宽3.6 m
双抛桥	唐（754年）	鼓楼区杨桥巷口	单孔石拱桥，长9 m，宽2.9 m，跨度4.8 m；桥下两河潮水汇流，又称"会潮桥"
安泰桥	唐（901年）	鼓楼区利涉门外	单孔石拱桥，长11 m，宽6 m；因在利涉门外，又称"利涉桥"
金斗桥	唐（901年）	鼓楼区仓前河	单孔石梁桥，长10.2 m，宽3.7 m，跨度4.7 m
澳桥	唐（901年）	鼓楼区琼河	现已埋入水泥桥面中，从水泥桥侧面可见跨度为5.4 m；宋代更名"去思桥"
林桥	宋（1001年）	仓山区林浦村	平梁石桥，长22.4 m，宽3.6 m，跨度7.2 m
兼济桥	宋（998-1003年）	鼓楼区通津门外	单孔石拱桥，长6.4 m，宽5.9 m，跨度6 m；因在通津门外，又称津门桥
古仙桥	宋（1009年）	今五一路北段	三孔四墩石梁桥；初名"河西桥"，为纪念张伯玉编户植榕，又称"使君桥"
前桥	宋（1044年）	仓山区庐雷村	单孔石构平梁桥，长8 m
盘屿桥	宋（1117年）	仓山区盘屿村	单孔平梁石桥，长7.3 m，宽1.88 m
沙合桥	宋（1141年）	鼓楼区达道河	原为石磴桥，后改为薄拱桥；薄拱桥长10.8 m，宽15 m，跨度7，2 m；有别于万寿桥大桥，又称"小桥"
万寿桥	元（1303年）	台江区中洲岛	29孔28舟状石墩承托石梁，长370 m，宽4.5 m
洪山桥	明（1578年）	鼓楼区洪山乡	石梁木桥面平桥，长394.5 m，宽3.8 m
观音桥	明（1477年）	鼓楼区安泰河、文藻河交汇处	单孔石拱桥，长5.85 m，宽4.45 m，跨度5 m
馆驿桥	明（1478年）	鼓楼区衣锦坊	单孔石拱桥，长7 m，宽5 m；因在三山驿前，又称"驿前桥"
江南桥	明（1609年）	台江区中洲岛	明代为9孔木石混合桥梁，清代改建为9墩10孔平板石桥，长135 m，又称"仓前桥"
小万寿桥	清（1668年）	台江区宫前街	二墩三孔梁架式，长35 m，宽3 m；桥附近为明清柔远驿（琉球馆），又称"河口万寿桥"
高升桥	清（1709年）	鼓楼区高桥巷	二墩三孔阶梯式石板桥，长24.4 m，宽3.5 m，跨度15.2 m，又称"刘公桥"
武安桥	清（1728年）	鼓楼区安泰河东	石构平梁桥，长10 m，宽3.5 m，跨度5 m
二桥亭桥	清（1728年）	鼓楼区仓前河	樟木桥，上有桥亭；长9.8 m，宽3.2 m，跨度4.1 m
福枝桥	清（1736-1795年）	鼓楼区朱紫坊	单孔石梁桥，长6.8 m，宽1.6 m，跨度4.25 m
太平桥	清（1739年）	鼓楼区琼河支流	单孔石梁桥，长10.7 m，宽2.6 m
高峰桥	清（1740年）	鼓楼区陆庄河	石构平梁桥，长13.9 m，宽3.6 m，跨度7.5 m
星安桥	清（1786年）	台江区三捷河	二墩三孔石拱桥，长17.3 m，宽2.1 m
三通桥	清（1806年）	台江区达道桥、三捷河交汇处	三孔二墩石拱桥
白马桥	清（1821-1850年）	台江区白马河	三墩四孔石构平梁桥，长71 m，宽3.1 m
透龙桥	清（1866年）	台江区透龙街	两墩三孔石拱桥，长15.7 m，宽5.7 m
灵源洞桥	清（1870年）	鼓山喝水岩	半圆形石拱桥，跨石洞之上
济南桥	清（1896年）	台江区洋中路	石构平梁桥，长3.5 m，宽1.7 m

［资料来源：主要参考周文琪. 福州古桥[M]. 福州：福州老年大学，2002. 陈镇国. 福州十邑古桥[M]. 福州：海峡文艺出版社，2007. 冯东生. 闽都桥韵[M]. 福州：海峡文艺出版社，2013］

第三节　生产空间

　　生产的基础是营田。福州背山面江，海退成陆，地狭民稠，土地卑湿。古人以水利系统为支撑，在湖滨洼地开垦圩田，在滨江滩涂开垦沙田、涂田，在丘陵山地建造梯田。因地制宜地创造了具有不同特点的田制形式，塑造了地域之上的普遍肌理（图9-16）。

　　圩田，是古人通过筑堤作围，"内以围田，外以围水"的水利田。一般而言，圩田平旷沃衍，是优良的水稻田。福州的圩田集中于西湖、古东湖及古南湖湖区（图9-17）。明代王褒《湖南田舍》诗曰："蔼蔼湖上山，迢迢湖上路。田家南湖滨，三五亦成聚。朝耕湖上田，暮唤湖上渡"[37]。

图9-16　明清福州梯田、圩田、沙田主要分布示意
［图片来源：作者自绘］

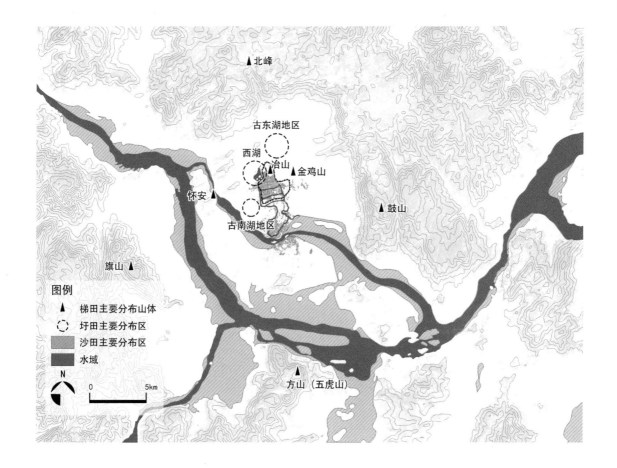

（a）围田田制

（b）福州平原上的圩田（1911–1913年）

图9-17 福州圩田
[图片来源：（a）（元）王祯《农书·卷十一·农器图谱一·田制门·围田》；（b）新浪博客]

　　沙田、涂田是古人通过围滩所形成的田制（图9-18）。沙田、涂田均位于潮水涨落之地，在形制上具有一定相似之处：两者均需要设防潮护堤，注重防潦排涝；受潮水规律性涨落影响，面积、边界并不稳定，难以督管。

　　福州为江海交流之地，水文环境具有特殊性："他郡滨海，苦潮啮，福郡反赖潮以激涌江水……其水味特淡，可资灌溉。闽县在东南，滨江，凿渠引之，田皆膏腴。侯官唯西南二隅受江之利而已"[38]。明清以来，随着闽江上游水土流失加剧，河漫滩与江心洲不断扩大，为沙田、涂田的发展提供了有利的条件。明成化十一年（1475年），山洪暴涨，闽江江心泥洲出露，福州附廓的闽县、侯官县、怀安县三县百姓竞相插竿围地，引起争执，福州府判此泥洲为三县共有，并定名"三县洲"，洲上由此渐有百姓落户[39]（图9-19）。

　　若无力在平旷之地置田，古人就只能在山地上辟土造田。唐及五代时期，福州地区普遍采用"畲山为田"的耕作方式，即将山坡上荆棘砍斫烧光，雨后播种旱谷，既不耕翻土地，也不修筑田塍[40]。畲田属于迁移农业，对地力损耗巨大，且限于地势、水源，种植作物有限。至宋代，在逐渐激化的人地矛盾之下，人们开始以"层蹬

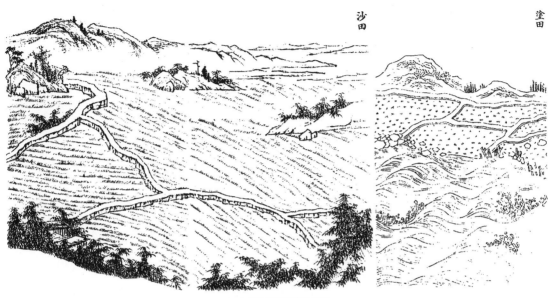

（a）沙田田制与涂田田制

（b）自鼓山远眺闽江沙田(1920–1930年)

图9-18　福州沙田

[图片来源：(a)(元)王祯《农书·卷十一·农器图谱一·田制门·沙田》和(清)鄂尔泰等撰.(清)董诰等补.《钦定四库全书·子部·农家类·钦定授时通考·卷十四·土宜·田制图说下》；(b)福建省档案馆藏]

图9-19　三县洲（1910-1911年）
[图片来源：福建省档案馆藏]

横削"的方式改良畲田，使之成为更为完善的梯田制。

　　福州自古出产名茶，山地梯田也以种茶为特色。福州茶园以低丘茶园（海拔200~500 m）和山地茶园（海拔500 m以上，一般在600~1000 m之间）为主。考古发现，东晋时期福州已有茶树种植。唐代，产自福州的方山露芽茶和鼓山半岩茶已被列为贡茶。唐元和年间（806-820年）残碑《球场山亭记·芳茗原》记载了当时冶山马球场种茶的景象："族茂满东园，敷荣看腆腆。采掇得菁英，芳馨涤烦暑。何用访蒙山，岂劳游顾渚"[41]，诗中先后点名茶树长势茂盛、茶叶品质优良、福州茶叶可与剑南蒙茶、湖顾渚茶相媲美，充分体现了唐代福州茶文化的兴盛[42]。宋《淳熙三山志》载："元和年间，诏方山院僧怀恽麟德殿说法，赐之茶，怀恽奏曰：此茶不及方山茶佳。则方山茶得名久矣"[43]。明《八闽通志》云："福州诸县皆有之（茶），闽之方山、鼓山，侯官之水西，怀安之凤冈尤胜"[44]（图9-20）。

　　虽然说福州营田类型多样，但占比较大的还是相对贫瘠的沙田与梯田。因此，古人依靠粮食生产难以自足，更难以致富。自宋代起，福州农产品商品化倾向愈加明显。在充分适应、利用环境的基础上，古人将山间茶树种植与滨江茉莉花种植相结合，形成了福州本土农业生产的典范——茉莉花与茶文化系统。

　　西汉时，茉莉花随佛教传入中国，福州是最早引种茉莉的地区之一。南宋时，福州的文人雅士开始用茉莉花与绿茶熏制花茶。经过宋、元、明、清四朝改进，茉莉花茶窨制技术得到较大

（a）梯田田制　　　　　　　　　　　　　　　（b）福州鼓山茶园梯田（1871年）

的发展，茉莉花茶逐渐在百姓生活中得到推广。晚清，福州茉莉
花茶成为皇家贡品，咸丰皇帝、慈禧太后均喜爱福州茉莉花茶。
慈禧甚至发布禁令："白茉莉，其最爱者。皇后与宫眷不得簪鲜
花，但出于太后殊恩而赏之则可"[45]。皇室的喜爱，进一步推动
了福州茉莉花茶的生产。

　　古人根据茉莉花和茶树的生态习性，充分利用福州地势、水文
条件，形成了自下而上"河流—茉莉花湿地—城市—茶园—山林"
的竖向空间布局（图9-21）。

　　茉莉花喜温暖湿润，通风良好，水分充足的环境，对土壤肥
力要求很高，古人将闽江两岸沙质平原作为种植茉莉的理想之地。
茉莉生长季节恰值闽江丰水期，河水水位高，沙壤透水性强，容
易得到河流补给，使茉莉在生长开花季可以直接利用闽江的水分

图9-20　福州梯田
[图片来源：（a）（元）王祯《农书·卷
十一·农器图谱一·田制门·梯田》；
（b）John Thomson. Foochow and the
river min]

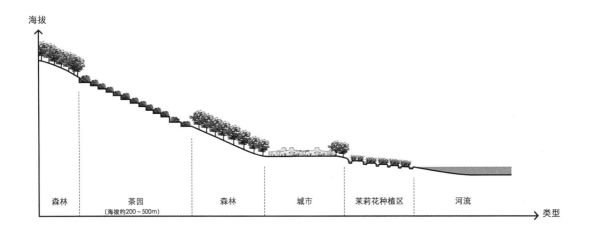

图9-21　茉莉花与茶文化系统的竖向空间布局
[图片来源：作者自绘]

与养分。福州茶树则主要种植在江边低山，即金鸡山、五虎山、鼓山、北峰、怀安等地。其中，鼓山半岩茶、方山露芽是福州茉莉花茶常用茶坯，茶园海拔一般在200~500 m左右。由于茉莉、茶树的种植、采摘均需要大量人力，尤其是茉莉花鲜花的采摘、运输对时间要求十分苛刻。因此，交通便利、人口密集，兼有山、江、海条件的省城福州迅速成为全国茉莉花茶的窨制中心和集散地。山上的茶园与江边的茉莉共同构成了福州"八闽高山茶芽嫩，闽江两岸茉莉香"的壮丽景致。

同时，茉莉花与茶文化系统可以兼容多种生产方式。由于茉莉花多长在河滩沙地，因此花农在从事种植业之外，往往兼具渔民身份。渔民的竹制鱼篓、线织渔网等捕鱼工具有良好的通风透气性，正好符合茉莉存放的要求，成为茉莉花采摘的必备工具。茉莉花植株较小，多与荔枝、龙眼、橄榄等分支点高的果木间种。这既有助于应对因供需关系变化引起的价格浮动，也能稳固水土，增加田间生物种类，降低虫害[46]。茉莉花采摘与茶叶采摘有近2个月的时间差，这有利于茶坯制作与花茶窨制工序的接续。同时，茉莉花种植与水稻、蘑菇种植，家禽饲养可以形成多级生态链接（图9-22），初步完成了种植业、渔业、农产品加工业之间的产业整合，具有一定的循环农业思想。

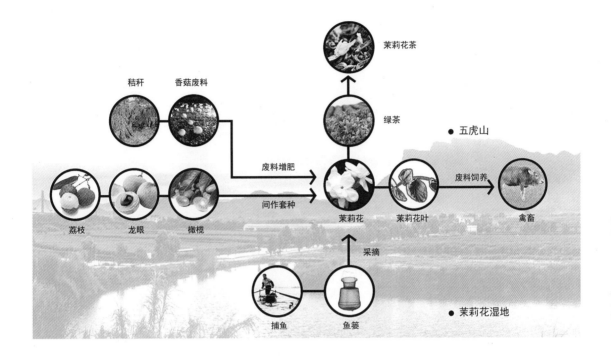

图9-22　以茉莉花与茶文化系统为主体
的生态链接
［图片来源：中国人民政治协商会议福州
市委员会组编. 茉莉韵：全球重要农业文
化遗产——福州茉莉花与茶文化系统］

第四节　游赏空间

城市，是人们对自然改造最为彻底的地方[47]。城市中的人们大
多自觉地寻求与自然接近的机会，或间接地创造亲近自然的补偿机
制[48]。前者体现在游山玩水、访古寻幽，后者则借助于园林。城市
内外的风景区、风景点与山庄、宅园等园林可统称为游赏空间。游
赏空间的发展，伴随着人们对城市内外自然条件的适应与开发，反
映了人们对所处山水环境的取舍。

福州的游赏空间可上溯至汉代闽越王时期：闽越王无诸在金鸡
山北的桑溪流杯燕集[49、50]；馀善在越王台钓得白龙；郢之子白马三
郎于鳝溪除鳝，邑人立白马王庙祀之[49]。魏晋时期，福州城内外大
量兴建塔、寺、庙、祠，拓展了游赏空间的范围。

隋唐五代，三山、西湖成为风景营建的主要对象。乌石山上，
"唐李阳冰篆《般若台记》、薛逢题'薛老峰'书，而石以文。五代

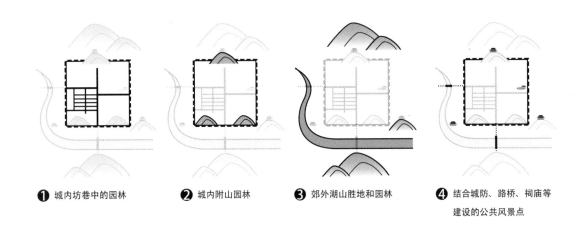

❶ 城内坊巷中的园林　　　❷ 城内附山园林　　　❸ 郊外湖山胜地和园林　　　❹ 结合城防、路桥、祠庙等
                                                                  建设的公共风景点

图9-23　福州游赏空间主要类型
［图片来源：作者自绘］

王氏大建像，铸黄金作佛，殿宇辉煌，佛、老子之宫，以数十百计，而景以胜"[51]。西湖湖畔，"筑室十余里，号曰水晶宫。每携后庭游宴，从子城复道以出"[52]。

宋代，文人的政治地位得到巨大提升。文人与官吏，这两种身份前所未有地重叠。"与民同乐"深刻影响了各级官员的执政理念[53]。原本仅服务于少数人的衙署园林开始明确地表现出公共性特征：位于府衙内的州西园、乐圃开始向公众开放。地方官也日益重视水利梳理与审美理想、山水志趣的融合，有意识地强化福州西湖的审美与游憩功能。明清时期，福州城市经济进一步发展，文化水平不断提高，并涌现了众多在历史上举足轻重的高官显贵和文化名流，书院园林、宅第园林愈加兴盛，成为福州游赏空间不可或缺的一部分。明清时期福州城内部分游赏空间如图9-24所示。

福州传统游赏空间"或依丘陵冈阜造型，或因河渠池沼设局"[54]。本节以梳理游赏空间与山形水势的适应关系为重点，将游赏空间分为四类：城内坊巷中的园林，城内附山园林，郊外湖山胜地和园林，结合城防、路桥、祠庙等建设的公共风景点（图9-23）。

城内坊巷中的园林，除州西园、乐圃、鳌峰书院外，大多为宅第园林（表9-3）。因此，园林的分布与世家大族、达官贵胄宅园的分布基本重叠。三坊七巷位于福州城西南，以连接杨桥、澳门桥的南后街为中轴。南后街东面自北而南，共七巷；街西面自北而南，共三坊，统称三坊七巷。"皆缙绅第宅所在也"[55]。鳌峰

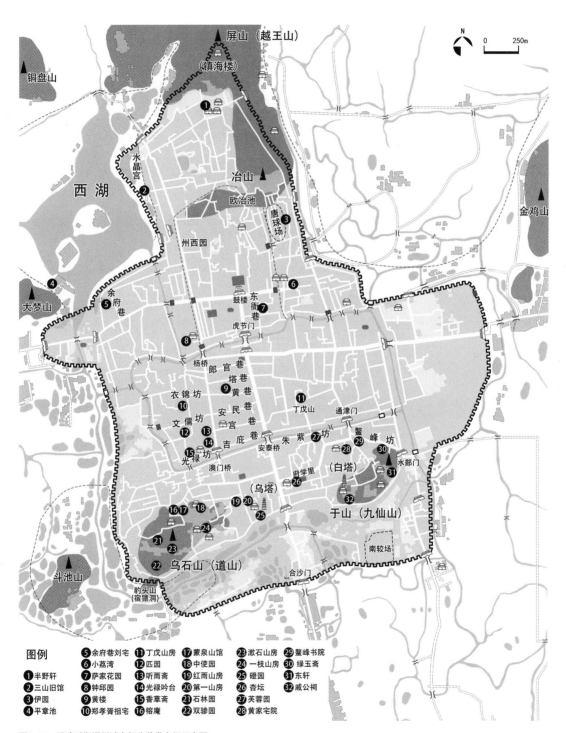

图9-24　明清时期福州城内部分游赏空间示意图

[图片来源：主要参考卢美松. 福建省历史地图集；福州市地方志编纂委员会. 三坊七巷志；
阙晨曦. 福州古代私家园林研究]

福州坊巷内的园林   表9-3

名称	始建年代	位置	与山形水势的关系
黄楼 （东园）	五代	黄巷	**借景（塔、山、海）**：梁章钜《楹联丛话》："黄巷中以此楼为最古，因即榜为黄楼……又有百一峰阁，为园中最高处，余所手建，并题联曰：平地起楼台，恰双塔雄标，三山拱秀。披襟坐霄汉，看中天霞起，大海澜回"
小荔湾 （邱园）	五代	化民巷	**借景（荔枝）**：此园以有古荔而名，池畔环植古荔十五株，因此得名"小荔湾"。园中水榭楼台，错落有致
余府巷刘宅 （余深府第） （共学书院）	宋	西大街 余府巷	**借景（西湖）**：清末孟应奚题："寓傍湖滨，碧水清山赠我诗情画意。斋邻园畔，粗枝细叶看它蕊发花开。"林炫："开宴张灯湖水头，山光苍翠映西楼。隔城荷芰临风好，绕席松筠带水幽"
芙蓉园 （芙蓉别岛）	宋	朱紫坊	**引水**：园内以鱼池为中心环布假山，鱼池与安泰河河水相通
州西园	宋	府衙内	**引水**：有池通潮汐。宋时每岁二月郡西园与民游玩，鼓棹捕鱼，杂采菱藕、花卉，称一时官民之乐。宋蔡襄《开西园诗》：风雨朝来好，园林雨后清。鱼游知水暖，蝶戏觉春晴
泊台	明	朱紫坊	**借景（山）**：谢肇淛《泊台社集记》："余家三山朱紫里，凭河之南……筑为台，高雄许，从横倍蓰，远障为剽，近控九仙、薛老二峰，命曰泊台水浒也"
杏坛	清	学台府	**借景（山、塔）**：园内有"笔捧楼"，偏曰"浮青阁"，跋云："此间旧名笔捧楼，以前夹两浮图也。然室共三面，闇不睹物。余撤而新之，毕见三山之胜。"位于今延安中学内
匹园 （陈衍故居）	清	文儒坊	**借景（山、台）**：园内西北置皆山楼，园主陈衍《皆山楼记》曰："吾匹园之楼，崇不过丈有三尺。吾正屋之崇，亘乎前者，且二丈有二尺，而群山矗矗献状，不受拒于前屋之屋山，能骑危以自进。何哉？凡人之自卑视崇，渐远则崇者渐卑。于是视其尤远者则反是。今吾楼丈有三尺，加人焉，崇丈有八九尺。以视二丈有二尺之屋山，固以卑视崇也。然吾楼之距屋山，则三丈有奇。二者相为乘除，则屋山之崇于楼者仅，楼之远屋山者多矣。"二楼花光阁，陈衍自书"亭台都占空中地，风月教低四面墙。"指"园地不广，故楼台外无他屋，非于空中占地不可。四围墙皆与楼台地平，易于风来月到也" 《石遗室诗话》载："余坐楼中，面对乌山邻霄台"
郑宅 （孝胥祖宅）	清	文儒坊	**借景（乐声）**：郑孝胥于光绪五年（1879年）记："夜，月色皎洁，初倦卧，凉甚惊起。月已西下，楼西檐角，半规皓然，东廊阑干，花影亚之，池水澄澈，萍藻如画，独步久之。虫声满砌，秋气入怀。是日，仓王庙赛会，隐隐闻箫鼓声，令人惘然，不知身在何处也"
听雨斋	清	文儒坊	**借景（雨声）**：光绪年间，诗人陈衍、林纾、郑孝胥等常常在此听落雨。于是园主重修亭阁、花厅、鱼池、芭蕉园等，以激发诗情
香草斋 （十砚斋）	清	光禄坊 早题巷	**借景（山）**：清何履亨《旧香草斋跋》："屋西偏精舍数楹，额曰旧香草斋……有借人亭馆看乌山之句"
萨家老宅	清	东衙巷	**引水**：萨家老宅院落众多，第二进设二层楼阁，楼前开池塘，引贤南河水。 **借景（城市）**：池右有半边亭，倚墙而建，台顶可俯瞰福州城
鳌峰书院	清	鳌峰坊	**借景（山）**：大门朝南，正对于山鳌顶峰，故名。书院正堂东面有架空于池中的亭阁，"方桂泫滂，天光云影，如一鉴然，"故名鉴亭。亭中可望见于山九仙观、鳌顶峰及金粟、玉蝉等景观。清代将鳌峰书院内风景概括有十，分别是：秀分鳌顶，灵对九仙，讲院临流，鉴亭峙水、方池鱼跃、丛树鸟歌、奎章眺远、仙井斗奇、交翠迎风、碁盘玩月等

［资料来源：主要参考 卢美松．福州名园史影；阙晨曦．福州古代私家园林研究；福州市地方志编纂委员会．三坊七巷志；（清道光）王紫华《榕郡名胜辑要》］

坊位于于山北麓偏东，自津门桥起，东通水部门，呈西北、东南走向。"唐名九仙坊，以通九仙山也。宋曰登瀛坊，以状元陈诚之名"[56]。"自宋迄明，世多名流居之"[57]。朱紫坊位于安泰河南岸，北宋时朱氏兄弟四人同登士榜，有朱紫盈门之称，故称朱紫坊[58]。西湖边余府巷以宋余深所居得名，东衙巷则紧临府衙。

坊巷中的园林，地势大多比较平坦。由于古代民居高度有限，三山两塔虽不足百米之高，仍十分醒目，各园林多能借景得之。清代匹园园主陈衍在《皆山楼记》中详细记载了通过适当抬升视点、增加楼距、降低围墙高度等借景方法，"虽在里巷阛溢、屋宇鳞比中，吾自有不阛溢鳞比者。故楼之能尽其才，亦吾之能尽楼之才也"[59]。并且，衣锦坊古称通潮巷，朱紫坊紧邻安泰河，余府巷在西湖畔，便于引水塑景。

福州城内共计九山。以乌山、于山、屏山三山最为显著。屏山自明清才半纳城中，其支脉冶山则长期位于城中央。因而城内附山的园林，以冶山、于山、乌山等公共游赏地的历史最为悠久。冶山以欧冶池、唐球场为胜。欧冶池是福州历史上最早的水利设施之一，至宋元时期，已然成为当地重要的名胜古迹[60]。

>　　"此欧冶池似非吴越之欧冶，大抵闽越王铸剑仿欧冶池故事而名之耳。唐元和中，置剑池院。每风雨大作，烟波晦暝。僧惟干浚池得铜刀、铜环数枚，送武库。当时欧冶灶犹存竹林中者……旧时周围数里，后渐湮塞，筑为贡院。余为民居所侵，仅存方塘半亩"[61]。

唐球场则由刺史裴元在冶山南麓设置：

>　　"（唐球场）有望京台、观海亭、双松岭、登山路……二十奇景。次元自序略云：场北有山，维石严严，峰峦巉峭耸其左，林壑幽秀在其右。是用启涤高深，必尽其趣，建置亭宇，咸适其宜"[62]。

于山，"山有二十四奇。宋蔡襄《登四彻亭》诗曰：偶尔寻幽上翠微，游人啼鸟似前期。花间行印露沾纸，山下放衙云满旗。艳艳舞衣朝日处，飘飘商橹落潮时。传杯且与乘春醉。身世幽幽雨自遗"[63]。

乌山，山有三十六景，二百余处摩崖题刻[64]。寺、观、亭、台、岩、林相映成趣（图9-25）。清末英国传教士称其为"福州的海德公园"②、[29]。乌山以邻霄台为最高点，可容百人，是古人登高望远的最佳去处，历代为名人所唱颂。宋蔡襄诗："峭拔几千仞，孤高无四邻。"明王应山诗："历览周城邑，微茫识海村。"乌山上兼有道山亭、邻霄台、般若台、先薯亭、宿猿洞等诸多遗址。其中，宿猿洞位于乌山南麓，"小阜半截城中，巨石昂然虎顾，俗所谓豹头山也"[65]。洞园建于五代。"怪石森耸，藤萝蓊翳，昔隐者畜一猿，俗因以名之。景福三年，大筑城，隔于城外。湛郎中俞有二十五咏"[66]。宋代，乌山附近仍有神光塔、乌塔二塔，程师孟《与伯常会宿猿洞》诗："双塔和云宿翠屏，梦魂千里到禅扃。还教画手添诗意，一簇林猿伴二星。"

城内附山园林地形较为多变，往往设有园门与山径相通，便于游访（图9-26）：

"园之门径在山足，若堂、若亭、若廊、若榭，错布平山之肩腹，极于绝巅而止。山有峰，园因以为巧石。山有泉，园因以为清池。山有岩洞，园因以为宴休之所。山有高阜，园因以临眺之区。山有题名石刻，园因以为碑版。山有长松美（木），园因以为林苑，经营布置，悉出自然……其家去园仅里许，花晨月夕，无客亦欣然独往，婆娑忘归。有客则载酒同游，据石而坐，选树而吟，留连竟日，不知家之为园欤，园之为家欤。不知山之在园中欤，园之在山中欤"[67]。

依冶山而置的园林，多与六塘水利梳理相关。而依闽山、钟山等小山阜建造的园林，会尽可能利用尚存的地形，强调借景："百步之阜，下睥其巅，阴翳若重冈复岭。陟其巅，乌、于及遥山皆与小阜作宾主朝揖之势，盖用形家假远为近之法。七城烟树，他家景物，

② 海德公园（Hyde Park），英国伦敦市区面积最大、知名度最高的公园。

（a）乌山西麓摄影照片（1860年）　　　　　　　（b）乌山邻霄台摄影照片（1871年）

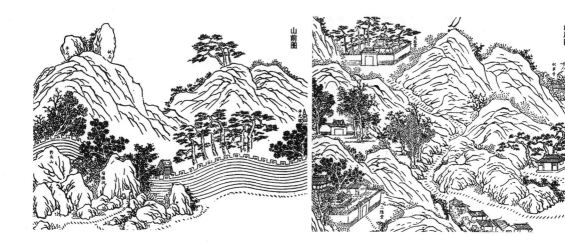

图9-25　乌山老照片
［图片来源：（a）福建省档案馆藏；（b）
John Thomson. Foochow and the river
min[M]. London，1873］

图9-26　乌山附山园林示意图
［图片来源：（清）郭柏苍《乌石山志·卷之
首·山图·一、二》］

可猎而有"[68]（表9-4）。

福州郊外的湖山胜地众多。城北桑溪曲水与南台越王台均可追溯至秦汉闽越国无诸时代，是后人寻幽访古的常见去处。桑溪，"在东门外十二里，源出青鹅山。闽越王流觞处也。一名龙窟。宋俞向建禊游亭，每岁上巳日，都人修禊于此。村人结庐卖酒其旁，常以茅簟蓑衣留客寄宿"[69]。越王台在城南三里的大庙山上，"昔无诸受汉册封于此，上有无诸庙与城南祖庙为二。闽人每岁六月为瓜莲会，以尽祭报之典"[70]。"宋米芾于台上大书'全闽第一江山'六字，赵汝愚隶书'古南台'三字，皆石刻"[71]。至清末，大庙山三面临江，江上舟楫无数：南望中洲，万寿桥人流熙攘；远眺仓山，洋行与领事馆林立；再瞰五虎，重峦叠嶂。"东西两面是精耕细作的大片农田、村庄和纵横交错的沟渠"[30]（图9-27）。

五代时，王审知重兴涌泉寺。后世名士多至此寻幽览胜，鼓山愈加名重。鼓山具有形态突出、视野开阔、人文厚重的基本特征。首先，鼓山山形体量"与侯官旗山左右相当，不愧为会垣双巨镇"[72]；其次，鼓山为登高望海的最佳位置，历代均有文人作诗吟联，名声显著：

> "去城二十里，郡镇山也。屹立海滨，延袤数十里而遥。山巅有石如鼓，故名。有大顶峰，一名刓崛峰。登之西望，郡城远近村落若聚沙布棋。东观大海，一气茫然，螺髻数点隐见烟波中。相传为大小琉球云。峰头有天风海涛亭，朱子取。赵汝愚'江月不随流水去，天风直送海涛来'之句。大书'天风海涛'四字，镌之于石。淳熙中，建亭，朱子书圕，今废。又有小顶峰、香炉峰……诸胜"[73]。

同时，鼓山上除了涌泉寺、喝水岩、灵源洞等名胜，尚有三百余处摩崖石刻，"宋、元名贤题刻殆尽，剔薜观之，累日不能竟。岭外名区，恨乏古迹，此为最富矣"[33]（图9-28、图9-29）。

晋代，西湖主要是作为单纯的陂塘水利工程。至五代，西湖成为闽国的御花园。宋之后，西湖逐渐成为公共游赏胜地（图9-30）：

福州城内附山的园林　　　　　　　　　　　　　　　　表9-4

名称	始建	位置	与山形水势的关系
半野轩	晋	屏山南	**与城池建设相结合、引水：**清林枫《半野轩诗》："越王山下宅，有轩曰半野。芳塘荫古槐，菡萏花千朵。水榭俯沦涟，帘隔清波泻。凉飚涤烦膺，微闻落叶下。"为古代乾元寺所在地
光禄吟台（玉尺山房）（沁泉山馆）	宋	闽山光禄坊	**顺势：**因其地巨阜巍然，阜前绵亘数石，中有盘石，其曲如尺，长三丈，故名玉尺山。宋程师孟诗："永日清阴喜独来，野僧题石作吟台。无诗可比颜光禄，每忆登临却自回。" **借景（山）：**清郭柏苍《沁泉山馆记》："于岩间掘泉，以之瀹著，沁人心脾。适新构成，乃呼为沁泉山馆……老树喜空阔，低枝下俯。新植欣欣上仰，与之离合作势，其隙处则石鼓、东山、古岭历历在墙头"
第一山房（鳞次山房）	宋	乌山北	**顺势：**宅园倚乌山之势，囊括了乌山三十六奇景之二的鳞次台和长乐台。长乐台上米芾行书"第一山"园内可借四面之景，望城中屋次鳞鳞，故名。 **借景（山、钟声、塔、城）：**明林志《鳞次台记》："公门之胜，古谓侯官，闽之中者也。平山拥其北方，峤蔽其阳，偃旗卧鼓，严卫左右。而并城之内，三山鼎峙，其南为乌石，三十六奇之胜独占，名道山……道山之麓，民居环之若带……前望三十六奇之胜，隐显变幻于霏阴晴翠间，而梵钟塔影时时交映几席之近。俯而窥之，则缘城万瓦，浮螺叠蚌，栉剔梳爬，秩秩虖鱼鳞之相次然，备矣。乃撷柴桑翁诗中语镌曰鳞次台，以方驾三十六奇之一，其意壮哉"
钟邱园	明	钟山	**借景（寺、山）：**马森《钟丘园记》："予之居，皆先人故址，左钟山，右雅俗桥。雅俗桥者，即杨桥之旧名……则别开径于山寺之衢门，与寺相对而遥……台畔石壁刻'钟山萃灵'四字……骋望则近之乌石、平远，远之旗、鼓、莲花诸峰，咸在目焉……且四眺云山，雨晴变幻，不可名状"
丁戊山房	明	丁戊山	**顺势：**明曹学佺《集丁戊山房》："丁戊无山山转深，春光弥觉气萧森。昔贤迹寄成千古，绝磴台高已十寻。新旧主人无异尚，二三乔木接清阴。闭门只有临池兴，一任墙东碧薜侵"
城北山馆	明	屏山	**借景（山、江）：**邓庆寀《集郑季美城北山馆》："众山入户秋先至，丛竹移尊暑尽消。城影静中沉落照，越峰高处看江潮"
石林园（涛园）	明	乌山	**顺势，借景（钟声、松涛、山、江）：**明许友《石林自记》："暇与客子游事，则步自城隅，循道山而上，石径纡斜，喜无轮蹄可避，得散发步屧以往。园前篱落，遗民数家，茅屋井汲，朝暮有鸡犬声。入门修篁夹庑，旧主人榜以石林……有亭翼然，颜曰梵闻，盖以兮亭之邻神光寺也。日落山静，时为松风，下榻则残钟来殷床，梦余霜被，长于此中发深省。"许鼎《涛园坐雨喜晴》："诗心连夜雨，春色四围山。爱客琴尊好，窥人松竹间。悠然清磬落，绕舍有禅关……雨声犹在树，月影渐垂山。花弹悬崖静，泉流小圃间。更攀高处望，空翠满江关"
磘园（林枝春宅）	明	乌山	**借景（塔）：**后院有砚池，乌塔倒映其中，形成"笔对砚"的景观。 **借景（山）：**林枝春记："地接乌山北麓……亭前山石隆起，环峙如翠屏。邻霄、道山诸名胜，罗列几案间，回收阛阓数家。越山拥气候，左右为剔、芙蓉峰峦隐见"
榕庵	明	乌山北	**借景（山）：**张远《题榕庵》："邻霄峰下宅，高士旧云林。亭绘诗人意，山凝静者心……四山青欲滴，一径窅而深。茶熟客煨芋，月明僧抱琴。莲花峰对面，曾伴短长吟。" **借景（田、江、越王台）：**陈迁鹤《题榕庵》："南望平畴绿野开，炯炯芊芊水满隈。大江绕郭四十里，人烟北辏越王台"
中使园（西园）（荔水园）（八旗会馆）	明	乌山西北	**与城池建设相结合：**明洪武二年（1369年），驸马都尉王恭拓城取土，形成六塘，后为游宴之所，俗称官园。成化十年（1474年），都舶太监建"中使园"，园内"高台曲池，花竹清幽"，号为胜览。清为满人旅居的八旗会馆。园中旧联"近市近城村落，半山半水人家。"郭柏心《西园怀古》诗曰："三十四城都尉劳，六塘取土复增高。七穿井受千家汲，八角楼当一面豪"
漱石山房（玉雨山房）	明	乌山南	**借景（钟声、江、塔、城、山）：**明曹学佺："钟声已破诸天暝，灯影空悬古塔寒。词客谁同枚乘赋，广陵江上待潮看。"清郭柏蔚："一筇陟崚巅，江海在两目，遥天晚逾净，远山寒更肃。"清郭伯苍："海国风光双眼收，不堪霜鬓更经秋。青山屹立看人老，明月何心对客愁。无限楼阑迫城郭，许多宦绩藉夷酋。和戎千古寻常事，醉卧群峰最上头"

续表

名称	始建	位置	与山形水势的关系
绿玉斋	明	于山	**顺势、借景（山、城）：**明徐㷆《绿玉斋记》："余家九仙山之麓……有园半亩，园中有小阜……乃易构小斋于山之坪……山中树木虽most，惟竹花最繁……清风时至，天籁自鸣，故名以绿玉斋。小山仅同蚁垤，然视郭中民居，已高数丈，每一浏览，万井千村，群峰列岫，吞吐且八九矣。"徐㷆《题绿玉斋》："危峰对耸，旗岿石鼓争雄（旗山、鼓山）。秀色可餐，金粟莲花映发（莲花山）。"谢肇淛诗："飞云片片时留榻，山色青青半在门"
东轩（黄仲昭故居）	明	于山山顶	**顺势：**历来以"高敞幽胜"著名
戚公祠	明	于山白塔东	**顺势：**峦岗起伏，花木扶疏。登台远眺，远近风光尽收眼底
屏山草堂	清	屏山	**顺势：**园主林豫吉诗："茅斋斜傍冶城楼，墙竹花篱事事幽"
越麓草亭	清	屏山	**借景（山）：**园主高蓝珍诗："屏山闲卧白云隈，一脉斜拖越嶂开……只令凭虚供眺眼，穷观更许上高台"
伊园	清	冶山南	**与城池建设相结合、引水：**唐时巍峨裴次元球场遗址，清王景贤别业。王景贤《伊园记》："南横墙小门，达通衢。右行数十步，左转皆池塘，环以人家，如村落然。相传，明驸马都尉王恭筑城取土，因成六塘，此其一也。地幽窅，葭苍白，具有秋水伊人之意"
一枝山房（鹪鹩山房）	清	乌山	**借景（钟声、山）：**谢承道《山房夜起》："起剔残灯思悄然，引裘悭觉欲霜天。柴门花影三更月，古寺钟声二十年……参横斗转情何极，遥睇前峰吐晓烟"
二梅亭（谢承道宅）	清	乌山	**借景（塔、山）：**陈郭拾珠《二梅亭诗并叙》："月中塔影自亭亭，亭迫乌塔，雨过山光一片青。"陈郭媖宜："峰峦纳户牖，阛阓隐烟雾……塔影落庭除，山色自朝暮"
蒙泉山馆（乌石山房）（二隐堂）	清	乌山	**顺势：**其地层累渐高，依山有竹石之胜。 **借景（山、城、塔）：**陈登龙《国李绍皋经蒙泉山馆》："城郭千山傍，人烟万瓦浮。"郑邦祥《中秋陈泰始乌石山房落成》："塔灯高照潇潇夜，绝顶依稀辨佛珠。"查慎行《集二隐堂》："孤亭出林表，七塔皆下俯"
陈州守宅	清	乌山	**顺势：**陈登龙诗："门临荔水三篙绿，地占乌山一角青。" **借景（城）：**"面城成小筑，犹未入山深"
鄂跗草堂（乌园）	清	乌山北	**顺势、借景（山）：**清叶敬昌诗："闽山深处是吾家，山石微凹亦种花。不若名园解幽逸，株株梅影上窗纱。柴门不厌对层峦，竹叶梅花特地寒。我有吟台傍阛阓，乌山山色许同看。"孟际元"羡君结构似山家，日日山堂看晚霞"
双骖园（龚氏别墅）（荔枝园）	清	乌山西	**顺势：**山腰建屋，后山筑居室，依山度势修建园林。园中藏书甚多，有"筑得园林乌石顶，图书编列印泥钤"之说
红雨山房	清	乌山东	**借景（山、塔、江、钟声）：**自山房视乌白二塔，如平立窗棂之间，磴下桃花芳菲。清郭柏苍《红雨山房记》："楹各方，广丈许，斗垣而槛于东向，屏九仙，对双塔，俯视左右，了无杂木。惟桃多且盛，风来片片入席，余因取长吉桃花乱落如红雨句，名曰红雨山房……每与客石栏夜坐，七城阒然，两三星火，闪闪数罅，寒鸦一声，万感并集。"《红雨山房通戴芷农舍弟合亭看月》："夜色帘前近，开帘望若何。霭生山月暗，潮上水灯多。人语出林樾，钟声隔市河。石栏清不寐，片影过藤萝"
赌棋山庄	清	于山	**借景（山、城、田、江）：**清谢章铤《赌棋山庄记》："庄坐于山，面鼓山，岚翠月华，往来几案……位置虽不高，一昂首则数百家皆在其下。"林纾记曰："庄实居九仙之麓，东面适当石鼓，下联平畴。江色绿野，延纳窗户之内"
黄家宅园	清	于山北宦贵巷	**借景（山）：**园内设假山、洞府、鱼池、七星伴月井。假山山洞内有石蹬，可登顶观赏于山景致

［资料来源：主要参考卢美松. 福州名园史影[M]. 福州：福州福建美术出版社，2007. 阙晨曦. 福州古代私家园林研究[D]. 福建农林大学，2007. 和 福州市地方志编纂委员会. 三坊七巷志[M]. 福州：海潮摄影艺术出版社，2009. （清）郭柏苍《乌石山志》］

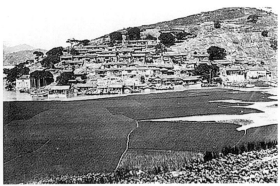

图9-27　闽江边的村庄
［图片来源：福州市档案馆藏］

图9-28　鼓山
［图片来源：（清）陈化龙 详校，德生 覆勘《钦定四库全书·史部十一·福建通志·图·六》］

（a）鼓山灵源洞   （b）鼓山摩崖石刻

图9-29　鼓山灵源洞与题刻
［图片来源：盖蒂博物馆的约翰·汤姆逊照片研究］

图9-30　西湖
［图片来源：（民国）何振岱《西湖志·卷五·名胜·西湖全图》］

　　"太康中，福州守严高凿西湖一区蓄水，置闸宣泄，以灌
民田。及唐天复既梁开平间……王璘乃筑台榭，跨西湖上，周
回十余里，室百余堵，名曰水晶宫"[74]。

　　"……沟洫既通，水不为患。湖波悠悠，终日自碧。复于楼
台颓倾者修之，道路之崎岖者平之，辟为公园，为都人士游眺
地"[75]。

　　同时，郊外著名的园林也多依山傍水，湖边借湖景，江边借江
景（表9-5）。

　　福州城内外的公共游赏点大多是相对独立的人工构筑物，与城
防、路桥、祠庙、汤院等建设相关。比如福州的城墙在防御功能减
弱之后，门楼、瞭望楼逐渐转化为凭栏远眺、激发诗兴的场所。清
喻应益有："遥天海色满高邱、历历山川城上头。选地得幽如在野，
望春宜远更登楼"之句。

　　1844年前后，英国传教士施美夫（George Smith）乘轿在福州城
墙上做环城之游：

　　"（环城之游）总共25 km。从乌石山下附近的缺口登上城
墙，向西而行。一边是城垛形成的小路，另一边靠着城墙长了
一排小树，围在乌石山脚。美丽的灌木丛一直蔓延到山坡上。
城墙本身有高有低，但一般来说，墙外侧平均高9 m。城墙顶
上的人行道，大部分地方都可以通过一辆马车，路面规则、平
整……每200~300 m就有一个瞭望塔……城墙开始攀爬北部高
耸的山岭……山顶上建造了一个巨大的瞭望塔（镇海楼），走
向城里的游客远远就可以看见这个显著的建筑。这座瞭望塔
（可以）鸟瞰福州城与周围乡村……不久，九仙山使得城墙的路
线再次攀升……绕城一周，历时3个小时"[29]。

　　1850年，美籍传教士卢公明载"城墙6~8 m高，4~6 m厚，用石
料和夯土筑成，墙体内外两面铺石块或砖块，墙头上有花岗石的垛

福州郊外的园林　　　　　　　　　　　　　　　　　　　　　　　表9-5

名称	始建	位置	与山形水势的关系
松风堂	宋	天宁山	借景（山、江）：宋李纲《题明极堂》："万户轩楹外，三山指顾中。灵潮自朝夕，夫舶各西东。怅望关河远，苍茫云海空。"《松风堂》诗："旅泊不求安，小憩南台宫……群山递环绕，云物增奇峰。江潮信有期，来去初不穷"
平章池（西陂园）	元	大梦山下	借景（湖、山）："在大梦山之下，元时隐者居此，挽曰墨池。后为平章陈有定别业，故曰平章池，一名西陂。明郭陂诗：古池六月官城西，霖雨既过水拍堤。云光十里浸楼阁，烟波一望涵玻璃"
石仓园	明	妙峰山东	顺势、引水：明曹学佺《石桥》："楼台深树里，灯火露山椒。"《临赋阁》："画阁虚且明，面面皆临水。" 借景（泉声、钟声）：明陈鸿诗："一山在水次，终日有泉声。"曹学佺《梵高阁》："绝顶竖高阁，晨昏钟鼓鸣。诸庵梵呗起，相接利群生"
云卧山房	明	仓山高湖	借景（山、江）：明杨荣《云卧山房记》："居之东，则鼓山巍然，为崲高入霄汉。西则齐坑诸峰，错列屏障。其南则方崎（方山），端厚秀整，若置几然。山之下皆大江，奔沦渟汇，浩不可穷"
耿王庄（精忠别业）	明	南公园	引水：园内河渠通潮汐，可荡舟泛游。清顺治十七年（1660年），靖南王耿继茂强征水部门至南台通桥一带为驻兵营地，建王府、别墅，养象、鹤。康熙年间（1676-1680年），其子耿精忠扩建，因其自号南公，故称南公园。南公园以其园林幽胜，著于城内外
北园	明	铜盘山	引水：曲池通西湖。张时彻诗："城西曲沼枕玄冥，窈窕松门惯不扃"
西湖精舍	明	西湖	借景（山、湖）：薛敬孟《国陈子亮西湖精舍》："门向莲峰出，清斋倚岸傍。芰荷一片水，书卷四窗香。对酒湖心月，寻僧柳外航。十年称小隐，种树已成行"
湖上别业	明	西湖	借景（湖、钟声）：徐𤎅诗："西湖水色碧如烟，湖上幽栖地自偏。远寺钟声明月夜，隔林樵唱夕阳天"
东湖草堂	清	古东湖区	借景（山、水）：林枫《丁梅仲东湖草堂》："结茅临水际，户外数峰青。云气侵虚榻，波光澹小亭"
大梦山房	清	西门外西湖陆庄	顺势、借景（湖、松声）："东南麓有石磴引入假山洞府。盘旋可登山巅大梦山亭，凭眺西湖全景。环山麓一带地势迂回。""昔时苍松翁郁，派翠崇岗，轻风徐拂，远近闻声"
三山旧馆（武陵北墅）（环碧轩）	清	北后街西湖畔	引水：池引北关闸活水，中栽荷花，隙地遍种荔枝。荷池北部环碧池馆联曰："荔枝阴浓随径曲，藕花香远过桥多"。龚易图《环碧池馆铭》："有宅五亩，在水一湾。臂青琐闼，譬碧玉环。翼然水上，周以扶栏。既缭而曲，亦整而攒。" 借景（山、田）：园西有澹静斋，斋二层为志远楼，北望可见田野与远山。林豫吉诗曰："结构凌虚俯碧湍，回廊曲院画阑干。"此地为古三山驿，今西湖宾馆所在
五峰山房	清	北关外五凤山	顺势："五峰亭亭立五凤，追逐仙凫蹑飞鞚。山花点草绣成茵，山鸟窥帘促开瓮"

[资料来源：主要参考 卢美松. 福州名园史影；阙晨曦. 福州古代私家园林研究；（清道光）王紫华《榕郡名胜辑要·卷三》]

口。城墙全长约11 km，墙头上可以行走，乘轿子转一圈可以观察到多姿多彩的市区内外景象"[30]。此外，福州南校场的考武举、大操兵也允许公众观看，民间称之为"看操"[76]（图9-31）。

南台两岸、洪江两岸因桥梁巨丽、渔家密集也逐渐成为风景游赏的去处（图9-32）。宋绍兴二十八年（1158年），陆游任职福州，其《渡江至南台》一诗中，以南台联舟浮桥为主景，截取寺楼、钟鼓、江上云烟与榕树的余荫，将宋代福州南台苍茫的景色描绘得历历在目："客中多病废登临，闻说南台试一寻。九轨徐行怒涛上，千

图9-31　福州南门楼、镇海楼与南校场
［(a)哈佛大学燕京图书馆藏(b)东洋文库《亚东印画集》，转引自福州老建筑百科; (c)eBay网］

（a）福州南门楼照片（1876-1877年）

（b）福州镇海楼照片（1929-1930年）

（c）福州南校场（1950年前）

（a）自仓前山望福州城（1850-1860年）

（b）层峦叠嶂下的洪山桥（1850-1860年）

图9-32　南台两岸与洪江两岸景象
[图片来源:（a）维基百科;（b）Justus Doolittle R J. Social life of the Chinese: A daguerreotype of daily life in China[3]]

③　书中的插图有的是根据风景照片描画，有的是中国画家的速写。

艘横系大江心。寺楼钟鼓催昏晓，墟落云烟自古今。白发未除豪气在，醉吹横笛坐榕阴。"至明清时，"往时台江渔妇，供载客而已，即有冶游者，不过商贾平民而已。今则推而广之矣"[77]。

福州城内外寺庙林立，均是"游玩的好去处"[76]。尤其是城内的一些佛寺积极参与民俗节庆活动，如在元宵节悬挂花灯，供民赏玩。

同时，自晋代起，福州就有凿井引汤的记载。明谢肇淛载"郡城内外温泉共十五处"[78]。至清代，汤门、井楼门外已设有不少的公共浴池。虽然在清末传教士眼中，汤院的设施十分简陋："在一个直径不到2 m的圆池中，有20来个人……一个紧挨着一个"[29]。但在

当时福州人看来，仍可谓"重轩覆榭，华丽相尚。客至，任自择室，
椓盆枀几，巾拂新洁，水之深浅唯命。浴后，茗碗啜香，菰筒漱润，
亦闽游一大乐事也"[79]。

参考文献：

[1] 陈宝良. 飘摇的传统：明代城市生活长卷[M]. 长沙：湖南人民出版社，2006.

[2] 鲁西奇，马剑. 空间与权力：中国古代城市形态与空间结构的政治文化内涵[J]. 江汉论坛，2009，（4）：81-88.

[3] （清）林枫《榕城考古略·卷中·坊巷第二》.

[4] （清）赵尔巽《清史稿·志八十六·选举六·考绩》.

[5] 徐春峰. 清代督抚制度的确立[J]. 历史档案，2006，（1）：62-71.

[6] 苗月宁. 清代两司行政研究[D]. 天津：南开大学，2009.

[7] （清乾隆）徐景熹《福州府志·卷之十八·公署一·附旧迹·承宣布政使司署》.

[8] 夏玉润. 中国古代都城"钟鼓楼"沿革制度考述[A]. 故宫古建筑研究中心、中国紫禁城学会. 中国紫禁城学会论文集（第七辑）[C]. 故宫古建筑研究中心、中国紫禁城学会，2010：36.

[9] （清乾隆）徐景熹《福州府志·卷之十八·公署一·附旧迹·谯楼》.

[10] （清）林枫《榕城考古略·卷中·坊巷第二·鼓楼》.

[11] 朱维干. 福建史稿[M]. 福州：福建教育出版社，1985.

[12] （清）陈衍《台湾通纪·卷一》.

[13] 张金金. 清代福州八旗驻防若干问题研究[D]. 福州：福建师范大学，2014.

[14] （清乾隆）徐景熹《福州府志·卷之十二·四旗营》.

[15] 林希. 试论清代福州八旗驻防及其历史作用[J]. 福建论坛（社科教育版），

2006，（S1）：158-161.

[16] （清乾隆）徐景熹《福州府志·卷之十八·公署一·贡院》.

[17] （清乾隆）徐景熹《福州府志·卷之十一·学校·鳌峰书院》.

[18] （清）林枫《榕城考古略·卷中·坊巷第二·贡院》.

[19] （清乾隆）徐景熹《福州府志·卷之十一·学校·府学》.

[20] （清）林枫《榕城考古略·卷中·坊巷第二·府儒学》.

[21] （晋）郭璞 注，（宋）邢昺 疏《尔雅注疏·卷二·释诂下》.

[22] 石佳，傅岩. 城隍庙文化琐谈[J]. 城市问题，2003，（2）：5-8，13.

[23] （清乾隆）徐景熹《福州府志·卷之十四·坛庙一·府城隍庙》.

[24] （明）王应山《闽都记·卷之十四·郡南闽县胜迹·教场》.

[25] （清）郑祖庚 纂，朱景星 修《侯官县乡土志·地形略·道路·城内街道》.

[26] 福州市政协文史资料工作组. 福州地方志 简编下[M]. 福州市政协文史资料工作组，1979.

[27] （宋）梁克家《淳熙三山志·卷之四·地理类四·城涂》.

[28] （民国）董秋芳《到福州后》转引自福州市地方志编纂委员会. 三坊七巷志[M]. 福州：海潮摄影艺术出版社，2009.

[29] [英]施美夫 著，温时幸 译. 五口通商城市游记[M]. 北京：北京图书馆出版社，2007.

[30] [美]卢公明 著，陈泽平 译. 中国人的社会生活[M]. 福州：福建人民出版社，2009.

[31] （清）周亮工《闽小记·卷之一·尤物·榕树》.

[32] （明）王世懋《闽部疏·廿五》.

[33] 张天禄. 鼓山艺文志[M]. 福州：海风出版社，2001.

[34] （明）王世懋《闽部疏·廿四》.

[35] 徐晓望. 水都福州[A]. 作家笔下的海峡二十七城丛书编委会. 作家笔下的福州[C]. 福州：海峡文艺出版社，2010.

[36] （清）林枫《榕城考古略·卷上·城橹第一》.

[37] （明）王应山《闽都记·卷之二十·湖南侯官胜迹·柳桥》.

[38] （清乾隆）徐景熹《福州府志·卷之七·水利》.

[39] 福州市地名办公室编印. 福州市地名录[M]. 福州市地名办公室，1983.

[40] 汪家伦，张芳. 中国农田水利史[M]. 北京：农业出版社，1990.

[41] （唐）《球场山亭记·芳原茗》转引自 徐国芬. 从文物资料谈福建茶文化[J]. 南方文物，1993，（4）：101-103.

[42] 徐国芬. 从文物资料谈福建茶文化[J]. 南方文物，1993，（4）：101-103.

[43] （宋）梁克家《淳熙三山志·卷之四十一·土俗类三·茶》.

[44] （明）黄仲昭《八闽通志·卷之二十五·食货·货之属》.

[45] （清）裕德菱《清宫禁二年记·卷下》.

[46] 闵庆文，邵建成. 福建福州茉莉花与茶文化系统[M]. 北京：中国农业出版社，2014.

[47] 王向荣. 自然与文化视野下的中国国土景观多样性[J]. 中国园林，2016，（09）：33-42.

[48] 周维权. 中国古典园林史[M]. 北京：清华大学出版社，2008.

[49] （明）王应山《闽都记·卷之十一·郡东闽县胜迹》.

[50] 李敏. 福建古园林考略[J]. 中国园林，1989，（1）：12-19.

[51] （清）郭柏苍《乌石山志》.

[52] （清）吴任臣《十国春秋·卷第九十一·闽二·嗣王世家》.

[53] 毛华松. 论中国古代公园的形成——兼论宋代城市公园发展[J]. 中国园林，2014，30（1）：116-121.

[54] 卢美松. 福州名园史影[M]. 福州：福建美术出版社，2007.

[55] （民国）郭白阳《竹间续话·卷二》.

[56] （清）林枫《榕城考古略·卷中·坊巷第二·鳌峰坊》.

[57] （清）陈寿祺《鳌峰里它记》.

[58] 福州市地方志编纂委员会. 三坊七巷志[M]. 福州：海潮摄影艺术出版社，2009.

[59] （清）陈衍《石遗室诗话·卷二十八·皆山楼记》.

[60] 陈遵灵. 寻访欧冶池[A]. 作家笔下的海峡二十七城丛书编委会. 作家笔下的福州[C]. 福州：海峡文艺出版社，2010.

[61] （清道光）王紫华《榕郡名胜辑要·卷一·欧冶池》.

[62] （清道光）王紫华《榕郡名胜辑要·卷一·球场》.

[63] （清道光）王紫华《榕郡名胜辑要·卷二·九仙山》.

[64] 赵汝祺. 福州奇观[M]. 福州：海潮摄影艺术出版社，1996.

[65] （明）谢肇淛《游宿猿洞记》.

[66] （宋）梁克家《淳熙三山志·卷之三十三·寺观类一·侯官神光寺》.

[67] （清）潘耒《涛园记》转引自 卢美松. 福州名园史影[M]. 福州：福建美术出版社，2007.

[68] （清）郭柏苍《闽山沁园记》.

[69] （清道光）王紫华《榕郡名胜辑要·卷二·桑溪曲水》.

[70] （清道光）王紫华《榕郡名胜辑要·卷二·闽侯县 南关外·越王台》.

[71] （清道光）王紫华《榕郡名胜辑要·卷二·闽侯县 南关外·钓龙台》.

[72] （清）郑祖庚 纂，朱景星 修《闽县乡土志·地形略二·诸山·鼓山》.

[73] （清道光）王紫华《榕郡名胜辑要·卷二·鼓山》.

[74] （清道光）王紫华《榕郡名胜辑要·卷三·西湖水晶宫》.

[75] （民国）何振岱《西湖志·序》.

[76] 王振忠. 清代琉球人眼中福州城市的社会生活——以现存的琉球官话课本为中心[J]. 中华文史论丛，2009，（4）：41-111，394.

[77] 林家钟，林彝轩. 明清福州竹枝词[M]. 福州市鼓楼区地方志编委会，1995.

[78] （明）谢肇淛《五杂俎·卷三·地部一》.

[79] （清）施鸿保《闽杂记·卷三·汤堂》.

第一节　时令风俗

"居必常安，然后求乐"[1]。岁时节日与农商惯例是时令风俗的主要内容。

岁时节日起源于人们对自然节律的感知，并逐渐与人文历史、宗教信仰相互融合，是人们集体生活中重要的时间节点。在岁时节日中，人们自觉主动地遵从相对固定的礼仪与程式，在时间与空间的利用上达成共识。这种兼具时间性、空间性、符号性和仪式感的群体互动，本身就具有极高的审美价值与鲜明的地域特征。

岁时节日的仪式场所，往往是古人在长期社会生活中，辨识与建立的具有"亲缘"或"地缘"关系的实体空间。本节重点梳理迎春、元宵、清明、端午、中秋、重阳六个节日的审美意象与活动空间，以理解福州市井百姓对于空间的再认识及再组织。

迎春

迎春，即立春时的农祀活动。在古人看来，"春为岁序之首，农乃国家之本……迎春必以牛，重农事也"[2]。因此，迎春活动最主要的内容就是迎春牛（祭祀、游行）和打春牛，有"一鞭风调雨顺，二鞭五谷丰登，三鞭国泰民安"之称[3]。

　　宋元时期，福州的迎春活动已经具有比较明确的路径与程式：立春前五日，地方官在福州城东闽王祠（忠懿王庙）祭祀，并取土制作春牛。至今闽王祠内仍有明代"乞土胜地"石碑[4]；立春前一日，在城外东郊春牛亭祭祀春牛，"以彩仗迎春牛于行春门外"[5]，"士女传观，填街塞巷"[6]。立春当天，"置春牛于府署前……府僚打春府前"[7]。之后连续几日则是看牛游寺："若晴明，自晡①后达旦，倾城出观……三日游贤沙，四日游天宁，六日乌石山之神光寺、西湖之水晶宫，逮暮始散"[8]。到了明清，打春活动似有简化。明张世南《游宦纪闻》载"今俗游寺已罢。"据美籍传教士卢公明记载，迎春牛和打春牛活动基本在一日内完成，迎春游行仅"穿行过市区内的主要街道"[9]。

① 申时，即下午三点至五点

元宵

　　元宵，又称上元节，元宵张灯是城乡皆重的民俗大事[10]。明谢肇淛《五杂俎》载："天下上元灯烛之盛，无逾闽中者。闽方言，以灯为丁，每添设一灯，则俗谓之添丁。自十一夜已有燃灯者，至十三则家家灯火，照耀如同白日"[11]。元宵节时，福州城中家家户户及各大寺庙均燃灯挂彩，有"三十万家齐上彩，一时灯火照天红"[12]之称。福州灯市以南后街为主，"次则南台、中亭街。节假后，后街户户皆以灯为业，争奇斗巧，禽鱼鸟兽兼备，游者塞途"[13]。乌山、台江也有摆鳌山、妆演、闽神等活动，"庙刹驾鳌山，陵容飞动……俳优百戏，煎沸道路"[14]。"是月也，一郡之民皆若狂"[15]（表10-1）。

迎春与元宵的仪式空间与活动内容　　　　　表10-1

时节	地点（活动）	相关诗话
迎春	忠懿王庙—东郊行春门—城内主路、诸寺（制春牛—祭祀—游春牛）	当此阳春，五谷滋生，故迎春必以牛，重农事也。
元宵	南后街、南台、城内诸寺（灯市、驾鳌山、闽神）	上元灯烛之盛，无逾闽中者。闽方言以灯为丁，每添一灯，俗谓添丁。

［资料来源：历代方志］

清明

唐宋之前，已有上巳和寒食。上巳节以洗濯祓除、曲水流觞等活动为特色，寒食节则以禁火冷食为标志。唐宋时，随着清明由节气变成节日，清明、上巳、寒食逐渐融合，分属三节的踏青、修禊、祭祖活动有时也在同一日进行。祭祀的内涵也开始向世俗游憩发展。就福州而言，清明、上巳、寒食都以结群踏青为乐事。大多数福州的踏青诗篇并不严格区分三者时令上的区别。踏青地点以州西园、乐圃、乌山、于山、西湖、南台以及城外东郊山林为主，有"州民游青，东郊尤胜"[16]之说。宋代太守有时也在城中禊饮，"临南湖，令民竞渡"[15]（表10-2）。

端午

端午，闽人"尤尚竞渡，台江、西湖、北湖及城内诸河皆有之"[17]。端午竞渡自五月初一至初五，其中初二至初四最盛。实际上，自四月起，"乡人相率……奉神物旗箭之属，讴歌过市，募化钱米，以襄盛举"[18]，通过筹集善款，贴补龙舟竞渡的费用。"每

清明时段的诗词意象　　　　　　　　　　　　　　　　　　　　　　　表10-2

地点	活动	主要意象	相关诗词
桑溪	禊饮	桥、柳	清刘家谋：故乡禊事话桑溪，酒侣吟朋迹久睽。愁绝行春桥畔柳，年年天末望归蹄
东禅寺	踏青	城、林、寺、荔枝	宋程师孟《上巳游东禅》：出城林径起苍烟，白马遗踪俗尚传。第一僧居兰若处，几番身醉荔枝前。百年骚客来题寺，三月游人作乐天。更爱堂头迎太守，路旁先坠碧云编
州西园	踏青秋千	酒旗、日光、海风	宋蔡襄诗曰："节候近清明，游人已踏青。插花穿戟户，沽酒似旗亭。日迥林光润，风回海气腥"
西湖	禊饮	桑溪、荠菜	清刘萃奎：上巳西湖酒共携，禊游遗事话桑溪。笑看满路春光好，荠菜悬门一色新
西湖	竞渡	山、雨、湖、旗、岸、舟	宋蔡襄：山前雨气晓才收，水际风光翠欲流。尽处旌旗停曲岸，满潭钲鼓竞飞舟
三山	禊饮	山、海、湖、风	宋程师孟《寒食醉饮九仙、乌石山》：城中无事喜寻山，千里提封并海宽。通判云：公私不禁三湖火，风面都无一日寒……清明休假吹心洽，饱襦威知有上官
钓龙台	踏青	风、桃李、扫墓的人	清杨洲《台江杂诗八首》：暖风吹遍钓龙台，佳节清明淑景催。艳李浓桃满春陌，人人上冢踏青回

[资料来源：根据资料绘制（宋）梁克家《淳熙三山志》；（清）戴成芬《榕城岁时记》；林家钟. 明清福州竹枝词[M]. 福州市鼓楼区地方志编委会，1995]

岁端阳……若至午日，则必偕集湖上，一观竞渡以为乐……五日，则迎仙门外，游人如荠，石台水榭，倚立殆遍……比年来，观竞渡者，多集台江"[19]。初六日，仍有少量龙舟在西湖竞渡。民间称之洗巷，以尽余兴："湖西钲鼓尚喧阗，胜会犹追一日欢。饶有余情来洗巷，岁时乐事话龙蟠"[18]（表10-3、图10-1）。

端午的诗词意象   表10-3

年代	地点（主要意象）	相关诗词
唐	西湖、南湖（龙舟、蒲苇、紫蓼、荷花）	陈金凤《乐游曲》：龙舟摇曳东复东，采莲湖上红更红。波澹澹，水溶溶，如隔荷花路不通。西湖南湖斗彩舟，青蒲紫蓼满中洲。波渺渺，水悠悠，长奉君王万岁游
宋	四郊（三山、人流、水景、龙舟、酒樽、月色）	程师孟《端午出游》：三山飘渺蔼蓬瀛，一望青天十里平。千骑临流寨翠幄，万人拥道出重城。参差蝴蝶横波澜，飞跃鲸鲵斗楫轻。且醉樽前金潋滟，笙歌归去月华明
明	越王台（龙舟、游人、柳树、箫鼓声、水声、徐善钓龙传说）	曹学佺《台江观竞渡二首》：山河原属越王台，台下江流去不回。祇为白龙先入钓，纷纷鳞甲截江来。人看龙舟舟看人，人行少处少船行。有时泊在柳阴下，箫鼓寂然闻水声
清	西湖（儿童、龙画舫、蒲苇、桥、山、湖心亭、宛在堂、澄澜阁）	刘训瑺《端午》：儿童今日尽欢呼，正午符悬五采图。争往湖西看竞渡，哥哥弟弟欲盈途。波光掩映接山光，坐遍城西亭短长。画舫朱旗游上闸，午风吹到艾蒲香。飞虹桥畔采旗横，隔水平看大梦山。欲上湖心亭子望，呼船渡过水中间。小西湖畔便交通，一道危桥挂彩虹。宛在堂前刚晤面，澄澜阁外又相逢
	台江、西湖（钲鼓声、闸、歌声、水晶宫、宛在堂）	叶在琦《冶城端午》：钲声才送河桥外，旗影还飘水闸旁……漫唱月光竹枝曲，台江艳冶过洪塘。未能免俗且相扬，今日西湖为客忙。……莫抢骚心吊楚狂，水晶宫事亦荒凉。游人散尽看鸥鹭，满目湖光宛在堂

[资料来源：根据资料绘制(宋)梁克家《淳熙三山志》；李乡浏. 福州诗咏[M]. 厦门：鹭江出版社，1999. 和 林家钟. 明清福州竹枝词[M]. 福州市鼓楼区地方志编委会，1995]

（a）龙舟竞渡（1980–1990年）

（b）闽江龙舟竞渡（1911–1913年）

图10-1　端午龙舟竞渡
[图片来源：(a) 997788网；(b) 新浪博客]

中秋

中秋，福州城内有点塔、环塔习俗。明清时期，福州城中以乌塔、白塔最为显著。自八月十一日至十五日，"如果游人捐了钱，并且晚上风不太大，塔就会被点亮……塔的每一层有六个角，每个角挂上灯笼，逐层一直挂到顶上。在夜晚点亮灯笼后，有大量的市民驻足观看"[9]。

双塔是古代福州城的标志性建筑，基本在城内外都能看见。从明清时期诗词来看，点塔的景象是十分壮丽的。在清王式金《梦竹斋诗集》中写道："东西对峙两浮屠，各插云霄势不孤。多少游人携手看，中秋灯火照城隅。"民国郭白阳也有"七级燃灯照耀，如红烛高烧"[13]之句。

视角最为独特，观感最为新颖的，当属明曹学佺自闽江江中观点塔，江中陆上灯影倍显（图10-2）。其《中秋夜泛舟江上观塔灯》诗曰："浮丘塔夜放花灯，江上看时倍几层"[20]。同时，不少游人在中秋逐级登乌塔、白塔，俗称环塔。竹枝词有云："循回盘级费攀登，大放光明宝气腾。与月争辉成大夜，年年忙煞两山僧。"

图10-2　中秋点塔——江上看时倍几层
［图片来源：ihome99网］

重阳

重阳，百姓习于登高野游。福州城在山中，山在城中，"于此于彼，惟其所之，皆足以尽眺临之异"[21]。当然，最主要的登高胜地还是于山、乌山和大庙山（图10-3）。福州《旧记》中有闽越王无诸至于山（九仙山）"凿石樽以泛菊"[21]的传说。南宋时，辛弃疾也在重阳日登临于山，有"万象亭中把酒，九仙阁上扶头"之句。大庙山位于城南南台，山上秦汉时期的古迹甚多。有登高石，俗名"天星落地"，传说有助于孩童长高。因此每逢重阳，往往祖孙相携，人潮涌动[22]。

福州百姓还有重阳放风筝的习俗，和中原地区清明放风筝的习惯相映成趣。清叶观国道："笺香台畔送风筝，万里秋光碧落晴。远客乍看惊节物，重阳遮莫是清明"[23]。清李兆龄认为这与闽中独特的气候有关："秋空九月放风筝，应是海滨地气偏"（表10-4、图10-3）。

与物候更替、宗教信仰有关的农商惯例，也是时令风俗的重要组成部分。不过，农商惯例往往达不到岁时节日的规模与氛围，也没有形成全民遵从的礼俗，因此也容易受外界的影响而消亡。就福州而言，主要有春、夏时节各一件事。

一，初春时，与茉莉花茶制作相关的"赶头水"。清明前后是采茶旺季，茶商备好茶坯，只等茉莉。福州茉莉花露地种植的花期一般在5月至11月，因此第一批到市的茉莉鲜花销量无疑是最好的。仅从普通百姓的需求而言，四月初，"苞娃于未开带露摘之，提框入城，数蕊而沾……入晚香浓，闺人最喜簪之"[18]。福州风土诗曰："黄梅时节家家雨，深巷声声唤卖花。茉莉香浓赶头水，晚妆插鬓最夭斜。"

二，入夏后，各荔枝园开放、邀请名贤士人品评。福州自古荔枝负有盛名，"闽俗荔枝熟时，亦以红笺书：某处荔枝于某日开园"[24]。自明朝起，福州西禅寺就有荔枝会，邀请名人雅士品评荔枝品种。明代的荔枝会以"红云社"最为著名。至清代，乌山范公

重阳的诗词意象（以乌山登高诗为例）　　　　　　表10-4

年代	主要意象	相关诗词
元	海、山、楼、夕阳、鸿雁、石刻	萨都剌《立秋日登乌石山》：海国山四围，繁华坐消歇。楼观沉夕阳，鸿雁下秋色。水边五丽人，石上多古刻。感此暮已迟，秋露满山白
明	山、塔、猿	林彦弼《九日集乌石山》：千山飘叶催寒杵，双塔埋云隐暮鸦。佳节况逢猿鹤侣，好将诗酒答年华
明	平原、山、江、红叶、白鸥	王应钟《登乌石》：九日茱萸会，先期作胜游。川原逢霁景，寥廓属深秋。山晚播红叶，江空散白鸥。沧溟兵未洗，翻此思悠悠
明	山、海、鸿、水声、竹林七贤典故、闽越国馀善传说	陈文烛《九日登乌石》：九日乌山宿霭收，凭高一望思悠悠。来鸿影没遥空碧，落水声分众壑秋。蓬海未穷千里目，竹林长并七贤游。钓龙跃马俱陈迹，绿醑黄花递劝酬
明	山、云、海、浪	舒芬《九日游乌石》：转壁回峦一径深，直穷乌石最高岑……山势北来云万叠，潮头东望雪千寻
明	山、海、江、市井、寺、屈原投江典故	佘翔《乌石燕集》：望里青山一片孤，登临长啸与吾徒。万家烟树还明灭，九月江鸿乍有无。沧海微茫虚海气，白云摇曳隐浮屠。尊前俱是悲秋者，憔悴何如楚大夫
清	台、市井、海风松、雁、酒、茱萸	黄任《九日登乌石山》：高台宜旷壑且幽，尽把遥天爽气收。万井远烟松外暝，千冈平照雁边秋。衰容绿酒还酡面，短发黄花不插头。齐把茱萸香蒲手，海风吹啸上林邱
清	台、山、纸鸢市井、菊花	邹贻诗《九日登乌石山》：秋云屇处觅荒台，怀抱今随望眼开。芒履分将山色去，纸鸢都傍野风来。四围鳞瓦低如艇，一勺沧溟小似杯。所叹登临嗟寂寞，更无黄菊趁人栽

［资料来源：根据资料绘制（清）郭柏苍《乌石山志·卷之一·名胜·乌石山》］

（a）自乌山鸟瞰福州城　　　　　　　　　　　　　　（b）于山及白塔

图10-3　重阳登高——于此于彼，皆足以尽眺临之异
［图片来源：（a）华声论坛；（b）哈佛大学燕京图书馆藏］

祠也开荔枝会:"每岁六月初,园丁揭榜通衢,定开园期。是日名贤毕集,斗酒唱酬,韵事不减红云社"[25]。

第二节　诗画八景

诗画八景,是深入了解山水风景的重要线索。

"风景"的微妙,在于意境。所谓"诗以山川为境,山川亦以诗为境"[26],古人正是借助诗画八景,通过对真实细节的表现,在有限的时空中传达了无限的情思与志趣[27、28]。诗画八景与山水风景互为依存,相得益彰,包含了深厚的历史背景,容纳了生动的现实生活,也致力于实现自然与人文、历史与现实、方位与时序的融合[29]。可以说,诗画八景是今人了解昔日景致、捕捉情感共鸣、还原集体记忆的重要依据。八景中虽然难免有斧凿的痕迹:有的诗文过于粗浅,有的景致不足以称道。但通过今人的鉴赏、辨析,可以取其精华、去其糟粕。

本节尽可能整理了福州相关方志、笔记中所载八景、十景。偶有以相近时空,但意境更为开阔、意象更为明确的山水诗、文人笔记替换了部分诗词,以提炼福州山水风景体系中的人文内涵(表10-5)。

榕城八景

福州自宋代以来,简称榕城。但一直到民国,才有以榕城命名的八景。并且,榕城八景的图文资料并不确切,只是在民国郭白阳《竹间续话》中略有提及:"陈几士丈家藏金石图册甚富。尝以榕城八景一册相示。画者书者皆明逸也"[30]。书中所记八景为:澄澜风荷(西湖)、高盖擎云(高盖山)、螺浦春潮(螺女江)、榴洞仙踪(东山榴花洞)、鳌石松篁(于山)、莲峰樵唱(莲花山)、凤冈荔枝(凤冈)、象峰积雪(闽侯雪峰山)。榕城八景以福州城为基点,展示了东、西、南、北、中五个方位的景观(图10-4、图10-5)。

澄澜阁是福州西湖兴废的重要见证。宋赵汝愚开浚西湖时,在福州城西临湖位置建阁,作为登眺之所,取名澄澜阁,寓意"澄清

福州景点位置与景点数概况 表10-5

位置与景点数	具体内容
一地一景	**岷江**（岷山风帆）、**旗山**（旗麓斜阳）、**洪山桥**（洪桥夜泊）、**螺女江**（螺浦春潮[②]）、**凤冈**（凤冈荔枝）、**东山**（榴洞仙踪）、**莲花山**（莲峰樵唱）、**白马河**（白马春潮）、**于山**（鳌石松篁）、**高盖山**（高盖擎云）、**雪峰山**（象峰积雪）、**万寿桥**（三桥渔火）、**太平山**（太平松籁）
一地两景	**升山**（升山古刹、飞来奇峰）、**屏山**（龙舌品泉、样楼观海）、**怡山**（怡山啖荔、西禅晓钟）、**妙峰山**（妙高钟声、石仓秋烟）
一地三景	**天宁山**（龙潭秋涨、天宁晓钟、梅坞冬晴）
一地四景	**洪塘**（半洲渔火、洪塘古渡、云程石塔、环峰夜月）**大庙山**（钓台夜月、越岭樵歌、银浦荷香、苍霞夕照）
一地十景	**西湖及周边**（澄澜风荷、湖天竞渡、古堞斜阳、湖亭修禊、荷亭晚唱、水晶初月、湖心春雨、大梦松声、澄澜曙莺、仙桥柳色）

［资料来源：历代方志］

② 此景可能位于螺
女江或螺洲

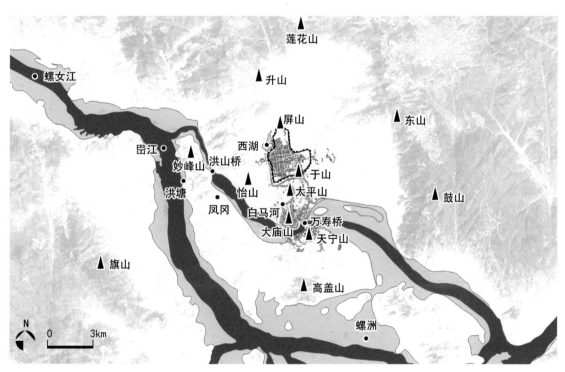

图10-4 福州八景主要位置示意图
［图片来源：作者自绘］

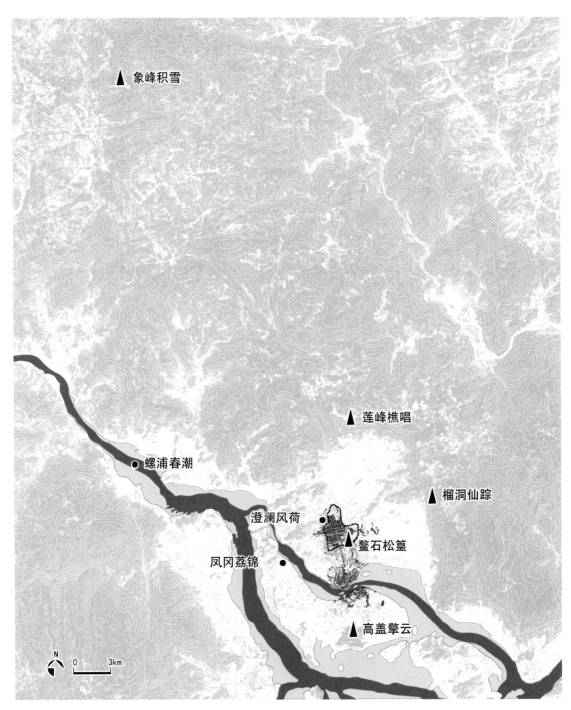

图10-5 榕城八景位置示意图
［图片来源：作者自绘］

安澜"[31]。明按察使徐中行浚湖时重建，仍名澄澜，"以旧名叹今之变迁，以彰其睹名瞰川，明审通塞之义"[32]。澄澜一词，涵盖地点、人物、西湖历史、水流形态和美好祝愿，是历代文人墨客十分常用的诗词意象。景名中以风荷再次铺陈湖景，通过具体的气象和植物景观深化澄澜意象，符合传统美学对于诗意追求和细节真实的双重要求。

高盖山位于城南，是省城第三案山（大庙山、天宁山为省城第一、二案山），也是福州盆地中最高的山，有"一旗、二鼓、三高盖"之称，故称高盖擎云。螺浦位于侯官西北螺女江，螺女江江段河谷开阔、水流较缓，泥沙容易淤积成洲。闽江上下游船多在此停泊，有过一时的繁荣。螺女江位于闽江潮区，江水涨落形势应当比较壮观。同时，螺女江有螺女神话点缀，其中蕴含着古代劳动人民对美好生活的期许，也使景致有所增色：

> "《搜神记》云：闽人谢端得一大螺如斗，畜之家，每出归，盘飧必具。端疑而密伺之，见一姝丽甚。诘之，曰：我天汉中白水素女，天帝哀卿少孤，遣妾具君膳。今当去矣！留壳与君。端用以贮米常满，资给数代。故江以螺女名，旧有祠"[33]。

榴洞仙踪、鳌石松篁、凤冈荔枝均有大量史料佐证，虽然莲峰樵唱的相关诗词较少，但莲花山是郡城主山，形态端妍，堪为八景之一。八景中的象峰积雪，写的是西北雪峰山冬景。《闽中实录》记载，雪峰山"因山顶暑月犹有积雪"[34]而得名。这一景致完善了福州山水风景中的时序变化（表10-6）。

宋代西湖八景

榕城八景以城市命名，成形年代较晚，空间范围最广。而福州最早成形的八景实际上是依托宋代西湖形成的西湖八景。

西湖是福州最重要的水利风景区，也是"天下三十六湖"之一。宋赵汝愚品题西湖八景为：仙桥柳色、大梦松声、古堞斜阳、

榕城八景   表10-6

景名	方位 （相对于城市）	时节	相关诗词
澄澜风荷	西—西湖	夏	画栋翚飞瞰曲塘，主人情重启华舫。月摇花影鳞鳞碧，风入荷花苒苒香
高盖擎云	南—高盖山	春	此地仙坛古，寻梅到几峰。药炉犹汉制，松岛似秦封。石径歇归牧，山田耕老农。白云迷下界，不辨往来踪
螺浦春潮	西—螺女江	春	螺女千年去不还，浦边何处觅红颜。寒潮远沐春山色，染出波斯黛子鬟
榴洞仙踪	东—东山	春	洞里花开无定期，落红曾见逐泉飞。仙人应向青山口，管却春风不与归
鳌石松篁	城中东南隅—于山	春	群峰面面削芙蓉，翠压层台树万重。落日影涵孤塞雁，微风声断远山钟。一尊对客呼明月，独鹤吟人下古松。招隐空回王子桥，剡溪兴尽不相从
莲峰樵唱	北—莲花山	春	
凤冈荔锦	西南—凤冈	夏	荔枝沿岸凤凰冈，草舍萧萧近夕阳。钓罢独眠舟不系，任风吹向酒家傍
象峰积雪	西北—雪峰山	冬	叠翠凌霄上，群山落四邻。峰峦常有雪，水石自无尘。象骨言仍旧，鹅园构屡新。最宜云卧者，幽寂此栖真

[资料来源：主要参考（民国）郭白阳《竹间续话·卷四》、（明）徐㶿《雪峰志·卷九·纪题咏·雪峰二十四景之十二》、（明）王应山《闽都记·卷之四、十一、十四·十六·二十·二十一》]

水晶初月、荷亭晚唱、西禅晓钟、湖心春雨、澄澜曙莺。

西湖八景选景于湖东、西、南、中四个方位，时序以春夏为主，朝暮晨昏兼备。西湖八景与榕城八景相较，因为景点更加集中，所以更强调一日中时间的变化，八景中有三景以听觉为主要意象（松声、晓钟、晚唱），也有明晦的对比（雨），层次更为丰富。景中包括了游人、僧道、渔民、帝王等人物形象，在冲淡朴野的风景中涵盖了人们的家国情怀与时空喟叹，扩展了八景的意境（表10-7、图10-6、图10-7）。

其中，仙桥柳色写城西门迎仙桥春景，景致中蕴含的文化意蕴和实用价值已经深入人心，使人们能够主动地对植物景观进行维护、发展：

宋代西湖八景   表10-7

景名	方位 （相对于湖）	时节	相关诗词
仙桥柳色	南	春	平湖十里波，碧色浓于酒。东风一夜吹，绿遍仙桥柳
大梦松声	西		城西大梦山，突兀临湖上。寒烟隔市喧，谡谡松风响
古堞斜阳	东	暮	危楼背岭，古城压波，抹一角之斜阳，送千里之暝色 人家负郭，炊烟方生，湖水涵虚，横舟不动 望双塔龙拿，三山虎峙，祥飞五凤，雄控八闽
水晶初月	东	夜	孤山深处水晶宫，画舸归来信晚风。欸乃歌残天似水，一痕新月上湖东
荷亭晚唱	西	暮	湖光欲沉，山色初暝，渔歌起于别浦，菱唱近在芳洲 沙禽惊飞，遥人烟迹。游鳞吹沫，散为圆纹 惟见残阳铺水，岸苇生风，袅袅余音，与之无尽
西禅晓钟	南	晨	湖上邀宾卜夜欢，胜游休文夜漫漫。天鸡叫罢晨星落，犹听钟声出寺残
湖心春雨	中	春	湖天烟水共模糊，一幅天然泼墨图。绿涨渐高浮乳鸭，碧波初软浴轻凫 东风小槛看新柳，冷露雕栏忆短芜。更有半亭残雪在，不嫌凝睇立须臾
澄澜曙莺	东	春晨	湖上澄澜阁，春来景淑明。晓听堤畔柳，处处有啼莺

［资料来源：根据资料绘制（民国）何振岱《西湖志·卷五·名胜》］

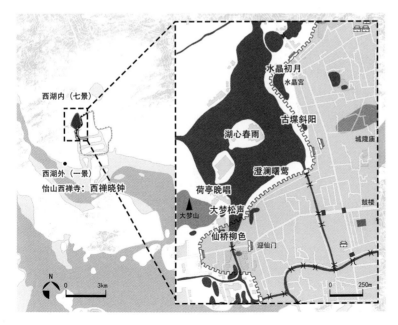

图10-6　宋代西湖八景位置示意图

［图片来源：作者自绘］

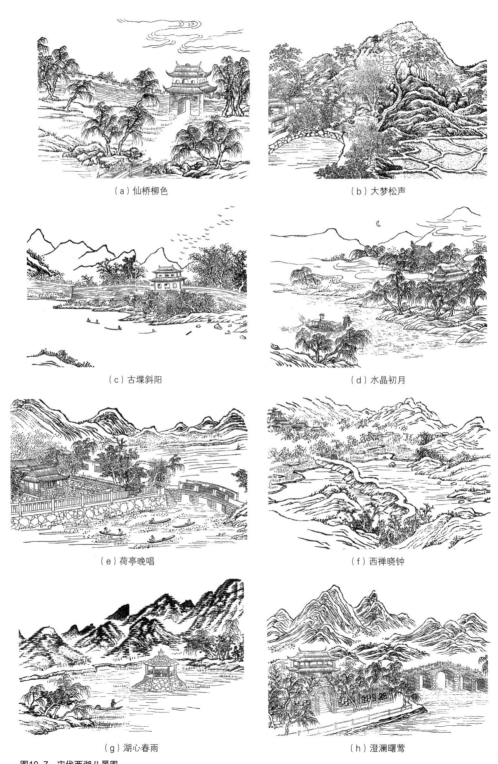

（a）仙桥柳色　　　　　　　　（b）大梦松声

（c）古堞斜阳　　　　　　　　（d）水晶初月

（e）荷亭晚唱　　　　　　　　（f）西禅晓钟

（g）湖心春雨　　　　　　　　（h）澄澜曙莺

图10-7　宋代西湖八景图
［图片来源：（清）郭柏苍《西湖志·卷五·名胜》］

"植柳之胜，宋时已然。今虽阛阓鳞次，行人络绎，绿丝碧玉，非复旧观。然诗人怀古，过客停骖，每当细雨轻阴，犹作摘叶攀条之想。新种湖旁者，亦渐渐亭亭抽翠，春风如翦，细叶重载，足补湖山之胜矣"[35]。

明代增修西湖八景

明代，人们在宋西湖八景的基础上，又增修了八处景致（湖天竞渡、龙舌品泉、升山古刹、飞来奇峰、怡山啖荔、样楼观海、湖亭修禊、洪桥夜泊）。明代增修的八景具有三个明显特征：

一、拓展了空间边界。新增升山、屏山共四处景致，弥补了宋代西湖八景在北面方位取景不足的遗憾。湖西增加洪山桥一景。湖南怡山西禅寺从"西禅晓钟"到"怡山啖荔"，体现了人们活动范围的扩大，也侧面反映了明代福州农产品商业化的发展趋势。

二、体现了风景游赏从文人幽思逐渐平民化、世俗化，成为百姓览胜的过程[36]。八景中有四景（竞渡、品泉、啖荔、修禊）是群体活动。其中"湖天竞渡""怡山啖荔"更是颇具地方特色的盛事。

三、体现了城市建设对于八景发展的促进作用。"样楼观海"中的镇海楼、"洪桥夜泊"中的洪山桥都为明代新建。新建筑增益了场地的实用性，并与原风景和谐相融。明代文人在此登高临下，寄托情思，促成了新风景的诞生（表10-8、图10-8、图10-9）。

南台十景

南台也是福州传统空间营建中非常重要的一个地区。古代的南台和现在的南台岛，两者名称所指代的地理范围并不一致。古代南台地区，北至南门，南至藤山，包括闽江北港两岸。现在的南台岛，是闽江南北港环绕的江中岛屿。南台一共有十景，包括了台江八景（钓台夜月、白马春潮、三桥渔火、越岭樵歌、苍霞夕照、太平松籁、银浦荷香、龙潭秋涨）与仓山两景（天宁晓钟、梅坞冬晴[③]）（表10-9、图10-10）。

③ 或罗浮春色、琼花玉岛

明代增修西湖八景　　　　　　　　　　　　　　表10-8

景名	方位（相对于湖）	时节	相关诗词
湖天竞渡	中	夏	波瓜油绿沸晴湖，新制龙舟入画图。银桨划烟翻尺鲤，牙墙蹴浪逐沙凫。姣童踊跃标争锦，游女翩跹佩落珠
龙舌品泉	北—屏山		龙腰山下日初斜，闲挈铜瓶试井华。此是蔡公功德水，不教孟浪向人夸
升山古刹	北—升山		高欲云平，静与世隔。旧传岩石间，时闻钟磬声……药池流香，石纹遗篆，天风吟树，如奏宫商
飞来奇峰	北—升山		云端石磴万峰迥，松竹阴中觉路开。江汇都从闽海去，山飞曾自会稽来。香灯供佛销初地，丹药升仙没古台。独有昔贤遗刻在，年年秋雨长青苔
怡山啖荔	南—怡山	夏	西禅露荔甲闽中，拼向斋厨谋一醉。才登初地炎熇忘，干云老树围青苍。垂枝累累映朝旭，登盘簇簇含琼浆。生平口腹不敢贪，日啖三百吾何堪
样楼观海	北—屏山		遥天海色满高邱，历历山川城上头。选地得幽如在野，望春宜远更登楼。千村景驻林花霁，三市烟和井树浮。无复闽王遗迹在，空余松老不知秋
湖亭修禊	中	春	命驾遵西隅，禊饮振春服。临流涤烦襟，凭栏纵遥目。叠叠湖上山，泛泛波间鸶。柔丝罥新条，候鸟鸣深谷。愿言素心交，共覆杯中醁
洪桥夜泊	西—洪山桥	夜	胜地标孤塔，遥津集百船。岸回孤屿火，风度隔村烟。树色迷芳渚，渔歌起暮天。客愁无处写，相对未成眠

［资料来源：主要参考（民国）何振岱《西湖志·卷五·名胜》和 中共仓山区委宣传部，仓山区文化局. 历代诗人咏仓山[M]. 福州：中共仓山区委宣传部，1999］

图10-8　明代增修西湖八景位置示意图
［图片来源：作者自绘］

（a）湖天竞渡　　　　　　　　　　　（b）龙舌品泉

（c）升山古刹　　　　　　　　　　　（d）飞来奇峰

（e）怡山啖荔　　　　　　　　　　　（f）样楼观海

（g）湖亭修禊　　　　　　　　　　　（h）洪桥夜泊

图10-9　明代增修西湖八景图
［图片来源：（清）郭柏苍《西湖志·卷五·名胜》］

台江八景主要集中在大庙山周围。山上有闽越王无诸的受封台、馀善钓龙台。"宋赵汝愚书'南台'二字于钓龙台上。惟古所指为沙地、汛地、洲地者，今皆市肆毗连矣"[37]。白马河是连接西湖和闽江的南北向河道，每逢江潮上涨，河口水流澎湃，形成涌潮。每年农历八月十八潮汛最大，专程来此看潮的游客不计其数[38]。白马河河口在万寿桥西不远处。书载"桥下潮汹涌，内外水高下数寻，波澜呈涟漪，涨则无声，退则声闻数里"[39]。罗星塔涨潮时，有诗曰"豁然乾坤白，浪花三千尺"[40]。估计白马河涌潮与此有一定相似之处。三桥渔火中的三桥，指城南沙合桥、万寿桥和江南桥。渔民聚居桥下，自暮至夜，万家渔火，水天相接。"浦口波平夕照收……垂鬟疍女巧行舟……灯火沙头久相候，舟从海口载鲜回"[41]。苍霞洲位于大庙山南，宋代出露，并逐渐与陆地相连[38]。苍霞洲以南，水深流缓，河床稳定，是明末清初南台重要的港道之一。苍霞夕照一景主要是在傍晚时分，自苍霞洲观赏仓山、万寿桥在闽江的倒影。

仓山两景均位于仓前山。仓前山古称藤山，宋时因天宁寺改称天宁山。明代山前设有盐仓，俗称盐仓山，又因山上最高处设烟墩，"以为报警之用，遂名其山曰烟台山"[42]。"藤山有梅花坞，夹道植梅万株，可十里许。有十里花为市，千家玉作林之句。每逢冬日，骑马看花，寻香曳雪，道相属也"[43]。

洪塘八景

洪塘八景又称金山八景。洪塘位于福州城西，背倚妙峰山，三面临江。洪塘江水上接螺女江，南分两港。北港自洪山桥至西禅浦，称洪江；南港过怀安石岊，称岊江；至金山塔寺，称塔江。洪塘古渡是闽江上游各地至福州的古渡口。福州童谣"月光光，照池塘。骑竹马，过洪塘。洪塘水深不得过，娘子撑船来接郎。问郎长，问郎短，问郎何时返，"记载了洪山桥未建时的交通条件与生活环境。洪塘八景中，四景（妙高钟声、云程石塔、环峰夜月、旗麓斜阳）写山，三景（洪塘古渡、半洲渔火、岊山风帆）写江，一景怀古（石仓秋烟）（表10-10、图10-11）。

南台十景 表10-9

景名	位置	时节	相关诗词
钓台夜月	大庙山钓龙台	夜	潮生古渡龙江阔，草满空城雉堞荒。看到越望台上月，高歌终不负沧浪
白马春潮	白马河河口	春	雷鼓訇訇白马驰，观涛旧有广陵矶。那知榕海三春景，赛得钱江八月奇
三桥渔火	万寿桥附近	夜	明月夺残灯，寒霜压破曙。一江秋水长，人语隔篷应
越岭樵歌	大庙山北麓（龙岭顶）		樵唱篷边闻，渔歌镜中起。麦圃秋已成，瓜田旦犹理
苍霞夕照	南台临江洲渚（古仓下洲）	暮	仓前山外泼红霞，万寿桥边人语哗。一担东风香细细，新晴深巷卖梅花
太平松籁	吉祥山支脉（太平山）		郁郁乔松绕翠冈，太平岭是石门庄。结楼拟学陶弘景，一枕清风万籁簧
银浦荷香	横山支脉附近（银湘浦）	夏	览胜城南已遍过，还来银浦玩新荷。停桡且待轻风送，菡萏香中缓缓歌
龙潭秋涨	天宁山西麓（龙潭）	秋	龙去潭无主，潭深龙自灵。春风一夜至，已破海门局
天宁晓钟	天宁山	晨	上方钟响落层穹，收尽江干夜气浓。江上居人三万户，同时敲彻玉堂宫
梅坞冬晴	天宁山	冬	藤山南北万株梅，十里浮香璧月来。付与诗人受清供，延袤阁上日衔杯

[资料来源：《闽都记·卷之十四、二十二》；（清）戴成芬《榕城岁时记·藤山看梅》；[日]久保得二《闽中游草·南台》；中共仓山区委宣传部，仓山区文化局. 历代诗人咏仓山]

图10-10 南台十景位置示意图
[图片来源：作者自绘]

除榕城八景、宋代西湖八景、明代增修西湖八景、南台十景与洪塘八景以外，福州还有螺洲八咏与鼓山胜景两处组景。

螺洲八咏与鼓山胜景

螺洲位于城南三十里。地处方山之北，"民居稠密，人文昌盛"[44]。螺洲"川光镜静，洲澹拖隐约，状如青螺，故名……四围皆水，水之外诸峰环拱，其最胜者，鼓山耸气候，一望深秀，蔚然卓立……洲之南有山，横峙若屏案焉，曰方山。五峰巍巑，故又谓五虎山。洲之东西建为辅弼者，端倪显露，皆在若近若远之间"[45]，"当春而朝烟在渚，幕沥漂泊，飞来而袭人；当夏而夜月映津，超幽抯怪，恍朗而莹彻；渔歌隐隐，听之于秋为宜；书灯荧荧，望之与雪斗洁。四时寒暑，可喜可愕者，无不毕具"[46]（表10-11）。

鼓山位于福州城东三十里，自五代建寺，宋蔡襄、朱熹题咏，胜景不可计数（图10-12）。以涌泉寺为中心，寺东有灵源洞、喝水岩、忘归石等二十多景；寺南有回龙阁、放生池等五十多景；寺西有达摩洞十八景；寺北有岌崿峰、白云峰、石鼓岩等四十多景[47]。宋时，古人多乘早潮泛舟至鼓山游赏，蔡襄《登鼓山》诗曰："乘舟逐早潮，十里登南麓。"李纲《鼓山灵源洞》诗曰："我为鼓山游，潮客初放艇。"众多文人名士更在岩间留题记事，灵源洞、喝水岩一带几无隙地，后人以诗纪曰"古今名作皆林立，顽石如何不点头"[48]。鼓山在福州山水格局、城防安全、文化审美中有着重要地位：

　　　　"鼓山自昔流传胜地，实非仅为山水游览细故。盖缘兹山屹立省东，内扼省城，外控大洋。寺之绝顶即为岌崿峰，东望溟渤，万里茫然，大小流球如青螺数点至于海。帆舶远近往来，无不历历可数。此实省城藩篱，重地外洋瞭望要逼之区"[49]。

洪塘八景 表10-10

景名	时节	相关诗词
洪塘古渡		撑船来接郎，郎今归何晚。江水深且寒，共载月光返
石仓秋烟	秋	石仓园里但蓬蒿，听泉阁下水嘈嘈。去看溪桥明月夜，有人挥泪说南曹
半洲渔火	夜	雨歇暮潮平，半洲集鱼舸。将星久已沉，仅剩寒江火
妙高钟声		风送钟声何处闻，短篷残酒日微曛。寒松绕径不知处，僧在隔岸眠白云
云程石塔		云程古浮图，题名知几许。塔玲怆前朝，风前如自语
岊山风帆		挂帆望烟渚，整棹别津亭……谈笑不知远，但觉江流清 猎猎甘蔗州，茫茫白沙行。斯须复回首，只有远山青
环峰夜月	夜	白云深处野人家，倚杖闲吟日未斜。江上数峰看未尽，晚钟新月入芦花
旗麓斜阳	暮	落日照大旗，明霞散余绮。乃知造化工，渲染千峰指

［资料来源：主要参考《闽都记·卷之十九》；中共仓山区委宣传部，仓山区文化局. 历代诗人咏仓山[M]. 福州：中共仓山区委宣传部，1999；福州市档案局相关资料］

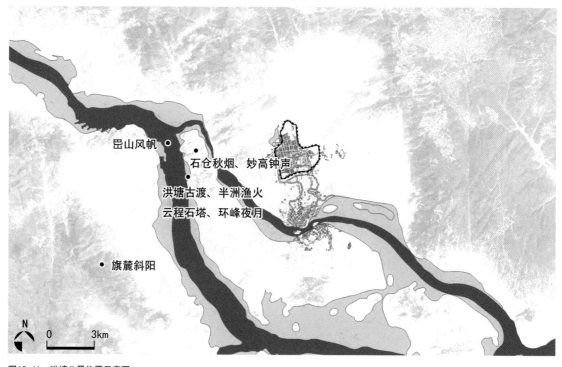

图10-11 洪塘八景位置示意图
［图片来源：作者自绘］

图10-12 鼓山胜景
［图片来源：（清）黄任《鼓山志·卷首·图·一至十一》］

螺洲八咏   表10-11

景名	时节	相关诗词
平波澄练		沉沉螺女矶，湛湛花影浮。大地落玉河，縠纹回白鸥。山涵镜里日，人倚空中楼。何以了真趣，吾心有天游
远屿堆蓝		不尽清苍意，空江夜雨晴。几经山骨洗，都向水含情。髻影梳云重，眉痕扫黛轻。蔚蓝天远处，螺女认分明
螺渚春烟	春	非晴非雨时，似雾似云间。傍石凝肤寸，随桡渡两三。带看牵柳浪，巾讶戴方山。好是风吹净，空江一鹭闲
龙津夜月	夜	月到天心处，潮平水不流。霜高山影瘦，画出空江秋。雅有洞箫客，激越舞潜虬。何当骑上升，桂府续清游
秋江渔唱	秋暮	飘然无系着，一叶老渔舟。得鱼欣换酒，放櫂任随流。兴发沧浪歌，两岸枫叶秋。溪子和以笛，惊飞沙际鸥。吾欲买蓑衣，去逐水云悠
雪屋书檠	冬	风雪徐仙宅，诗书鲁叟家（指文庙）。千家窗映白，万轴卷抽黄。云冻竹垂翠，天寒宋梅香。此中真意味，煮茗夜深尝
春潮带雨	春	云气涌江窗，欹枕有余湿。晚来春雨多，进作潮声急
野渡横舟		水乡偶出总仗船，潮落空江渺夕烟。沙外横舟洲外沙，但闻浅水声溅溅。榜人醉归庋脚眠，舟搁枯芦苦蓼边。且待潮来风信准，一帆客与向前川

[资料来源：(明)陈润 编纂，(清)白花洲渔 增修《螺江志·贞卷·艺文》]

第三节　跨时空对比

　　山水游历之风及官员调任机制，催生了古人对各地风景的跨越时空对比。这既有助于加深人们对地方风景的认识，也建立了各地各时山水风景的广泛联系。

　　明代谢肇淛以山水格局为基础，略论福州与南京的异同，肯定了福州城山水相融的空间营建成果（图10-13）：

　　　　"闽中之似金陵有三，城中之山，半截郭外，一也。大江数重，环绕如带，二也；四面诸山，环拱会城，三也。金陵以三吴为东门，楚蜀为西户；闽中以吴越为北山，岭表为南府。至于险阻自固，金陵则藉水，闽中则藉山。若夫干戈扰攘之际，金陵为必争之地，闽可毕世不被兵也"[50]。

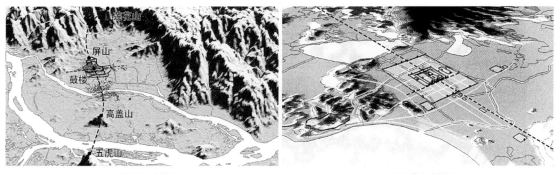

（a）福州山水格局　　　　　　　　　　　　　　　　　　　　（b）南京山水格局

历代文人墨客也多将福州西湖与其他城市的西湖相比较。南宋名臣陈康伯在《题闽县西湖》诗中，将福州、杭州、颍川三个城市的西湖相类比，诗曰："凿开百顷碧溶溶，颍上钱塘约略同。杨柳两堤连绿荫，芰荷十里馥香风。波涵翠巘层层出，潮接新河处处通。舆诵载途农事起，从今岁岁作年丰"[51]。诗文高度概括了三处西湖的共性：均是人工控制的陂塘水利工程；以堤坝控水，以杨柳固堤，以河渠导水；蓄积的湖水用于灌溉与济运；具有湖山相依、河湖相连的山水格局。

朱熹也曾写诗描述福州西湖，诗曰："越王城下水融融，此乐从今与众同。满眼芰荷方永日，转头禾黍便西风。湖光尽处天容阔，潮信来时海气通。酬唱不夸风物好，一心忧国愿年丰。"清代《冷庐杂识》中写道，曾有古人误认为这首诗描述的是杭州西湖的景象，并为此特地作了辨析：

　　　　"朱子集中《西湖》诗云'湖光尽处天容阔'，其起句云'越王城下水融融'，对句云'潮信来时海气通'，乃闽之西湖也。道光戊子年，浙闽主司以此句命题，盖误以为浙之西湖诗也"[52]。

由此明确了两湖的差异：一，水文条件。杭州西湖与福州西湖都是在山前平原筑堤贮水的陂塘工程，蓄积的湖水通过涵闸设施进

图10-13　古代福州与南京山水格局示意
［图片来源：（a）作者自绘（b）武廷海.六朝建康规画[M].北京：清华大学出版社，2011转自吴良镛. 中国人居史[M].北京：中国建筑工业出版社，2014］

入城内外水道。但福州受闽海海潮的影响，城内外水道均为双向水道，河湖江海水信互通，为杭州西湖所无；二，人文背景。历史人文的灌注，是西湖从水利工程逐渐转变为地方风景胜地的一个重要因素。福州西湖承载了闽越国的兴亡，杭州西湖见证了南宋繁华。这两点正是福州西湖区别于杭州西湖的特征所在。

从风景审美的角度看，福州丘陵、低山环立的自然条件使其山水背景更具有层次性：

> "杭州湖上的山，高低远近，相差不多；由俗眼看来……终觉变化太少，奇趣毫无。而福州西湖近侧，要说低岗浅阜，有城内的屏山与乌石山，城外的大梦山祭酒岭。似断若连，似连则断。远处东望鼓山连峰，自莲花山一路东驰，直到海云生处……如硬纸写黄庭，恰到好处的样子"[53]。

参考文献：

[1]　（汉）刘向《说苑·卷二十·反质》.

[2]　[日]濑户口律子. 官话问答便语[A]. 琉球官话课本研究[C]. 香港：吴多泰中国语文研究中心，1994.

[3]　邱季端. 福建古代历史文化博览[M]. 福州：福建教育出版社，2007.

[4]　林蔚文. 福建省农业生产习俗[J]. 农业考古，2002，（03）：138-151.

[5]　（清）戴成芬《榕城岁时记·迎春》.

[6]　（明）王世懋《闽部疏·六》.

[7]　（清）戴成芬《榕城岁时记·打春》.

[8]　（宋）张世南《游宦纪闻·卷八》.

[9]　[美]卢公明 著，陈泽平 译. 中国人的社会生活[M]. 福州：福建人民出版社，2009.

[10]　萧放. 岁时——传统中国民众的时间生活[M]. 北京：中华书局，2002.

[11]　（明）谢肇淛《五杂俎·卷二·天部二》.

[12]　（清）戴成芬《榕城岁时记·上彩》.

[13]　（民国）郭白阳《竹间续话·卷三》.

[14]　（清乾隆）徐景熹《福州府志·卷之二十四·风俗·上元》.

[15]　（明）何远乔《闽书·卷之三十八·风俗志·岁时土俗》.

[16]　（宋）梁克家《淳熙三山志·卷四十·土俗类二·寒食·游山》.

[17]　（清乾隆）徐景熹《福州府志·卷之二十四·风俗·端阳》.

[18]　郑丽生，福州风土诗[M]. 福州：福建人民出版社，2012.

[19]　（民国）何振岱《西湖志·卷五·名胜·湖天竞渡》.

[20]　（清乾隆）徐景熹《福州府志·卷之二十四·风俗·中秋》.

[21]　（宋）梁克家《淳熙三山志·卷之

四十·土俗类二·重阳》.

[22] 方炳桂. 福州风情[M]. 厦门：鹭江出版社，1998.

[23] （清）戴成芬《榕城岁时记·纸鹞》.

[24] （清）施鸿保《闽杂记·卷十·开园》.

[25] （清）戴成芬《榕城岁时记·范公祠荔枝》.

[26] （明）董其昌《画禅室随笔·卷三·评诗》.

[27] 李泽厚. 美的历程[M]. 北京：文物出版社，1999.

[28] 宗白华. 美学与意境[M]. 南京：江苏文艺出版社，2008.

[29] 张廷银. 地方志中"八景"的文化意义及史料价值[J]. 文献，2003，（4）：36-47.

[30] （民国）郭白阳《竹间续话·卷四》.

[31] （民国）何振岱《西湖志·卷十·园亭·澄澜阁·郑光策 澄澜阁记》.

[32] 王树声. 中国城市人居环境历史图典 福建 台湾卷[M]. 北京：科学出版社，2015.

[33] （明）王应山《闽都记·卷之二十一·郡西侯官胜迹·螺女江》.

[34] （清乾隆）徐景熹《福州府志·卷之五·山川一》.

[35] （民国）何振岱《西湖志·卷五·名胜·仙桥柳色》.

[36] 毛华松，廖聪全. 城市八景的发展历程及其文化内核[J]. 风景园林，2015，（5）：118-122.

[37] （清）郑祖庚 纂，朱景星 修《闽县乡土志·地形略一（各区）·南台区·南台段者》.

[38] 台江区地方志编纂委员会，台江区

志[M]. 北京：方志出版社，1997.

[39] （清）郑祖庚 纂，朱景星 修《闽县乡土志·地形略一（各区）·南台区·万寿桥》.

[40] 福州市地名办公室编印. 福州市地名录[M]. 福州市地名办公室，1983.

[41] [日]久保得二《闽中游草·闽江杂咏》.

[42] （民国）蔡人奇《藤山志·卷之二·名胜古迹志·烟墩》.

[43] （清）戴成芬《榕城岁时记·藤山看梅》.

[44] （明）陈润 编纂，（清）白花洲渔 增修《螺江志·万历初志序》.

[45] （明）陈润 编纂，（清）白花洲渔 增修《螺江志·贞卷·艺文 陈姓不著名 螺江小序》.

[46] （明）陈润 编纂，（清）白花洲渔 增修《螺江志·贞卷·艺文·灵武王 偶孟敫 螺江八咏记 永乐庚辰》.

[47] 潘瑞英. 鼓山胜迹[M]. 福州：福建人民出版社，1982.

[48] 林麟. 福州胜景[M]. 福州：福建人民出版社，1980.

[49] （清）黄任《鼓山志·卷十四·奏折附·御赐经典宜敬谨防护况》.

[50] （清乾隆）徐景熹《福州府志·卷之三·疆域·形势附》.

[51] （明）解缙，姚广效 等《永乐大典·卷之二千二百六十三·西湖·福建西湖·元统一志 西湖》.

[52] （清）陆以湉《冷庐杂识·卷六·西湖》.

[53] 郁达夫. 福州的西湖[A]. 孤独者[C]. 北京：中国文史出版社，2016.

第十一章

福州山水风景体系的重要特征

第一节　风景范式与地方山水的结合

所谓"风景"，并不仅仅是由山、石、水、木等自然要素所构成的景象，尤其是在历史悠久的中国，只要详加考察，风景都是自然与文化共同作用的产物[1]。风景是人的创造。人们凭借自身的经验、价值取向改造环境，经由自己的文化观念发现、欣赏环境，使得自然环境愈加契合人们心目中兼具实用性与艺术性的理想空间。在漫长的古代社会，农耕文明的土地梳理经验，逐渐转化为古人空间营建的基本准则（图11-1）。

在强大的中央集权与儒、释、道相融的传统文化影响下，古人形成了一脉相承的价值取向与审美情趣：将文明演进中的心理图示，合理有益的土地梳理经验和富有象征意味的联想空间相调谐，形成了传统社会文化价值体系中得到普遍认可的风景范式。因此，中国古代山水风景绝不是文化精英在各自场地的自由发挥，而是历朝历代文人官吏对于风景范式的在地重构。各州县官员之间的频繁调动，也促进了地方经验的交流总结，不断拓展了风景范式的包容性。风景范式与地方山水的结合，是古代山水风景

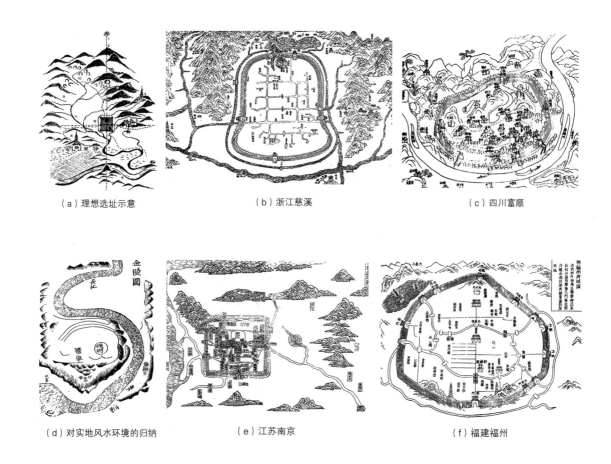

（a）理想选址示意　　　　　（b）浙江慈溪　　　　　（c）四川富顺

（d）对实地风水环境的归纳　　　（e）江苏南京　　　　　（f）福建福州

图11-1　中国古代的"山—水—城"
[图片来源：根据多重图纸与文献资料汇总绘制]

千姿百态，但也总是具有千丝万缕的相似性与共通性的根本原因（图11-2）。

　　福州山水风景体系的形成、发展，就是在特定自然环境中，综合利用山水条件，不断完善风景范式的具体表现。福州四周群山环绕，冈阜众多。闽江自西北流入盆地，往东南入海。福州地表径流丰富，流量、水位季节性变化明显。河海交汇的水文环境，使得福州自古具有因港兴城的特征，但水陆环境的变迁不断改变着城址和港市的空间关系。同时，福州地狭土瘠、江潮泛涌、降水不均等自然条件，并不利于农业生产。

　　为满足临水筑城与防洪排涝的双重需求，晋严高选取盆地内三山之中，立晋子城。并通过对山川辨位，确定了城市轴线的方向，以

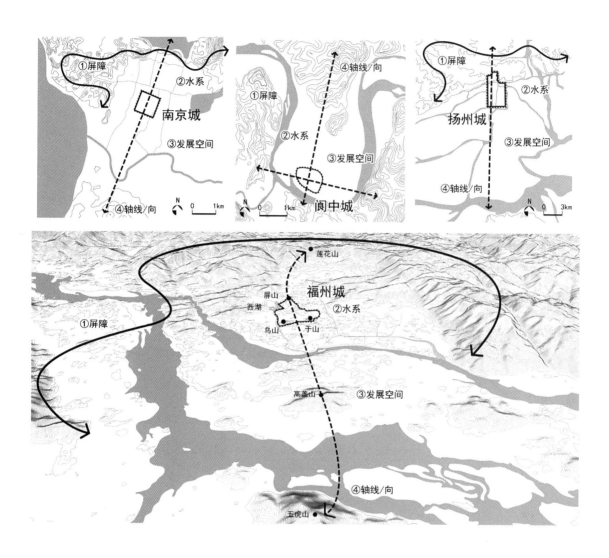

图11-2　风景范式与地方山水的结合
［图片来源：根据多重图纸与文献资料汇总绘制］

及城市南北对景的主要观赏界面。同时，严高依据海退后的地形凿治东西二湖、疏浚大航桥河，明确了以河湖水系调蓄、引导山洪的基本思路。后继者们顺应福州洲土南拓的趋势，进一步完善福州水利系统。虽然仅有福州西湖延续至今，但古人在历次陂塘疏浚过程中，以堆岛、筑堤、植柳、建闸、修渠、浚井等具有广泛适应性的水利整治措施，不断拓展西湖的生产实用功能，并以大量的诗词歌赋描绘西湖及西湖游赏活动，使得福州西湖名列天下三十六湖之一，具有了较高的生态、历史与美学的价值。

　　福州的风水模式也在水土整治的过程中逐渐定型。古人凭借山水环境的自然特征，筑城墙、修津梁、建高塔、塑寺观。这些人工建造活动在高效的山水科学、精熟的山水美学，以及相对统一的营建技术的影响下，与自然环境取得了合形辅势的景观效果，促进了人与山水的互动，深刻地影响了人们的日常生活与心理感受。

　　古人也十分注重将个人宅园融合于山水环境。从园林空间到城市布局，古代福州普遍通过借景的方式形成人工环境与自然环境的嵌合，以达到"轩楹高爽，窗户虚邻，纳千顷之汪洋，收四时之烂漫"的空间层次，从而丰富美的感受[2]。同时，古人将城市的发展与人的运势，与福州山水风景的特征相结合，不断强化"一池三山""莲花献瑞""旗鼓相当""沙合路通"等文化意象，以符合传统文化中对于理想生存环境的心理建构（图11-3）。

图11-3　福州"山—水—城"
［图片来源：作者自绘］

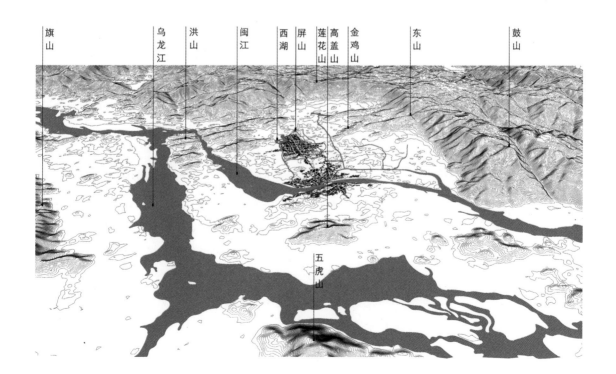

第二节　全局视野与多重尺度的推敲

自魏晋至明清，福州城垣面积扩大了约15倍。城市范围更是早就突破了城垣的限制。魏晋之前，福州以闽越文化为主体，城市建置有待考古进一步发现。自魏晋起，汉文化成为福州文化的主体，中原文化影响下的空间营建经验全面渗透到福州山水风景体系中。在代代叠加的景观上，福州山水风景体系始终呈现出鲜明的地域特征。主要原因有二：

一，以山水为基准的动态全局视野。随着疆域的扩大，历史上具有重要地位的"天有九野，地有九州"的分野之说已不能适应古人辨方正位的需求。山水成为古人塑造空间的最重要参照。秦汉时，古人已经能够在国土尺度上建立起山水秩序，并且以"风水局"为摹本辨识空间的边界。

福州晋子城以盆地外缘的低山为界，以三山为过峡，以东西二湖为蓄水陂塘，对城市与自然关系的考量，早已大大超过了当时实际建设需要，为之后一千多年的风景营建设立了合理的框架。虽然后世水文环境有变化，水利建设有得失，但城市与山水依然保持着良好的互动关系，以三山、二标（旗山、鼓山）、甘果方几（五虎山）、莲花献瑞（莲花山）为参照的空间坐标也不断强化。随着海上贸易的发展，古人又以礁石、岛屿为识别意象，赋予了双龟把口、五虎守门等寓意。空间营建始终都被纳入更大范围的山水关系中。山水，成为各个历史时期人们活动的背景。

二，以人体感知为参照的多重尺度推敲。尺度控制是古代空间营建的重点之一。古代风水学说中有"百尺为形，千尺为势"的说法。以"势"指代山川走势与环境的总体轮廓，以"形"指代穴场内外的具体环境形式[3]。合形辅势，是人工建筑布置的重要准则，涉及距离、体量、角度、方位等多方面的内容。

福州选址于三山之中，低山与丘陵形成了"大山环绕小山"的多层次视觉感受。以莲花山、五虎山朝对关系选定城市中轴，恰好将乌山、于山置于中轴两侧各30°水平视角范围内。在建筑体量的

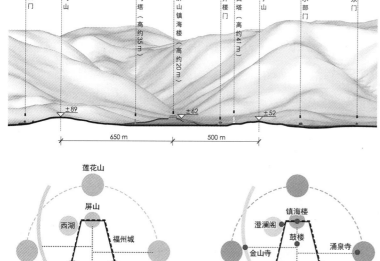

图11-4　三山尺度的推敲
［图片来源：作者自绘］

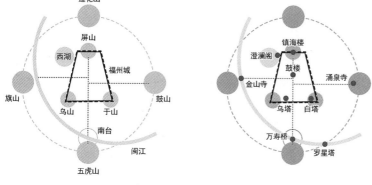

图11-5　福州山水与景观要素的关系
［图片来源：作者自绘］

平衡上，西南乌山海拔89 m，于山海拔52 m，屏山海拔62 m，"唯正北一隅势稍缺，故以楼补之"[4]，镇海楼的建设使屏山山势增高约20 m，弥补了北部山体相对低矮的视觉缺陷（图11-4）。

同时，福州自然环境中兼具山、丘、湖、江、海等要素，景致多样。古人通过对山水格局重点位置的经营，如城东鼓山建涌泉寺，城西塔江建金山寺，城南建万寿桥，三江口建罗星塔等，凸显了福州人工与自然相辅相成、互为表里的关系，使得福州山水风景体系具有了从视觉到知觉上的呼应、对位的关系，在自然景致中灌注了丰富的人文内涵（图11-5）。

第三节　山水风景与人文情感的共通

山水风景，呈现了古人在特定的时间与空间中的活动景象与情感体验。山水风景，是集体记忆、地方认同感，乃至价值与伦理的空间载体。

首先，山水风景记录了某个历史时期的人地关系。因地制宜的水利系统、合形辅势的景观要素与雅俗共赏的风水模式，既是古人实践、认知的成果，也是世俗生活与艺术表达的活动背景。从福州三山的利用来看，晋子城选址于临江的三山之中，其根本目标是满足防洪排涝、取水用水的需求。唐宋以来，三山是福州城防的重要依托，是福州的象征与代称。三山上各有标识性建筑点缀，逐渐成为百姓登高览胜、访古寻幽的胜地。无论是宋蔡襄诗词"终日行山不出城，城中山势与云平"，元绛诗词"可惜闽州风物好，一生魂梦绕三山"，还是地方谣谶"乌石山前，官职绵绵"[5]，均体现了山水与人物的深层联系。

其次，山水风景通过对日常场景的截取与切换，强化或重现了地域特征。比如北宋谢泌诗"湖田播种重收谷，道路逢人半是僧。城里三山千簇寺，夜间七塔万枝灯。"湛俞诗"茉莉晓迷琼径白，荔枝秋映绮筵红。"南宋吕祖谦诗"最忆市桥灯火静，巷南巷北读书声。"清王廷俊诗"渔庄一带绕江边，榕叶阴阴生晚烟。画出城南好风景，双桥人影夕阳前。"历代均有众多诗词以敏锐的视角采集、重组景观意象，再现了当时当地的景观风貌与百姓生活，往往能够引起跨时空的情感共鸣，从而加深了对风景的认同与依恋（表11-1，图11-6）。

同时，山水风景直接反映了古人"地以人重，景以人传"的价值取向。冶山欧冶池因附会吴越欧冶子铸剑典故而闻名。大庙山越王台、钓龙台作为闽越国古迹，亘古不变的山川、江流与山外的明月构成了古人吊古怀今的普遍意象。西湖是福州最重要的水利风景区。宋代创建、明代重建的澄澜阁不仅是赏景场所，更见证了与西湖浚治相关的人物、事迹。对西湖风景的描绘往往以"澄澜"题眼，寄托古人对于治水官员的追思，并以此表达个人的政治理想。同样，西湖水晶宫早

福州重要志书中景观要素频次统计   表11-1

出处	山	江	湖	河	桥	寺	塔	楼	榕	荔	柳
宋《淳熙三山志》	1257	593	111	101	271	609	123	115	18	40	22
明《闽都记》	2499	561	342	162	429	739	140	240	23	34	33
清《榕城考古略》	1160	275	168	192	518	356	134	240	66	31	12
总计	4916	1429	621	455	1218	1704	397	595	107	105	67

［资料来源：历代方志］

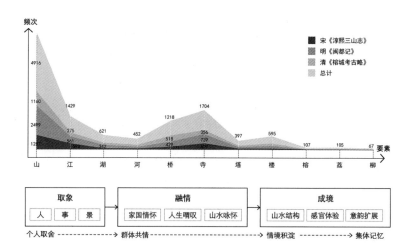

已湮灭不存，但历代诗词歌赋中不乏以想象中的水晶宫、复道，与实景的夜月、湖水互为映照的图景。"水晶初月"因其沉重的历史感，成为古人主动情景化、具象化乃至画面化的集体记忆。山水风景所具有的实用性、演绎性、可发展性，推动了从文人雅士到市井百姓对风景的参与感、归属感，成为古人主动维护风景的重要动力（图11-7）。

图11-6　福州重要志书中景观要素频次统计图
［图片来源：作者自绘］

图11-7　山水风景与人文情感的共通过程
［图片来源：作者自绘］

第四节　自然变迁与城市发展的耦合

自然变迁与城市发展的耦合，是福州山水风景体系能够在两千多年的历史进程中，基本在原址上不断发展完善的重要原因。

明清时期，随着商品经济的发展，闽江北岸设柔远驿，闽江南岸仓前山设泛船浦，以供外籍商船往来停泊。鸦片战争时期，由于福州在茶叶贸易中的特殊地位，英方在已开放广州、厦门、宁波、上海4处通商口岸的情况下，再三要求开放福州港，泛船浦成为福州对外通商的主要码头，仓前山附近开始兴建洋行、教堂、使馆、俱乐部、跑马场与西式墓园（图11-8）。

受制于闽江港道复杂的地形，外海船舶只能在马尾停靠。晚清，福建船政在马尾创办。福建船政作为最早的大型洋务军工企业之一，是19世纪70至80年代远东最大的新式造船厂。福建船政的创办，推动了福州乃至中国的近代化进程[6]（图11-9）。

（a）福建船政（马尾造船厂，1873–1874年）　　　　　（b）福建船政（马尾造船厂天后宫，1870年左右）

图11-8 19世纪的仓前山（1910-1911年）
［图片来源：福建省档案馆藏］

图11-9 福建船政（马尾造船厂）
［图片来源：（a）（英）汤姆逊著，徐家宁译. 中国与中国人影像：约翰·汤姆逊记录的晚清帝国；（b）雅昌拍卖网］

不同的空间发展阶段，对于自然环境的需求也是不同的。福州自然环境的变迁恰好与福州空间发展各阶段的主要需求相契合，这也促进了城市向南、向东不断发展。闽江北岸的福州城与跨江的南台地区始终较好地保持了中国传统城市的风貌。福州城以三山、两塔、西湖、鼓楼为主要景观意象，南台以大庙山、闽江、万寿桥为主要景观意象。福州南岸的仓前山地区、马尾地区则明显体现出中西糅合的景观风貌（图11-10）。

福州城与南台、仓前山区、马尾片区，这3个片区在位置上相互分离、隔江对望的空间布局，保证了各个片区景观风貌的完整和统一。值得注意的是，自然变迁与空间发展需求的耦合，实际上只是福州城市风貌变化过程中，最容易捕捉到的一个显性特征。社会文化、政治政策、经济发展等深层因素对城市风貌的影响依然不容忽视：福州城内宫巷曾建有天主教三山堂，因"中西礼仪之争"，教堂最终置

（a）万寿桥两岸的景观风貌

（b）福州仓前山全景

（c）福州市街全景

图11-10 同时期闽江两岸的景观风貌
［图片来源：奥地利国家图书馆］

换至泛船浦地区。乌山也曾一度成为西方传教据点，但在福州缙绅激烈抗议与百姓的暴力抗争下，教会最终搬出乌山。福州开埠后，英国领事多次试图在城内选址设馆，都因地方百姓反对而作罢。

参考文献：

[1] 张箭飞，林翠云. 风景与文学：概貌、路径及案例[J]. 云南师范大学学报（哲学社会科学版），2016，48（3）：135-140.

[2] 周维权. 中国古典园林史[M]. 北京：清华大学出版社，2008.

[3] 张杰. 中国古代空间文化溯源[M].

北京：清华大学出版社，2012.

[4] （清）林枫《榕城考古略·卷上·城橹第一》.

[5] （清）郭柏苍《乌石山志·卷之九·志余》.

[6] 张仲礼. 东南沿海城市与中国近代化[M]. 上海：上海人民出版社，1996.

下篇

福州山水风景体系的
保护与发展

城市是人类适应自然、改造自然的成果。人与自然的关系是城市建设必须面对的问题。古人对自然的认知，源于对天文地理的观测、农业生产实践以及对礼乐秩序、伦理情感的物我观照。在长期观察自然、梳理水土、择居建城的过程中，古人形成了以"天人合一"为总纲的生存智慧，并直接体现在顺应自然规律的山水科学，激发人文情感的山水美学与可居可游的山水空间三个层次。这种感性、深刻、富有象征性的天地人关系，与现代社会中人与自然的疏离甚至对立，形成了鲜明的对照。

第十二章

城乡发展中山水式微的普遍事实

第一节　山水科学——从天地人和到人工控制

　　山水科学是人们在改造水土环境的过程中，逐渐积累的科学思维与科学经验。

　　农耕文明是理解中国古代山水科学的重要背景。如何在农作物有限的生长时期内，应对旱、涝这两种性质相反的自然灾害，是古人治水的基本诉求[1]。先秦时期，以夏禹为代表，历经夏商周三朝的早期治水工程，促进了古人对自然规律的认识。一方面，古人结合疏、障这两种互济互补的治水方法，"随山浚川""陂障九泽"，以辩证的思维方式处理水患；另一方面，在"尽力乎沟洫"的过程中，古人逐渐将农田水利工程与土地测量、气象观察、国土开发与交通建设相结合，"左准绳，右规矩，载四时，以开九州，通九道，陂九泽，度九山"[2]，形成了以水利为基础的综合的土地整治方式，促进了社会政治经济体制的变革，深刻地影响了农耕文明的进程。随着疆域的扩大、人口的增长，农田水利建设所要适应的地形地貌愈加复杂。秦汉时期，水利建设的规模与速度空前发展。隋唐五代，排灌机具的推广，适应了丘陵与洼地的开发需求，推动了农业生产从人力向畜力的转变，保证了平原圩田、滨海涂田与山地梯田的开拓。尽管随着人对土地开发利用的强度越来越大，环境问题不断产生，但每一个问题在出现后都得到相应的解决。比如战国时运用人工施肥与轮作制解决土壤肥力下降的问题，宋代以梯田取代畲田，减缓水土流失。在顺应自然的基本科学认识下，古代生产实践充分肯定了人对自然的适应性开发，促成了天时、地利、人和共生共荣的生存智慧。天、地、人"三才"理论在农业实践中产生，又不断渗透到传统社会的各个领域，孕育了中国传统哲学和自然科学中注重辩证统一、重视整体性和广泛联系的思维方式（图12-1）。

从科学经验来看，首先，古人很早就以山水为依据，协调生产、生活的空间、时间，控制土地开发强度。在空间容量的适应上，先秦时，古人已经初步提出生产空间与城市规模的关系。"量地肥饶而立邑"[3]，"夫国大而田野浅者，其野不足以养其民。城域大而人民寡者，其民不足以守其城"[4]。古人将山林、草地、城邑、农田、水域视为

图12-1　传统土地梳理与天地人"三才"理论
［图片来源：作者自绘］

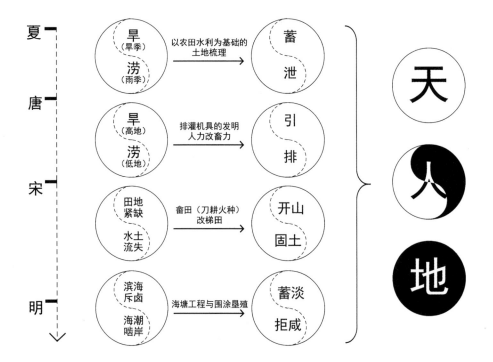

整体并统一规划:"为国任地者,山林居什一,薮泽居什一,溪谷流水居什一,都邑蹊道居什四,此先王之正律也"[5]。随着魏晋以来东南丘陵的开发,以及空间营建与风水学说的融合,逐渐演化出"建都山水必大聚,中聚为城市"[6]的相关论述。因此,古人既高度肯定了福州巧妙的山水格局,也能够准确认识福州地理环境的容量限制:"亦终不能作天子都。何者? 愈显则根愈浅,愈巧则局愈小"[7]。在时间与开发强度上,古人强调顺应万物生发的规律以及四时节气的变化,"不违农时,谷不可胜食也;数罟不入洿池,鱼鳖不可胜食也;斧斤以时入山林,材木不可胜用也"[8]。并在农时周期的基础上,构建了以岁时节日为代表的时间文化,用以调节生产、生活的节奏。

其次,传统的土地整治方式以水利浚治为基础,将农业生产、城市安全、水陆交通、军事防御、风景游赏、社会公平等需求相结合,以较少的人力取得综合的效益(表12-1)。清陈丹赤、郑开极等福州缙绅曾就福州西湖淤浅陈述"五害":

以农田水利为基础——低技高效的土地梳理方法(以福州西湖为例)　　　　表12-1

作用	相关记载	出处
农业生产	西湖之通塞,尤关农亩之丰荒。	《西湖志·卷一·水利一》
	自从水源障塞之后,稍遇干旱,则西北一带高田凡数万亩,皆无从得水	《西湖志·卷一·历代开浚始末》
城市安全	溯自前代,开浚西湖周围十数里,制置湖湫小浦,以防旱涝	《西湖志·卷二·水利二·康熙四十四年布政司高 详请浚复西湖文》
	西北诸山之水,素有钟而溢有泄,不徒利高仰之田也	《西湖志·卷二·水利二·潘思榘 重浚福州西湖碑记》
水陆交通	此省垣水利所由甲鱼诸郡,而舟楫利、灌溉饶者,皆河湖挹注贯输之力也	《西湖志·卷二·水利二·乾隆五十三年 总督福、巡抚徐重浚福州河湖告示》
军事防御	倚湖为天堑,实此城池重地	《西湖志·卷二·水利二·康熙六年六月绅衿陈丹赤等公呈》
风景游赏	以文运言,西崌之地,翰墨属焉,波澜成章,不可涸也	《西湖志·卷一·历代开浚始末·孙昌裔 上中丞浚西湖启》
	旧立水晶宫、澄澜阁,盖以湖光掩映……是以人文鼎盛,素称滨海邹鲁	《西湖志·卷二·水利二·康熙六年六月绅衿陈丹赤等公呈》
社会公平	网罟鱼虾,以资穷困……究竟数百年以来之公产,终不得专一家之私利	《西湖志·卷二·水利二·康熙六年七月福州府李亲临踏勘看语》
调节小气候	制南方燥烈之气	《西湖志·卷二·水利二·康熙六年七月福州道亲临踏勘看语》

[资料来源: 根据资料绘制:(民国)何振岱《西湖志》]

"左河右湖，旋绕萦卫，近为侵占，水源壅滞……其害
一……桔槔绝望，赋税安出，民苦旱魃之灾，官守考成之累，
其害二……西北平坦，倚湖为天堑……半填实地，半筑地塍，
外攻有恃，内患堪虞，其害三……旧立水晶官、澄澜阁，盖以
湖光掩映……是以人文鼎盛，素称滨海邹鲁。近为侵占，庠序
之凋残日甚，斯文之困厄难堪，其害四；湖中鱼虾之利，向与
贫民朝夕取给……今为侵占，则公物徒饱私囊，众哭而恣独
肥……其害五"[9]。

　　水利疏浚的方法也体现了古人对万事万物的辩证认识：在城墙
以土为主要材料的时期，取土筑城是古人再利用湖泥的主要措施。
随着砖墙、石墙的普及，水利浚治的淤泥多用于筑堤堆岛，水利工
程于是逐渐具备了风景游赏的潜力。

　　同时，山水科学中还沉淀了大量择居选址的经验教训。古代山
水科学要求空间营建必须满足科学性与艺术性的双重需求，也初步
具备了量化概念。古人通过相土尝水完成对日照、通风、用水、土
质的综合评判；通过辨方正位构建以"主山—基址—案山—朝山"[10]
为基本序列的山水轴线，以强化空间的节奏变化与围合感；通过八
卦、吉凶、阴阳的糅合，保证视域、视角的控制；通过归纳水、田
面积的基本比例，保证农业生产的顺利进行，如"高水所会归之处，
量其所用而凿为陂塘，约十亩田即损二三亩以潴蓄水"[11]。

　　当然，古代的山水科学毕竟是一种原始科学。它以对自然和社
会的直观认识为主，更多的是一种朴素的辩证认识与经验性总结，其
价值主要还是体现在指导实践。随着古代人地矛盾的加剧，山水科学
在技术水平上的局限性也更加明显。就全国普遍情况而言，南宋以后
的朝廷始终无力解决治水与治田的矛盾。明清技术发展的停滞与极大
的人口压力，普遍加重了水土流失等环境问题（表12-2、图12-2）。

　　从明清至民国时期，福州社会发展的一大难题便是严重的水
患。明万历三十七年（1609年），建溪暴涨，波及福州等20余县市，
淹死百姓十余万[12]：

宋元明清全国水、旱、饥荒统计表　　　　　　　表12-2

朝代	时间跨度	时长（年）	水灾（次）	旱灾（次）	水旱频率	饥荒（次）	饥荒频率
宋	960-1279年	319	232	198	1.35	153	0.48
元	1271-1368年	97	116	107	2.30	89	0.92
明	1368-1644年	276	278	274	2.00	143	0.52
清	1616-1911年	295	416	333	2.54	76	0.26

［资料来源：桂慕文. 中国古代自然灾害史概说[J]. 农业考古，1997，（3）：230-242］

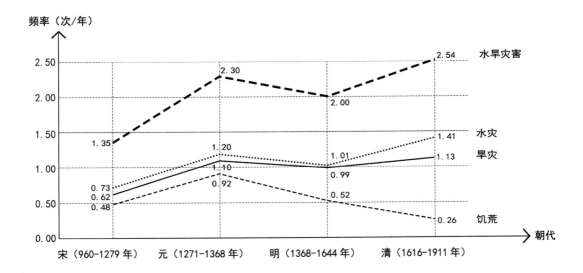

"大水骤至，城中涨溢。水从南门出，高二丈许，门圈仅
露一抹，如蛾眉然……方水至时，西南门外白浪滔天，建溪浮
尸，蔽江而下，亦有连楼屋数间泛泛水面……其得人救援，免
于鱼鳖，千万中无一二耳"[13]。

图12-2　宋元明清全国水、旱、饥荒统计图
［图片来源：作者自绘］

随着明清生态环境的恶化，福州水灾日益频繁、灾情愈加严重：

"光绪元年（1875年），省城自五月十六日后，复大雨倾
盆，昼夜不息。至十九日夜，雨始稍停。上有溪流崩腾下注，

又值海潮顶涌，水势骤涨，城外西、南、东三路，深至七八尺
及丈余不等，城内西、南、东三路，水深六七尺至八九尺。即
最高之北门，亦有积水一二尺，水深之处弥漫无涯……被难居
民，或攀树登墙，或爬蹲屋上，号呼之声不绝于耳"[14]。

民国37年（1948年）6月，福州遭暴雨。福州台江区、仓山区、
鼓楼区部分地段水深达3~4 m，地势最低处水深达6.6 m。至22日福
州洪水退尽，历时6天，受灾26余万人[12]。福州城内三坊七巷尽成汪
洋，百姓聚于屋顶，忍冻受饥，地方缙绅出资雇船往来施粥。文人
戏称："文章不充饥，先生饿，学生饿，你该喊船。衙门光扒钱，大
官贪，小官贪，他不修堤"[15]（图12-3）。

近代以来，人们面临着从思想到行为各个方面的剧变。社会
环境的变化与技术的进步，影响了城市交通、用水、防洪设施的
建设，直接表现为城墙的拆除、城濠的填埋、城乡关系的异化与
城区的迅速扩张。1914-1915年，福州拆除水部门和南门的城墙，
开始修建新式马路——福新街。福新街全长6 km，路宽9 m，道
路两侧建有人行道和排水暗沟[16]。同时，福州开始设立公交路线。
至1930年，福州城墙已拆去3/4，道路普遍得以拓宽。最多时由
3.0~3.6 m扩宽至12.2~15.2 m[17]。

"近新路的房子很快升值，老房子让路给现代的建筑。福
州人开始推翻具有千年历史的古城墙——传统中国城市和省会
的最基本象征，以迎接美国汽车的到来"[18]。

1952年，福州市防洪堤和闽江下游防洪堤竣工，堤坝全长
112.6 km。同年，因鼓楼在战争中严重损毁，且修复资金筹措困难，
为便利交通，延续了一千多年的鼓楼就此拆毁。1956年，福州自来
水厂第一期工程竣工，向全市主要街道送水[19]。技术的进步极大地
提高了人们的生活水平。

但同时，以水利为基础，兼具防洪、济运、城市用水的传统

（a）雨季的福州(1920–1930年)　　　　　　　　　　（b）民国时期福州台江区的积水

五虎山

（a）康熙御赐乌山"海阔天空"一景现状照片　　　　　（b）自于山南望五虎山现状照片

土地梳理方式，逐渐被肢解为交通、用水、防洪相互独立的处理方法。排水管道、自来水厂、新式马路的出现，分散了人们对河道的关注，城市原有的河道和水环境迅速退化。山形水势不再是城市的骨架，反而变成了城市发展需要铲凿和填平的不利条件。随着经济的迅速发展与城市规模的急剧扩张，高强度人工影响的景观不断增加。人工控制的技术手段、实施方式愈加趋同[20]。城市个性逐渐丧失的同时，城市与周围的环境呈现出前所未有的对峙关系（图12-4）。

图12-3　近代福州洪涝灾害老照片
［图片来源：（a）新浪博客（b）人民网］

图12-4　城市与山水的对峙
［图片来源：作者自摄］

第二节　山水美学——从雅俗共赏到传统失落

山水是古人寄情、言志的对象。出于对自然的敬畏与崇尚，人们神化、人格化自然，并通过观察、感悟、联想等探索自然的规律，逐渐建立起对山水的审美意识。传统的山水审美可以大致分为三个层次："见山是山，见水是水""见山不是山，见水不是水"与"见山还是山，见水还是水"。

"见山是山，见水是水"是将山、水作为独立的自然要素，注重人对环境的感官体验。直白地说，就是山水格局的第一层次——山形水势。

"见山不是山，见水不是水"是指人对环境的认知，已经从纯粹的视觉感受，上升到观念的联结、联想，直接表现为人们对自然要素的象征化处理，以及人文情感在山水中的灌注。山水格局的第四层次——风水模式，充分体现了象征手法的妙用。风水师将祸福吉凶与福州的山形水势相联系，在有限的科学技术水平下，强化了人们对于空间的认知，并促进百姓主动地维育山水。艺术表达的三个层次——时令风俗、诗画八景与跨时空对比，则重点体现了人文情感与山水的交融。市井百姓在山水的四时变化中，通过时令风俗重构了时间与空间的联系。文人雅士则通过诗画八景与跨时空对比，扩展了山水风景的意境，获得绵绵无尽的时空体验。这些生活场景与思辨过程逐渐形成了凝结于山水之中，雅俗共赏的集体情感与集体记忆。山水风景由此也就具有了上下千年的人文可读性。

"见山还是山，见水还是水，"则是从"有我之境"进入"无我之境"，指明了山水不仅仅是古人审美与寄情的对象，山水有其本来面貌，有其存在的生命意义和内在价值。

可以说，中国的山水风景，远不止是视觉捕捉到的事物[21]。只有在更广阔的社会、经济、历史背景下，才能尽可能全面地理解山水风景的形成、发展、演变，以及传统山水风景的综合价值与现实意义。在中国社会近现代转型过程中，传统文化与固有的社会结构受到了剧烈的冲击，在一定程度上已经形成了文化的断层。随着生

（a）自西湖北望莲花山与屏山（1890年左右）

（b）自西湖北望（2017年）

活节奏的加快，效率至上的观念不可避免地影响了人地关系：山水成为需要开发的对象，山水审美几乎等同于浮泛的观光和昂贵的消费。公历的普及，又使传统岁时节日的时间文化与现代人的生活节奏相脱离，传统成为过去与怀旧的代名词。审美意识的改变，加速了传统山水结构的破坏。山水中承载的历史与文化价值，因失去依托而更加难以被理解、被感知（图12-5）。

图12-5　山水结构的分离，弱化了人们对西湖历史文化价值的感知
［图片来源：（a）高士威的相册，布里斯托尔大学藏，转引自福州老建筑百科（b）作者自摄］

第三节　山水空间——从居山水间到看山望海

在山水科学、美学的影响下，山水空间成为古人物质与精神的双重家园。古人始终以居山水间为理想和目标。

首先，传统人居的基础是水利系统。水利系统在改善当地水土环境的同时，也影响了包括商肆、码头、作坊、民居、园林等人居环境各要素的布局[22]。山形水势、水利系统、人工建筑，三者相辅相成，相融相生，形成了空间上的良性互动；其次，城市的景观层次、空间秩序，以及平面形态均来自山形水势。山水与城市形成了独一无二的图底关系：以山峦为城市的背景与衬托，增加了城市空间的景深与围合感；以水流为城市的前景，形成平远、虚空、倒影婆娑的景观界面，丰富了空间的层次。以主山、案山、朝山作为城门、道路、楼阁的对景，在明确了视点、视域的同时，赋予了空间礼制上的象征意义。人们不仅自觉地补缺山水，在个人宅园的建设中也普遍采用顺势、借景、引水的方式与山水环境取得联系。人工经营源自山水环境，人工经营又进一步完善了山水环境。

现代化、城镇化为人们塑造了安全、便利、清洁的生活环境。但随着生活水平的提高，人们也开始修正以往对于现代化、城镇化的片面认识。在近年来的城乡规划中，保护和利用原有的景观资源，突出城市的山水特征已经成为共识，视线控制是其中的重要内容之一。但是，视线控制在实际建设中很难完全落实。对于建成环境，如何重新透景、透绿，需要更大的努力（图12-6）。

　　　　"七十年代中叶，我们迁入时，从阳台上和朝南的窗口，均可远眺福州著名的五虎山以及位于城区的乌石山、于山。可以看见白塔和乌塔。望见于山树丛间的九仙观等等。若干年来，视线所及的远处近处，筑起一些高层建筑，乃渐渐地把那些远山以及塔、道观等的景色遮住了……只觉目力所及，很是局促，显得视界不开阔，心中有时感到莫名的惆怅"[23]。

从人的生存体验来说，看山望海仍然与传统居山水间的生活理想有一定差距。但是，看山望海毕竟是保护、恢复传统山水空间，重建城市与自然的关系，重归山水间的一个重要过程、一个理念上的巨大进步。

(1900年)

(2017年)

图12-6　会城双塔周边环境的古今对比
［图片来源:（a）维基百科（b）作者自摄］

参考文献：

[1]　汪家伦，张芳．中国农田水利史[M]．北京：农业出版社，1990.

[2]　（汉）司马迁《史记·夏本纪》．

[3]　（战国）佚名《尉缭子·兵谈》．

[4]　（春秋）管仲等《管子·八观》．

[5]　（战国）商鞅《商君书·算地》．

[6]　（明）徐继善《人子须知·重刊人子须知资孝地理心学统宗卷六下之二·总论阳基》．

[7]　（明）王世懋《闽部疏·一》．

[8]　（宋）朱熹《孟子集注·卷一·梁惠王章句上》．

[9]　（民国）何振岱《西湖志·卷二·水利二·康熙六年六月缙绅陈丹赤等公呈》．

[10]　于希贤．人居环境与风水[M]．北京：中央编译出版社，2010.

[11]　（宋）陈敷·《农书·卷上·地势之宜第二》．

[12]　王振忠．近600年来自然灾害与福州社会[M]．福州：福建人民出版社，1996.

[13]　（明）谢肇淛《五杂俎·卷四·地部二》．

[14]　沈云龙主编《近代中国史料业刊续编第七十七辑·丁中丞（日昌）政书·卷第七·抚闽奏稿一·闽省水灾办理拯恤情形疏》．

[15]　姚鼎生．话说三坊七巷[A]．福州市地方志编纂委员会编．三坊七巷志[C]．福州：海潮摄影艺术出版社，2009.

[16]　吴巍．福州近代城市规划历史研究（1844—1949）[D]．武汉：武汉理工大学，2008.

[17]　Lacey，Walter N. Road Improvements at Foochow，China[J].Journal of Geography，19（1920：Jan/Dec）．p346. 转引自 林星．近代福建城市发展研究（1843-1949年）——以福州、厦门为中心[D]．厦门：厦门大学，2004.

[18]　Cartier，Carolynlee：Mercantile cities on the South China Coast：Ningbo，Fuzhou，and Xiamen，1840-1930 [A] .pp158-159 转引自 林星．近代福建城市发展研究（1843-1949年）——以福州、厦门为中心[D]．厦门：厦门大学，2004.

[19]　福州市地方志编纂委员会编．福州市志（第一册）[M]．北京：方志出版社，1998.

[20]　王向荣．自然与文化视野下的中国国土景观多样性[J]．中国园林，2016，（9）：33-42.

[21]　[澳]肯·泰勒，韩锋，田丰．文化景观与亚洲价值：寻求从国际经验到亚洲框架的转变[J]．中国园林，2007，（11）：4-9.

[22]　胡俊．中国城市：模式与演进[M]．北京：中国建筑工业出版社，1995.

[23]　郭风．福州的三坊七巷[A]．福州市地方志编纂委员会编．三坊七巷志[C]．福州：海潮摄影艺术出版社，2009.

第十三章

传统经验的当代价值与现实意义

在悠久的农耕文明发展进程中，古人积累了丰富的水土治理经验，建立起了对人地关系的独特认识，很早就拥有了一些卓有价值的科学发现。但中国固有文化中过于强调人文、不重视数理支撑等特征，限制了古代科学的进一步发展。自近代西学东渐以来，源自西方的现代科学体系极大冲击了中国传统的知识架构[1]，以致在中国这样一个拥有深厚历史蕴藏、无数优秀典籍，大量发展机会与现实问题并存的地方，很多领域仍然在亦步亦趋地做"西方追踪"。这不仅是一种文化上的遗憾，更有削足适履之感[2]。

实际上，随着社会实践的深入，人们已经逐渐认识到现代科学在思维方式与技术手段上的局限性。现代科学逻辑清晰，但其孤立绝对的思维方式，并不完全适用于解决综合、复杂的现实问题。其技术手段高度依赖人工控制，一定程度上激化了人与自然的对立与冲突。而人与自然的关系，是任何时期空间营建都无法回避的问题。在这种情况下，中国博大精深的传统文化、千百年来逐渐积累的土地梳理经验，为寻求本土化的空间发展路径、充分认识人地关系提供了可能。

就福州山水风景体系的发展而言，传统经验的价值突出地表现在至少两个方面：

一，认识、改造自然过程中的经验积累和规律总结。历史记录了自然变迁与前人实践的成败得失，对人们认识和改造自然有其不可替代的作用[3]。

首先，福州城市由北向南的发展趋势，与福州盆地内洲土淤积的趋势相吻合。城市发展与自然变迁的相调谐，是福州山水风景体系不断发展、完善的物质基础。

其次，古人将农田水利设施视作城市发展的基础。在保证农业生产的同时，最大程度地改善了地域生态安全。在明清新港开塞的议论中，古人已经认识到将河道截弯取直既不利防洪，也有害于生态效益。只是在重定性而忽视定量的传统科学体系下，面对诸如新港开塞这样兼具利弊的公共工程，古人缺少足够的技术手段进行综合比较与处理。

再者，古人移情于自然，往往自觉地补救山形水系。对福州而言，既应"知吾三山之奇，又知吾三山之苦"[4]。清萧震《道山议》写道：

"议建鼓楼为全城屏障……其当渐次补救者，道山其一也。道山在城之西，于山在城之东，屹然对峙，为左右顶，旧各设浮图以镇之……当闽之盛，山林相望，钟鼓相闻……其后……全城风景日益萧索……夫山不可凿也。凿山以建屋，屋建而凿者尚隐。及屋拆而凿者益见，更大不利……至于芝山寺、鼓楼之当重建，西湖之当清浚，城河之当疏通，龙腰之当修补……视其难易缓急，为之次第经营"[4]。

这种与山水物我合一，自发地珍视山水环境的态度与作为，对今天的城市建设具有普遍的参考意义。

二，人文精神与物质空间的关系。当今人居环境发展中的"趋同"和"个性丧失"等问题，已经是广受关注的社会现象。提升城市内涵的关键，在于让人们重新感受到"环境是充满意义的"。方向感与认同感，是山水风景体系塑造环境意义的重要途径。福州山水风景体系在强化方向感与认同感方面，有三个突出的营建思路，值得当代人借鉴与反思。

首先，明晰并完善山水结构，通过反复强化山水空间的结构、边界，加强人们对方位感的体验。古人对于空间方位的感受，主要以山水秩序和景观要素为依托。古人在选取福州主山、案山、朝山时，综合考虑了方位、形态与体量三个方面的特征，最终确立北向以莲花山为主山，南面以五虎山（方山）为朝山，以高盖山为案山的城市南北景观轴线。并借由风水学说，赋予了南北两山以"莲花献瑞，甘果方几"的情感寄托，东、西两山以"左旗右鼓"的文化内涵，将山体的自然形态与日常事物紧密联系，促进了人们对山体的辨识，形成了最为直观、持久的方位感受。

在树立了以具有辨识度的山体为基础的方位认知之后，古人通过对关键位置的人文经营，进一步凸显山形水势的结构。如在屏山建镇海楼，乌山、于山建双塔，闽江分流、合流的位置分别建金山寺与罗星塔。而在不适宜人工营建或营建难度较高的地段，古人依然通过俗语尝试强化这些地段在水结构中的标识性意义，比如双龟把口、五虎守门（五虎礁）。从而不断完善福州盆地山水围合的空间感受，使城市所在山水结构日益形象化、特殊化、具体化，奠定了人们对于所在环境的直观体验与基本认知。城市空间以山水秩序为基础，道路与城门、城内建筑形成明确的对位关系，也有助于强化人们的方向感（图13-1）。

其次，挖掘并补充山水空间中的生活情境。古人在山水空间中构建了适时适地的生产、生活方式，使人与山水形成独一无二的依存关系，从而提升人们对生活环境的归属感与依恋感。比如，福州的茉莉花与茶文化生态系统，是古人在多山、少田、临江的自然条件限制下，创造性地应用"山—城—江"空间格局发展地方农业的成果。然而，随着城市化进程加速，土地肌理的单一化导致了人地关系的单一化，以及城市家园感的丧失："现在，在城市的近郊再也找不到当年那一望无际的花田了……我几乎再也没有看到过那些运送茉莉花的农田车了……在我将那些一元钱三串得来的茉莉花挂在车里的时候……才会让人想起，我们这个城市的市花是茉莉"[5]（图13-2）。

同时，通过丰富的联想、象征，深化福州山水风景的文化内涵与历史文化可读性。山水风景包含了人们在感官上认识自然、在空间上改造自然、在思维上重构自然，并借由艺术化的生活方式，重新表述自然的完整过程。艺术表达对于山水风景的塑造具有重要作用。诗画八景中所承载的家国情怀、人生喟叹与哲学思考，时令风俗中所蕴含的集体记忆，以自然与文化为线索的跨时空对比，将古人经由视觉、听觉、触觉所感受到的有限的立体空间，通过取象、融情，升华为通情达理的无限意境，使在相近文化体系下的人们能够获得跨时空的情感共鸣，促进了人们对于风景的理解与认知，强化了人对风景的认同感、归属感。同时，古人在风景辨识中普遍采用的拟人化、象征化手法，适应了中国传统的形象思维。此外，将物质空间与人的吉凶祸福相联系，促进人们对山水空间的主动维护。

图13-1　凭借山形水势强化方位感
［图片来源：作者自绘］

图13-2　福州现存的茉莉花湿地之一
（帝封江茉莉花湿地）照片
［图片来源：作者自摄］

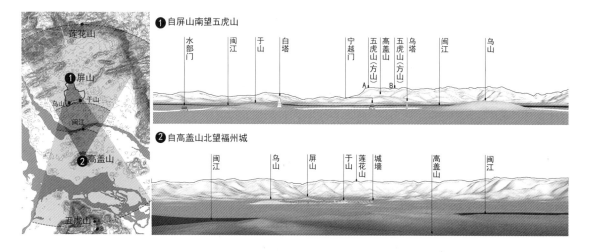

参考文献：

[1]　[英]李约瑟 著，张卜天 译. 文明的滴定：东西方的科学与社会[M]. 北京：商务印书馆，2016.

[2]　张伟然. 中古文学的地理意象[M]. 北京：中华书局，2014.

[3]　周魁一. 中国科学技术史 水利卷[M]. 北京：科学出版社，2002.

[4]　（清）郭柏苍《乌石山志·卷一·名胜·乌石山》.

[5]　夏蒙. 夏日的茉莉[A]. 作家笔下的海峡二十七城丛书编委会. 作家笔下的福州[C]. 福州：海峡文艺出版社，2010.

第十四章

福州山水风景体系的保护发展途径

山水风景体系是古人文化实践的成果，是古人在具体自然环境中生产、生活，并借山水自我观照，实现自身价值的重要依托。合理维护和发展古代的山水风景，对改善人居环境、优化城市风貌、重塑城市人文内涵有着重要意义。为维护福州山水风景体系，本研究建议从以下三个方面着手。

第一节　情景相生——注重历史真实性，维护人地关系

中华民族注重历史。但是，中国人对风景的历史真实性并不总是严肃认真的，"往往是象征意义大于历史真实性，浪漫主义重于理性主义"[1]。风景具有物质与精神的双重属性，但唯有在尊重历史，保护客观存在的基础上，才能真实地反映沉淀于风景中的经验与记忆。珍视历史印记、维护人地关系、延续传统习俗是山水风景发展的基础。

首先，应当尽可能维护古人千百年苦心经营而延续至今的山水结构，尽可能在连贯的游线中完善山水眺望体系，进一步挖掘地名等社会惯例中的历史文化价值，使山水风景成为全社会共享的自然与文

化资源。就福州山水结构而言，若能在目前的空间发展中，维护以三山、西湖为基点的山水眺望体系，福州山水风景特征将更为鲜明，山水结构将更为突出。然而，自近现代以来，福州西湖"盆景化"严重。自屏山看西湖，环湖高楼大厦林立；自湖东向北望，莲花山几乎为建筑遮挡。自湖东向西望、自湖中向北望，尺度过于高大的建筑物衬托得西湖局促不堪（图14-1）。

图14-1　福州西湖现状照片
［图片来源：作者自摄］

（a）自屏山看西湖

（b）自湖东向北看

（c）自湖东向西看

（d）自湖中向北看

其次，保护空间、时间与活动场景的依存关系。人地关系是山水风景的核心价值。福州盆地是一个面积有限、土地贫瘠、水文条件相对恶劣的地理单元。古人在两千余年自然与社会的变迁发展中，兴建了水网相连、潮汐互通的水利系统，形成了农商并重的经济特征，并以时令风俗和诗画八景为主要依托发展了生活的艺术。每一寸土地，每一处风景，都浸润了古人的心血、智慧、记忆与情感。在山水风景体系中，风景的美丑并不以视觉愉悦感为衡量标准。自然与人工环境相融相生的状态、不可替代的本土文化才是风景愉悦感、归属感、认同感的根源。在以保护为先、审慎开发的观念下，应尽可能保护福州山水格局、水网脉络、历史建筑与人文环境，维护当地人与土地的互动关系。既要去除封建习俗中虚妄、迷信的部分，又要为传统生产与民俗活动提供一定的经济保障、政策支持。确保与人们生活密切相关的山水风景，能够继续承载百姓的社会生活与珍贵的乡土记忆。

同时，注重景观真实性，节制而审慎地干预传统风景。在近年来的城市建设中，人们日益重视风景中历史文化的表达，但往往存在着过于雕饰、堆砌文化符号的情况。其实，每个人作为审美的主体，对于风景的感觉与体验具有微妙的差异。这恰恰是发掘传统山水风景新的价值，促进传统山水风景与现代人产生情感共鸣的重要途径。因此，真实、完整地呵护山水风景体系，在接近山水的过程中避免对山水的亵渎，克制的艺术表达与点到为止的文化符号，远比露骨地誊写古人诗词，翻刻场景雕塑更有现实意义。山水风景作为重要的景观资源，其中蕴含着的历史、文化信息并不亚于文化遗产。维护景观真实性，停止以开发保护为名义的建设性破坏，应当是风景保护的要务。不同历史时期、不同社会背景中的人对于风景的价值认知与诠释是不同的。将传统山水风景尽可能真实、完整地留给后人，是山水风景体系保护的基本原则。

第二节 价值重塑——转译历史经验，回应当代需求

历史上每向前一步的进展，往往是伴着向后一步的探本穷源[2]。

风景蕴含着人们的行为方式与历史积淀，代表了文化的进程。现代科技与新的社会需求，全面冲击着传统山水风景体系。水利的破碎化，割裂了山水风景的系统性。生产方式、交通方式的改变，以及传统仪式的消失，减少了人们与山水风景的互动。在现代生活中重塑历史的价值，是山水风景体系发展的关键。

首先，应尽可能地发掘历史形态的综合价值，尤其应当注重水利功能的现代转换。"古人体国经野，必先水利"[3]。水利是山水风景的形态基础。如今，古代水利系统的灌溉、济运、供水的功能逐渐被其他现代工程所取代，而其生态与社会功能却长期被人们所忽略。历史上，福州水网密布，渠浦缭绕，水流蓄泄有致。但近二三十年来，福州城市建设用地大量增加，生态、农业用地大量减少，水系结构趋于简单化，非主干河道迅速萎缩，城市洪涝灾害日趋严峻，城市热环境也在不断恶化。同时，由于水流流动性不佳，福州河湖水网普遍存在着水质较差、异味明显等问题，并不利于人们亲近。就水利系统的生态功能而言，建议适当恢复、重构历史上的福州水系，比如在古东湖地区建设具有一定蓄水量的下凹绿地或水体，以缓解城市管网的排水压力。尽可能保留闽江两岸仅存的湿地、滩涂，以缓解闽江汛期的行洪压力。就水利系统的社会功能而言，在改善水质的前提下，充分利用现有河道两岸空间，构建可达性高、系统性强的蓝绿空间。梳理河湖水网与乌山、于山、屏山、三坊七巷、上下杭等重要景观节点之间的关系，构建具有历史可读性的科普教育系统。将城市与自然、历史与当下更好地融合起来，提升城市的品质。

其次，应尽可能改善滨水空间品质，重点关注闽江两岸景观空间的可达性、滨江立面的节奏感。就现状而言，福州闽江两岸开发强度较高，但闽江北岸天际线松散，节奏感不强（图14-2）。滨江构筑物尺度巨大，缺乏亲切宜人的小空间。江心中洲岛历史悠久，是闽江上的视觉焦点，但由于跨岛连接闽江南北岸的解放大桥老旧，上下中洲岛交通不便，业态萧条。闽江南岸为近代外国人居留区——仓前山区域，但可眺望江景的地段又多为学校、军区所有，外人禁止入内。应依托闽江北岸中央商务中心建设，在符合限高要求的前提下，合理优化天际线，促进闽江两岸景观风貌的差异化发展。尽可能改善跨江交通，通过引入滨江观光项目，提升中洲岛人气。对于闽江江中其他岛屿的景观改造，不应过分城市化、人工化。对于仓前山片区，可以尝试通过分时段、预约制等方法，适当开放重要观景点，或通过智慧导览、科普标识等方式满足游览需求。

同时，应尽可能续接传统文化与现代生活，这既有利于加强人们对于生活环境的认同感、归属感，也将促进山水风景体系的更新，使其具有新的价值与意义。

随着城市中农业生产活动的淡化，一些传统仪式濒临消逝。但城市生活中的新现象、新趋势，提供了将人们重新聚集起来的可能性，促进了新的活跃空间的形成。社会活动日益成为激活城市风景的主要力量。2016年，经公众投票、专家评议，福州确立了新的"榕城十八景"，分别是：一楼镇海（镇海楼）、金山浮寺（金山寺）、古堞斜阳（西湖）、拉风山路（鼓宦公路）、唉荔西禅（怡山西禅寺）、双塔联辉（乌塔、白塔）、舟渡台江（中洲岛两岸）、水榭戏台

图14-2　福州闽江两岸现状照片
[图片来源：作者自摄]

（a）自南岸烟台山眺望闽江北岸

（b）自北岸江滨公园眺望闽江南岸烟台山

（三坊七巷内）、金鸡献瑞（金鸡山福道）、御风奥体（海峡奥体中心）、涌泉古刹（涌泉寺）、石鼓摩崖（鼓山）、塔举罗星（罗星塔）、烟山旧筑（烟台山洋房建筑群）、双杭商埠（上下杭）、林浦行宫（泰山宫）、刘宅深蕴（三坊七巷最大单体古民居）、螺渚书声（陈宝琛故居）。其中，镇海楼于2006-2009年重建；三坊七巷于2009年完成初步改造；鼓宦公路于2012年完成改造；海峡奥体中心于2015年建成；福州福道至今仍在不断完善中。2016年，因福道建设，金鸡山公园从名不见经传的区级公园跻身全市最佳人气公园第四名[4]。新定"榕城十八景"中，既有重建的传统风景点，也有新建的公共场所，显示了有品质的景观设计对山水风景发展的推动作用。山水风景体系的发展，应当以维护历史文脉、地域特征为基本准则，以增华山水、裨益百姓生活为主要目标。只有这样才能促进人们的认同、认可，推动人们对山水的自觉维护。

第三节　传承发展——珍视地域特征，更新山水格局

近年来，福州盆地有限的土地面积与激升的建筑容量之间的矛盾愈演愈烈。不仅是福州，中国各个城市的旧城，往往都是商业最为繁荣、人口为最密集的地方。出于地价级差效应，不少旧城的居住功能被转化为商贸、办公、娱乐功能，这在一定程度上改善了旧城的环境，却又大大增加了旧城的建筑容量、加重了基础设施的负担，不可避免地影响了旧城的风貌。现代科技与城市规划理念的发展，可以改善人们的生存环境。但传统空间中无尽的历史可读性与丰富的人文内涵，却是城市发展中不可再生的宝贵资源。对于历史名城，新区建设是兼顾旧城保护与城区扩容的恰当的发展途径。

本研究从福州山水风景体系的发展出发，对福州新区建设提出以下建议：

一，福州新区选址于城区东部滨海区域，海、岛、礁、滩等景观要素具有鲜明的地域特征，这与福州旧城以山、江、洲岛、榕树为主要意象形成鲜明对比。可以依托新区建设，丰富福州山

水风景的多样性。

二，新区有着更朴野的山水环境、更广阔的田园、受现代城市文明影响更少的风土人情，有助于规划师、风景园林师、建筑师从地域特征中发掘新的形式语言，创造与旧城区互为观照、相映成趣的新风景。

三，福州旧城与新区构成了优越的山海过渡关系。三江口作为福州旧城与新区的交接点，可以依托罗星塔这一景观要素，建立传统的山水秩序与福州新区景观格局的融合与更新。

四，维护新区自然山水格局。简言之，尊重自然发展的规律，重视现状山体、水体的保护，注重自然冲沟的维护和利用。在保障堤坝结构安全的情况下，尽可能给予河流、海岸线以弹性空间。慎重开发广袤的湿地、滩涂、果林。

五，发掘传统形态的综合价值，尊重当地生产、生活场景与习俗。在维护传统的人地关系的基础上，提升环境的品质，提供更好的经济发展机会。维护当地人对土地的归属感，促进人们对新区的认同感。从而建设风景优美、生态功能完善、充分应用现代科学技术，兼具历史价值与时代精神的新的山水城市。

参考文献：

[1]　吴良镛. 从绍兴城的发展看历史上环境的创造与传统的环境观念[J]. 城市规划，1985，（2）：6-17.

[2]　宗白华. 美学与意境[M]. 南京：江苏文艺出版社. 2008.

[3]　（明万历）喻政 主修《福州府志·卷之七十·艺文志一·明 马森 澄澜阁记》.

[4]　王文奎. 城市"望山"的理想、行动、困境和对策——福州市山体保护规划的实践与思考[J]. 福建建筑，2017，（3）：11-15.

第一节 "民本"思维的两面性

本研究的上篇以"历史背景—空间营建"为主线，全面梳理了
福州传统空间营建的历史沿革，分述了自然与文化因素对空间营建的
影响。

省域尺度的地理环境与地域尺度的自然条件是福州空间营建的
基础。福建山多水急，山地直逼海滨，有限而零散的农田限制了福
建各地粮食耕作的发展，但多样化的地形以及温暖湿润的气候条件，
成为福建农产品商业化的重要支撑。福州四面群山环抱，地势呈西
高东低渐次下降。不同地质活动塑造了福州盆地内众多的孤山、残
丘，尤以乌山、于山、屏山、高盖山最具特征。福州水系发达：发
源于闽赣边界、流域覆盖全省面积一半的闽江，自福州盆地中部穿
过，东流入海；福州地表径流丰富，流量、水位随季节变化明显；
受潮汐影响，福州水道多为双向水道。河海交汇的水文条件使得福
州逐渐成为闽西、闽北、闽东参与海外贸易的中转站，福州因此具
有了因港兴城的特征。但水陆环境的变迁不断改变着城址和港市的
空间关系。同时，东南斥卤易侵，西北坡陡水急，雨季山洪受江潮

顶托，泄水不畅，极大地限制了福州的农业生产。

文化因素影响了人们对空间的认识与改造。先秦时期，福州已经出现早期城市萌芽，但社会发展水平远远落后于中原地区。秦汉时，越国贵族流亡福州，建立闽越国，后被汉武帝所灭。汉文化与闽越文化在碰撞中逐渐融合。魏晋衣冠南渡，促进了闽中的开发。晋太守严高依据水陆变迁规律与山水特征，迁建晋子城。隋唐五代，耕作技术与工具的革新促进了福州的经济发展。唐末河南王氏在福州建立闽国政权，修水利、兴教化，并连续扩建城垣，形成了福州子城、罗城、夹城三重城垣，大航桥河、安泰河两重城濠，屏山、乌山、于山三山鼎立的城市格局。福州塔寺林立，始有东南佛国之称。宋元时期，福州的政治、经济、文化地位不断提升，促进了城市内外风景的再发现与世俗生活的勃兴，水利兴修、城市空间发展均达到新的高度。福州一跃为东南重镇。明清时期，基于传统农业社会的空间营建理论、方法已经成熟，福州城防与水利建设成果不断巩固、完善。商品经济发展与水陆变迁促使福州"北城南市"的传统布局在空间位置上逐渐分离。同时，西方文明的植入刺激了福州新的城市片区——仓前山区（外国人居留区）与马尾片区（海防要塞与造船基地）的形成。

总体来看，福州传统空间营建具有清晰的发展脉络。至少在清末西风东渐之前，公元282年晋太守严高的空间营建逻辑在历代文人官吏中一脉相承。古人营城选址的远见着实令人钦佩。但值得深思的是，在一千多年的时间里，福州传统空间营建在思路、方法、技术上不再有明显的突破与成长。本研究试从传统空间营建中的"民本"思维的视角观察福州这迅速成熟，却又日趋凝滞的空间演变历程。"民本"思维可追溯至先秦"民为邦本，本固邦宁"的论述，其关注的重点并非具有独立精神的"人"，而是政治实践中君与民的依存关系。修水利、劝农桑、兴教化，正是古代社会巩固"民"这一社会身份的具体做法。"民本"思维在一定程度上影响了传统空间营建的主线。换言之，古代主导空间营建的文人官吏们，虽然很早感悟到物质空间与人文精神相互裨益的重要性，但其出发点主要是为了凸显政治的合法性、权威性。因此，即使他们在广阔疆域的水土梳理中积累了丰富的经验，但对自然规律和环境问题的归纳、总结却显得兴致寥寥，也就不具备将水文、地理等空间经验转化为科学知识的动力。这种"重人伦，轻自然"的思维惯性恰恰折射了传统空间营建的最终目的——社会经济上的趋利避害和政治上的教化万民。因而，自晋子城开创性地定立了福州农田水利与风水模式基本框架之后，历代文人官吏以遵循古训为第一要务，在尽可能恢复前代水利结构的前提下，将空间营建的重点转向了构建更加合乎规矩、更加精致的人文秩序。

第二节　人文传统的回溯与展望

除了关注社会身份的"民本"思维，中国传统空间营建中更加具有活力和感召力的特质，应当是政治身份之外的知识阶层与市井百姓在山水中观照自我，在山水中休养生息，为山水空间赋予诗情画意与家园感的"人文"传统。

山水风景体系，是从现代人视角回溯这一"人文"传统，并借此展望人居环境人文复兴路径的一种尝试。要使这一概念具有可操作性，必然涉及对人居环境中自然与人文要素的剖析与重构。层次构建的灵感来源自乡土景观的"自然环境—农田水利—聚落营建"层状叠加体系。这个研究体系已经被广泛地应用于地域尺度的空间形态研究，也得到了学界的一致认同。本研究在原有研究体系中引入了诸如风水、风俗与八景等具有明显人文属性的内容，最终形成了山水格局、世俗空间与艺术表达，这样一个三方面多层次叠加的研究体系。

该体系充分肯定了古人山水风景营建成果，并具有从不同尺度上探寻传统经验与人文内涵的可能性。其中，山水格局包括山形水势、农田水利、景观要素与风水模式四个层次。古人通过寻察山水特征，顺应山水规律，建设农田水利，形成地域之上的普遍肌理。并以合形辅势为准则，慎重经营山水交汇的关键地段。再通过雅俗共赏的风水模式把握山水风景的总体特征，促进人们自发维护所处环境。福州具有围合感、层次感和明确汇水关系的山形水势是水利梳理与风水模式构建的前提。自魏晋以来，福州已确立了东西二湖，北水南流，河渠纵横的水利格局。唐时一度开凿南湖，以承接西湖之水。在随后的历史变迁中，南湖、东湖逐渐淤塞。西湖成为福州水利蓄泄的关键。景观要素进一步促进了人工环境与自然环境的融合。福州主要景观要素包括：倚山水为险的城墙、辅水陆之便的津梁、补山川之势的高塔和拥湖山之胜的寺观。风水模式是古人对于山水风景的总体把握，主要表现在巧设山水秩序、仿生象物与托名附会等方面。

世俗空间以山水格局为本底，尤其以水土整治后的河湖水网和风水重构后的山川构图为参照，包括政治空间、交通空间、生产空间、游赏空间四个方面。福州作为省府城市，政治秩序直接影响了包括官署、驻防、馆驿、官学等政治、军事、文化设施的选址与形制，并突出地表现在城市的轴线和边界处理上。交通空间包括街巷、港道和桥梁三部分。纵贯福州的南北长街与乘潮往来的水上交通承载了地方认同感与集体记忆。福州农业生产中以茉莉花茶的生产最具地方特色。在长期的摸索中，古人根据茉莉花和茶树的生态习性，充分利用福州地势、水文条件，形成了"河流—茉莉花湿地—城市—茶园—山林"的竖向空间分布，形成"八闽高山茶芽嫩，闽江两岸茉莉香"的壮丽景致。福州的游赏空间可大致分为城内坊巷中的园林，城内附山园林，郊外湖山胜地和园林，结合城防、路桥、祠庙等建设的公共风景点四个类型。古人普遍通过顺势、借景、引水的方式加强游赏空间与山水的联系。

艺术表达是古人对山水格局与世俗空间的认识与再组织，集中体现了山水风景的社会价值与人文内涵。艺术表达主要包括时令风俗、诗画八景与跨时空对比三个层次。时令风俗是古人在特定四时节令中约定俗成的行为方式。福州古代主要时令风俗包括：迎春时，百姓于东郊行春门外迎春牛；元宵时，家家户户、各大寺庙燃灯挂彩；清明开放官署园林，纵民游乐；端午龙舟竞渡；中秋点塔、环塔；重

阳大庙山登高等。诗画八景，是古人对山水风景的再发现。文中全面
梳理了榕城八景、西湖八景、南台十景、洪塘八景、螺洲八咏与鼓山
胜景，以探索古人取象、融情、成境的艺术创作过程。同时，古人从
闽中与金陵、福州西湖与杭州西湖的跨越时空的对比中，进一步明晰
了福州山水风景的地域特征。

山水风景体系涵盖了人们在感官上认识自然、在空间上改造自
然、在思维上重构自然，并借由艺术化的生活方式重新表述自然的
完整过程，清晰地展现了自然环境、人工营建、百姓生活、人文点
染等层次的具体内容以及各层次之间的生成关系，有助于合理探讨
空间的科学性、社会性与艺术性，为重建中国城市普遍流失了的人
文情怀与文化传统提供依据。

第三节　问题导向下的历史研究

在下篇中，本研究陈述了我国城乡发展中山水式微的现象：讲
求天地人和的山水科学，被现代科学取代；雅俗共赏的山水美学，
逐渐失去历史形态与传统文化的支撑；居于山水间的人居理想，依
然深刻影响着人们的审美情趣，却已然远离了人们的现实生活。重
申了自福州人居环境历史研究中得出的普适性价值，主要包括：关
注空间发展与自然变迁的协调、重视水利系统对地域生态安全的支
撑与保障作用、继承古人珍视山水环境的态度与作为、沿袭传统空
间营建中对环境意义的塑造方法等。并在此基础上提出了一系列福
州山水风景保护与发展的具体途径。

目前，关于人居环境的生态、文化专题的独立研究已经积累
了相当丰硕的成果，具有了一定的精度与深度。在人地关系、文化
景观等理论的影响下，部分专题也开始涉及对方领域的内容，但切
实探讨生态与文化关联性的研究尚不多见。本研究认为，开展人居
环境生态、文化整合研究的困难之处，一是缺乏本土理论依据，现
代科学主客二分的学术路径将复杂的空间属性简单化，学术成果与
现实情境产生了一定的脱离；二是缺乏相对系统、全面的基础性研

究。因此，对传统空间哲学的择要阐释，以及对人居环境发展历程的系统梳理，就显得尤为紧迫而重要。

本研究将"山水文化"刮垢磨光，其根本目的正是希望凭借传统空间哲学重新审视人与自然的关系，为解决人居环境中的空间矛盾提供思路。正如前文所述，天地人系统是对理想人地关系的描述。虽然天地人系统被表述为天、地、人的并列关系，但其诠释的重点、干预的目的以及整个系统的主动性都在于"人"——凭借人协调天地的关系、凭借人构筑环境的意义。凭借人协调天地的关系，表达的是借助山水科学，构建实用的物质空间；凭借人构筑环境的意义，表达的是借助山水美学，在物质空间中叠印精神世界。在天地人系统的指引和山水文化的投射下，传统空间营建中的水土治理（生态问题）与人文培育（文化问题）本属同源，物质空间与精神世界的建立也是一个连续的双向过程。同时，本研究以古代福州为例，结合营城史、水利史、园林史、民俗史等内容，完整梳理了福州传统空间营建的演变过程，初步构建了一个涵盖多时段、多尺度、多层次的山水风景体系。本研究在一定程度上，论证了以历史研究资鉴当下人居环境发展的可能性与必要性。

"居今之世，志古之道，所以自镜也，未必尽同"[1]。历史研究不代表要固守传统。历史研究是深入了解土地的必要途径，是发展具有时代精神、文化价值与地域特征的未来人居环境的基础性工作。

参考文献：

[1]　（汉）司马迁《史记·高祖功臣侯者年表》.

参考文献

（一）基本史料

1. 方志、专志、水利书、农书

（先秦）佚名《山海经》

（先秦）佚名《周礼》

（春秋）管仲等《管子》

（战国）商鞅《商君书》

（战国）佚名《尉缭子》

（汉）班固 撰，（唐）颜师古 注《汉书》

（汉）司马迁《史记》

（汉）司马迁撰，（宋）裴骃集解，（唐）司马贞索隐，（唐）张守节正义《史记》

（三国）管辂《管氏地理指蒙》

（晋）郭璞 注，（宋）邢昺疏《尔雅注疏》

（南朝宋）范晔《后汉书》

（南朝梁）沈约《宋书》

（南朝梁）萧子显《南齐书》

（唐）房玄龄《晋书》

（南唐）何溥《灵城精义》

（宋）乐史《太平寰宇记》

（宋）梁克家《淳熙三山志》

（宋）蔡襄《荔枝谱》

（宋）陈敷《农书》

（宋）静道《入地眼全书》

（宋）欧阳修，宋祁《新唐书》

（宋）朱熹《孟子集注》

（宋）李焘《续资治通鉴长篇》

（宋）王象之《舆地纪胜》

（宋元）马端临《文献通考》

（元）佚名《无锡县志》

（明）陈润 编纂，（清）白花洲渔 增修《螺江志》

（明）何远乔《闽书》

（明）黄仲昭《八闽通志》

（明）解缙，姚广效等《永乐大典》

（明）历朝官修《明实录》

（明）谭纶 撰，（清）陆费墀 总校《钦定四库全书》

（明）王夫之《读通鉴论》

（明）王世懋《闽部疏》

（明）王应山《闽都记》

（明）徐继善《人子须知》

（明）张燮《东西洋考》

（明万历）喻政 主修《福州府志》

（清）陈衍《台湾通纪》

（清）顾祖禹《读史方舆纪要》

（清）郭柏苍《乌石山志》

（清）黄任《鼓山志》

（清）林枫《榕城考古略》
（清）齐召南《水道提纲》
（清）吴任臣《十国春秋》
（清）佚名《洪塘小志》
（清）佚名《清一统志台湾府》
（清）张廷玉《明史》
（清）赵尔巽《清史稿》
（清）郑祖庚 纂，朱景星 修《侯官县乡土志》
（清）郑祖庚 纂，朱景星 修《闽县乡土志》
（清乾隆）陈瑛《海澄县志》
（清乾隆）徐景熹《福州府志》
（清道光）陈寿祺等《重纂福建通志》
（清同治）孙尔准《重纂福建通志》
（民国）蔡人奇《藤山志》
（民国）何振岱《西湖志》
（民国）林其蓉《闽江金山志》

2. 文集、笔记、小说等其他资料

（汉）刘向《说苑》
（西晋）左思《吴都赋》
（唐）佚名《球场山亭记·芳原茗》
（唐）黄滔《黄御史集》
（宋）曾巩《道山亭记》
（宋）洪炎《游石鼓山涌泉院》
（宋）罗大经《鹤林玉露》
（宋）苏辙《栾城集》
（宋）张世南《游宦纪闻》
（宋）张守《毗陵集》
（明）陈子龙《皇明经世文编》
（明）董其昌《画禅室随笔》
（明）林濂《洪山桥记》
（明）谢肇淛《五杂俎》
（明）谢肇淛《游宿猿洞记》
（明）徐𤊹《茗谭》
（清）陈寿祺《鳌峰里宅记》
（清）陈衍《石遗室遗话》
（清）戴成芬《榕城岁时记》
（清）郭柏苍《闽山沁园记》
（清）郭柏苍《镇海楼小记》
（清）贺长龄《皇朝经世文编》
（清）梁章钜《楹联丛话全编》
（清）陆以《冷庐杂识》
（清）潘耒《涛园记》
（清）屈大均《广东新语》
（清）邵之棠《皇朝经世文统编》

（清）施鸿保《闽杂记》
（清）佚名《同治甲戌日兵侵台始末》
（清）郁永河《裨海纪游》
（清）裕德菱《清宫禁二年记》
（清）张集馨《道咸宦海见闻录》
（清）郑广策 著，梁章钜 选编《西霞文钞》
（清）周亮工《闽小记》
（清道光）王紫华《榕郡名胜辑要》
（民国）郭白阳《竹间续话》
（日本昭和6年）[日]久保得二《闽中游草·闽江杂咏》

（二）近人研究成果

1. 中文

[澳]肯·泰勒，韩锋，田丰. 文化景观与亚洲价值：寻求从国际经验到亚洲框架的转变 [J]. 中国园林，2007，(11)：4-9.

[德]阿尔弗雷德·申茨，梅青译，吴志强审. 幻方——中国古代的城市 [M]. 北京：中国建筑工业出版社，2009.

[德]黑格尔（Hegel, G. E. F.）著，王造时 译. 历史哲学 [M]. 上海：上海书店出版社，2001.

[法]白吕纳 著，任美锷 李旭旦 译. 人地学原理 [M]. 钟山书局，1935.

[法]沙海昂 注，冯承钧 译. 马可波罗行纪 [M]. 北京：中华书局，2012.

[美]卢公明 著，陈泽平译. 中国人的社会生活 [M]. 福州：福建人民出版社，2009.

[美]牟复礼. 元末明初时期南京的变迁 [J] // [美]施坚雅. 叶光庭，陈桥驿译. 中华帝国晚期的城市 [M]. 北京：中华书局，2000.

[美]彭慕兰 著，史建云 译. 大分流：欧洲、中国及现代世界经济的发展 [M]. 南京：江苏人民出版社，2003.

[日]濑户口律子. 官话问答便语 [A]. 琉球官话课本研究 [C].

香港：吴多泰中国语文研究中心，1994.

[瑞典] 喜可龙 著，邓可 译. 北京的城墙和城门 [M]. 北京：北京联合出版社，2017.

[英] 李约瑟 著，张卜天译. 文明的滴定：东西方的科学与社会 [M]. 北京：商务印书馆，2016.

[英] 施美夫 著，温时幸译. 五口通商城市游记 [M]. 北京：北京图书馆出版社，2007.

曾意丹. 福州旧影 [M]. 北京：人民美术出版社，2000.

陈宝良. 飘摇的传统：明代城市生活长卷 [M]. 长沙：湖南人民出版社，2006.

陈丹丰. 福州名刹 [M]. 北京：地质出版社，1994.

陈俣. 近代福州文化的崛起及其影响 [A]. 福建省炎黄文化研究会. 闽都文化研究——"闽都文化研究"学术会议论文集（上）[C]. 福建省炎黄文化研究会，2003：12.

陈克俭，叶林娜. 明清时期的海禁政策与福建财政经济积贫问题 [J]. 厦门大学学报（哲学社会科学版），1990，（1）：90-95，120.

陈榕三. "开疆闽王"王审知与中原密切关系研究 [J]. 台湾研究，2011，（1）：45-49.

陈水云. 中国山水文化 [M]. 武汉：武汉大学出版社，2001.

陈章汉《闽都赋》

陈忠纯. 鳌峰书院与近代前夜的闽省学风——嘉道间福建鳌峰书院学风转变及其影响初探 [J]. 湖南大学学报（社会科学版），2006，（1）：121-122，124，123，125-126.

陈遵灵. 寻访欧冶池 [A]. 作家笔下的海峡二十七城丛书编委会. 作家笔下的福州 [C]. 福州：海峡文艺出版社，2010.

戴孝军. 中国古塔及其审美文化特征 [D]. 济南：山东大学，2014.

单之蔷. 矛盾的福建 [J]. 中国国家地理，2009，（5）：28-31.

邓洪波. 中国书院史 [M]. 武汉：

武汉大学出版社，2012.

范雪春. 冶城在福州的考古新证据 [A]. 王培伦. 冶城历史与福州城市考古论文选 [C]. 福州：海风出版社，1998.

方炳桂. 福州风情 [M]. 厦门：鹭江出版社，1998.

方彦寿. 闽学与福州书院考述 [A]. 福建省炎黄文化研究会. 闽都文化研究——"闽都文化研究"学术会议论文集（上）[C]. 福建省炎黄文化研究会，2003：12.

冯东生. 闽都桥韵 [M]. 福州：海峡文艺出版社，2013.

福州市地名办公室编印. 福州市地名录 [M]. 福州市地名办公室，1983.

福州市地方志编纂委员会. 三坊七巷志 [M]. 福州：海潮摄影艺术出版社，2009.

福州市地方志编纂委员会编. 福州市志（第一册）[M]. 北京：方志出版社，1998.

福州市建筑志编纂委员会. 福州市建筑志 [M]. 北京：中国建筑工业出版社，1993.

福州市马尾区地方志编纂委. 福州市马尾区志（上册）[M]. 北京：方志出版社，1998.

福州市马尾区地方志编纂委. 福州市马尾区志（下册）[M]. 北京：方志出版社，1998.

福州市政协文史资料工作组. 福州地方志 简编下 [M]. 福州市政协文史资料工作组，1979.

顾乃忠. 地理环境与文化——兼论地理环境决定论研究的方法论 [J]. 浙江社会科学，2000，（3）：134-141.

关瑞民，陈力. 泉州历史及其地名释义 [J]. 华中建筑，2003，（1）：79-80，93.

郭风. 福州的三坊七巷 [A]. 福州市地方志编纂委员会编. 三坊七巷志 [C]. 福州：海潮摄影艺术出版社，2009.

郭巍. 双城、三山和河网——福州山

水形势与传统城市结构分析［J］. 风景园林，2017，(5)：94-100.

韩庆. 明朝实行海禁政策的原因探究［J］. 大连海事大学学报（社会科学版），2011，10(5)：87-91.

洪沼，郑学檬. 宋代福建沿海地区农业经济的发展［J］. 中国社会经济史研究，1985，(4)：34-44.

胡俊. 中国城市：模式与演进［M］. 北京：中国建筑工业出版社，1995.

黄保万. 郑光策与清代福州经世致用之学［A］. 福建省炎黄文化研究会. 闽都文化研究——"闽都文化研究"学术会议论文集（上）［C］. 福建省炎黄文化研究会，2003：12.

黄国强. 试论明清闭关政策及其影响［J］. 华南师范大学学报（社会科学版），1988，(1)：48-53.

黄启权. 福州史话［M］. 厦门：鹭江出版社，1999.

黄启权. 关于"冶"在福州的历史论证［A］. 王培伦. 冶城历史与福州城市考古论文选［C］. 福州：海风出版社，1998.

黄荣春. 福州市郊区文物志［M］. 福州：福建人民出版社，2009.

黄伟民. 唐末五代福建佛教的新发展及其原因［J］. 泉州师专学报，1995，(1)：45-48.

黄新宪. 清代福州书院特色考略［A］. 福建省炎黄文化研究会. 闽都文化研究——"闽都文化研究"学术会议论文集（上）［C］. 福建省炎黄文化研究会，2003.

冀朝鼎. 中国历史上的基本经济区与水利事业的发展［M］. 北京：中国社会科学出版社，1900.

靳阳春. 汉武帝进攻闽越路线考辨［J］. 武汉理工大学学报（社会科学版），2015，(6)：1252-1257.

李建伟. 风景园林的内涵与外延［J］. 中国园林，2017，33(5)：41-45.

李瑾明. 南宋时期福建经济的地域性与米谷供求情况［J］. 中国社会经济史研究，2005，(4)：41-51.

李开然，［英］央·瓦斯查. 组景序列所表现的现象学景观：中国传统景观感知体验模式的现代性［J］. 中国园林，2009，(5)：29-33.

李敏. 福建古园林考略［J］. 中国园林，1989，(1)：12-19.

李乡浏，李达. 福州地名［M］. 福州：福建人民出版社，2001.

李奕成，兰思仁，汪耀龙. 论冶城人居环境与水［J］. 福建论坛（人文社会科学版），2017(6)：154-161.

李允鉌. 华夏意匠：中国古典建筑设计原理分析［M］. 天津：天津大学出版社，2014.

李泽厚. 美的历程［M］. 北京：文物出版社，1999.

林家钟，林彝轩. 明清福州竹枝词［M］. 福州市鼓楼区地方志编委会，1995.

林金树. 明代政治史研究的思考［J］. 汕头大学学报，1997，(6)：43-50.

林麟. 福州胜景［M］. 福州：福建人民出版社，1980.

林汀水. 福建人口迁徙论考［J］. 中国社会经济史研究，2003，(2)：7-20.

林汀水. 福建政区建置的过程及特点［A］. 王培伦. 冶城历史与福州城市考古论文选［C］. 福州：海风出版社，1998.

林汀水. 福州地区水陆变迁初探［J］. 福建文博，1986，(1)：81-86.

林汀水. 历史时期"福州古湾"的变迁［J］. 历史地理，2008，(1)：220-226.

林汀水. 闽越王国疆域考［A］. 中华文化与地域文化研究——福建省炎黄文化研究会20年论文选集第二卷［C］，2011.

林汀水. 也谈福建人口变迁的问题［J］. 中国社会经济史研究，1993，(2)：29-35.

林拓. 两宋时期福建文化地域格局的多元发展态势［J］. 中国历史地理论丛，2001，(3)：88-97，129.

林蔚文. 福建省农业生产习俗［J］.

农业考古，2002，（3）：138-151.

林希．试论清代福州八旗驻防及其历
　　史作用［J］．福建论坛（社科教
　　育版），2006，（S1）：158-161.

林校生．东吴西晋时期福建的人口规
　　模［J］．福州大学学报（哲学社
　　会科学版），2014，（3）：5-9.

林星．近代福建城市发展研究（1843-
　　1949年）——以福州、厦门为中
　　心［D］．厦门：厦门大学，2004.

林忠干．福州地区的早期历史以及城
　　市发展［A］．王培伦．冶城历
　　史与福州城市考古论文选［C］.
　　福州：海风出版社，1998.

刘凤云．明清城市空间的文化探析
　　［M］．北京：中央民族大学出版
　　社，2001.

刘海峰，庄明水．福建教育史［M］.
　　福州：福建教育出版社，1996.

刘世斌．宋代福建水旱灾害及其防救
　　措施研究［D］．福州：福建师范
　　大学，2013.

刘锡涛．宋代福建人才地理分布［J］.
　　福建师范大学学报（哲学社会科
　　学版），2005，（2）：112-116.

刘晓平．论宋代福建经济文化发展在
　　历史上的地位［D］．福州：福
　　建师范大学，2012.

龙彬．风水与城市营建［M］．南昌：
　　江西科学技术出版社，2005.

卢建一．明代海禁政策与福建海防
　　［J］．福建师范大学学报（哲学
　　社会科学版），1992，（2）：118-
　　121，138.

卢建一．先秦时期福建社会生产力水
　　平概论［J］．福建师范大学学报
　　（哲学社会科学版），1994，（3）：
　　112-118.

卢美松，欧潭生．福州先秦考古三
　　论［J］．东南文化，1990，（3）：
　　104-107.

卢美松．福州名园史影［M］．福州：
　　福建美术出版社，2007.

卢美松．论闽族和闽方国［J］．南方
　　文物，2001，02：15-21.

鲁西奇，马剑．空间与权力：中国古
　　代城市形态与空间结构的政治文

化内涵［J］．江汉论坛，2009，
　　（4）：81-88.

陆邵明．乡愁的时空意象及其对城镇
　　人文复兴的启示［J］．现代城市
　　研究，2016，（8）：2-10.

罗山．石鼓名山——福州鼓山涌泉寺
　　［J］．法音，2000，（1）：47-48.

吕变庭．中国南部古代科学文化史 第
　　四卷 闽江流域部分［M］．北京：
　　方志出版社，2004.

马波．清代闽台地区的农田水利［J］.
　　农业考古，1996，（3）：151-158.

毛华松，廖聪全．城市八景的发展
　　历程及其文化内核［J］．风景园
　　林，2015，（5）：118-122.

毛华松．城市文明演变下的宋代公共
　　园林研究［D］．重庆：重庆大
　　学，2015.

毛华松．论中国古代公园的形成——
　　兼论宋代城市公园发展［J］．中
　　国园林，2014，30（1）：116-121.

苗月宁．清代两司行政研究［D］．天
　　津：南开大学，2009.

闵庆文，邵建成．福建福州茉莉花与
　　茶文化系统［M］．北京：中国
　　农业出版社，2014.

聂德宁．郑成功与郑氏集团的海外贸
　　易［J］．南洋问题研究，1993，
　　（2）：20-27.

欧潭生，卢美松．先秦闽族文化新论
　　——从昙石山文化看黄帝时代
　　的东南方文明［J］．南方文物，
　　1997，（1）：82-87.

潘瑞英．鼓山胜迹［M］．福州：福
　　建人民出版社，1982.

彭友良．两宋时代福建农业经济的发
　　展［J］．农业考古，1985，（1）：
　　27-37.

邱季端．福建古代历史文化博览
　　［M］．福州：福建教育出版社，
　　2007.

厦门大学历史研究所，中国社会经济
　　史研究室 编．福建经济发展简
　　史［M］．厦门：厦门大学出版
　　社，1989.

沈云龙主编《近代中国史料业刊续编
　　第七十七辑·丁中丞（日昌）政

书·卷第七·抚闽奏稿一·闽省水灾办理拯恤情形疏》

石佳，傅岩. 城隍庙文化琐谈［J］. 城市问题，2003，（2）：5-8，13.

水海刚. 中国近代通商口岸城市的外部市场研究——以近代福州为例［J］. 厦门大学学报（哲学社会科学版），2011，（2）：112-119.

台江区地方志编纂委员会，台江区志［M］. 北京：方志出版社，1997.

唐文基. 福建古代经济史［M］. 福州：福建教育出版社，1995.

唐希. 话说福州老照片［M］. 福州：海风出版社，2010.

田新艳. 昙石山遗址聚落与环境考古分析［D］. 厦门：厦门大学，2002.

汪德华. 中国山水文化与城市规划［M］. 南京：东南大学出版社，2002.

汪家伦，张芳. 中国农田水利史［M］. 北京：农业出版社，1990.

汪敬虞. 十九世纪西方资本主义对中国的经济侵略［M］. 上海：上海人民出版社，1983.

王国维. 后汉会稽郡东部侯官考［A］. 王国维. 观堂集林（外二种）［C］. 石家庄：河北教育出版社，2001.

王俊. 中国古代经济［M］. 北京：中国商业出版社，2015.

王荣国. 两晋闽中寺院与汉族移民［J］. 中国社会经济史研究，1995，（3）：17-24.

王树声. 中国城市人居环境历史图典 福建 台湾卷[M]. 北京：科学出版社，2015.

王文奎. 城市"望山"的理想、行动、困境和对策——福州市城市山体保护规划的实践与思考［J］. 福建建筑，2017，（3）：11-15.

王向荣. 自然与文化视野下的中国国土景观多样性［J］. 中国园林，2016，（9）：33-42.

王宜强. 福建移民开发的历史进程及其经济、文化响应［D］. 福州：福建师范大学，2012.

王振忠. 近600年来自然灾害与福州社会［M］. 福州：福建人民出版社，1996.

王振忠. 清代琉球人眼中福州城市的社会生活——以现存的琉球官话课本为中心［J］. 中华文史论丛，2009，（4）：41-111+394.

王梓，王元林. 占田与浚湖——明清福州西湖的疏浚与地方社会［J］. 福建师范大学学报（哲学社会科学版），2013，（4）：104-108.

魏华仙. 近二十年来明朝海禁政策研究综述［J］. 中国史研究动态，2000，（4）：12-18.

吴春明，林果著. 闽越国都城考古研究［M］. 厦门：厦门大学出版社，1998.

吴春明. 闽江流域先秦两汉文化的初步研究［J］. 考古学报，1995，（2）：147-172.

吴良镛. 从绍兴城的发展看历史上环境的创造与传统的环境观念［J］. 城市规划，1985，（2）：6-17.

吴良镛. 中国人居史［M］. 北京：中国建筑工业出版社，2014.

吴庆洲. 仿生象物与中国古城营建（下）［J］. 中国名城，2016，（9）：45-58.

吴庆洲. 中国古城防洪研究［M］. 北京：中国建筑工业出版社，2009.

吴松弟. 宋代福建人口研究［J］. 中国史研究，1995，（2）：50-58.

吴松弟. 中国近代经济地理格局形成的机制与表现［J］. 史学月刊，2009，（8）：65-72.

吴巍. 福州近代城市规划历史研究（1844-1949）［D］. 武汉：武汉理工大学，2008.

武廷海. 六朝建康规画［M］. 北京：清华大学出版社，2011.

夏蒙. 夏日的茉莉［A］. 作家笔下的海峡二十七城丛书编委会. 作家笔下的福州［C］. 福州：海峡文艺出版社，2010.

夏玉润. 中国古代都城"钟鼓楼"沿革制度考述［A］. 故宫古建筑研究中心、中国紫禁城学会. 中

国紫禁城学会论文集（第七辑）
［C］. 故宫古建筑研究中心、中
国紫禁城学会，2010：36.

肖梦龙. 试论吴越青铜兵器［J］. 考古
与文物，1996，（6）：16-28，15.

肖忠生. 蔡襄与宋代福州水利建设
［J］. 福州大学学报（哲学社会
科学版），1988，（1）：57-59.

萧放. 岁时——传统中国民众的时
间生活［M］. 北京：中华书局，
2002.

谢必震. 中国与琉球［M］. 厦门：
厦门大学出版社，1996.

谢湜. 治与不治：16世纪江南水利的
机制困境及其调适［J］. 学术研
究，2012，（9）：109-119.

徐春峰. 清代督抚制度的确立［J］.
历史档案，2006，（1）：62-71.

徐晓望. 论闽国时期福州文化的发展
［A］. 福建省炎黄文化研究会. 闽
都文化研究——"闽都文化研究"
学术会议论文集（上）［C］. 福建
省炎黄文化研究会，2003：15.

徐晓望. 水都福州［A］. 作家笔下的
海峡二十七城丛书编委会. 作家
笔下的福州［C］. 福州：海峡文
艺出版社，2010.

许维勤. 鳌峰书院与福建理学的复兴
［A］. 闽都教育与福州发展［C］.
福建省炎黄文化研究会、福州市
闽都文化研究会，2012.

许晓明，刘志成. 中国传统园林
中"题咏"参与审美的机制探
析［J］. 中国园林，2016，（2）：
78-82.

薛凤旋. 中国城市及其文明的演变
［M］. 北京：世界图书出版公司
北京公司，2015.

杨秉纶. 闽都古塔与古桥［A］. 福建
省炎黄文化研究会. 闽都文化研
究——"闽都文化研究"学术会
议论文集（下）［C］. 福建省炎
黄文化研究会，2003：12.

杨柳. 风水思想与古代山水城市营
建研究［D］. 重庆：重庆大学，
2005.

杨欣，赵万民. 基于空间哲学视角的

山水文化体系解释架构［J］. 城
市规划，2016，40（11）：78-86.

姚鼎生. 话说三坊七巷［A］. 福州市
地方志编纂委员会编. 三坊七巷
志［C］. 福州：海潮摄影艺术出
版社，2009.

叶宪允. 清代福州四大书院研究［D］.
上海：华东师范大学，2005.

阴劼，徐杏华，李晨晨. 方志城池图
中的中国古代城市意象研究——
以清代浙江省地方志为例［J］.
城市规划，2016，（2）：69-77，93.

于希贤. 人居环境与风水［M］. 北
京：中央编译出版社，2010.

郁达夫. 福州的西湖［A］. 孤独者
［C］. 北京：中国文史出版社，
2016.

张芳. 中国古代灌溉工程技术史
［M］. 太原：山西教育出版社，
2009.

张恒宇. 福州城市历史地理初步研
究［D］. 福州：福建师范大学，
2008.

张建民. 试论中国传统社会晚期的
农田水利——以长江流域为中
心［J］. 中国农史，1994，（2）：
43-54.

张箭飞，林翠云. 风景与文学：概
貌、路径及案例［J］. 云南师范
大学学报（哲学社会科学版），
2016，48（3）：135-140.

张杰. 中国古代空间文化溯源［M］.
北京：清华大学出版社，2012.

张金金. 清代福州八旗驻防若干问题
研究［D］. 福州：福建师范大
学，2014.

张天禄. 鼓山艺文志［M］. 福州：
海风出版社，2001.

张廷银. 地方志中"八景"的文化意
义及史料价值［J］. 文献，2003，
（4）：36-47.

张伟然. 中古文学的地理意象［M］.
北京：中华书局，2014.

张勇，林聿亮，陈子文，陈兆善，林
凤英，曾尚录，许红利，林果，
赵秀玉，赵荣娣，赵兰玉，程
璐，梁如龙. 福州市地铁屏山遗

址西汉遗存发掘简报［J］. 福建
　　文博，2015（3）：16-25.

张仲礼. 东南沿海城市与中国近代化
　　［M］. 上海：上海人民出版社，
　　1996.

赵汝棋. 福州奇观［M］. 福州：海
　　潮摄影艺术出版社，1996.

郑本暖，陈名实. 福州古城建筑风水
　　与水土保持［J］. 中国水土保持，
　　2005，（6）：19-21.

郑国珍. 闽江下游原始居民点的形
　　成及福州早期城市的产生［A］.
　　王培伦. 冶城历史与福州城市考
　　古论文选［C］. 福州：海风出版
　　社，1998.

郑剑顺. 福州港［M］. 福州：福建
　　人民出版社，2001.

郑力鹏. 福州城建发展缘考（续）
　　［J］. 福建建筑，1994，（1）：11-
　　15，24.

郑力鹏. 福州城市发展史研究［D］.
　　广州：华南理工大学，1991.

郑丽生，福州风土诗［M］. 福州：
　　福建人民出版社，2012.

郑美英. 福州温泉志［M］. 福州：
　　福建科学技术出版社，2001.

郑振满. 明后期福建地方行政的演
　　变——兼论明中叶的财政改革
　　［J］. 中国史研究，1998，（1）：
　　147-157.

郑振满. 明清福建沿海农田水利制度
　　与乡族组织［J］. 中国社会经济
　　史研究，1987，（4）：38-45.

中共仓山区委宣传部，仓山区文化局.
　　历代诗人咏仓山［M］. 福州：中
　　共仓山区委宣传部，1999.

中国人民政协福建省福州市委员会.
　　福州地方志：简编，上［M］. 文
　　史资料工作组，1979.

钟礼强. 昙石山文化原始居民的经济
　　生活［J］. 厦门大学学报（哲学
　　社会科学版），1986，（1）：117-
　　121.

周魁一. 中国科学技术史 水利卷
　　［M］. 北京：科学出版社，2002.

周维权. 中国古典园林史［M］. 北
　　京：清华大学出版社，2008.

朱维干. 福建史稿［M］. 福州：福
　　建教育出版社，1985.

诸葛计. 闽国史事编年［M］. 福州：
　　福建人民出版社，1997.

祝永康. 闽江口历史时期的河床变
　　迁［J］. 台湾海峡，1985，（2）：
　　161-170.

宗白华. 美学与意境［M］. 南京：
　　江苏文艺出版社，2008.

徐国芬. 从文物资料谈福建茶文化
　　［J］. 南方文物，1993，（4）：
　　101-103.

2. 外文

Thomson J. Though China with A Camera
　　［M］. London and New York
　　Harper and Brothers. 1899.

Chaffee J W. The Thorny Gates of Learing
　　in Song China：A Social History
　　of Examination [M]. Cambridge
　　University Press, 1985：136.

Doolittle J R. Social life of the Chinese：
　　A Daguerreotype of Daily Life in
　　China［M］. London, S. Low, son,
　　and Marton, 1868.

后记

从事国土景观研究的设想开始于世纪之交之际。那时，我们有机会完成杭州"西湖西进"规划，以恢复西湖西边消失了的水域并再现西湖曾经的山水格局。随后的几年中，我们又陆续完成了绍兴镜湖、萧山湘湖、济南大明湖等湖泊的规划。对这些历史悠久的风景湖泊的规划、设计或恢复让我们对中国古代的陂塘水利系统有了更深和更全面的理解。作为农耕民族，中国人数千年来不断地依据自然条件兴修水利，用农作物替代原有的天然植被，持续塑造着地表景观。陂塘水利系统只是我们祖先梳理土地、发展农业、建设家园的一种类型，除此之外，还有灌渠、圩田、梯田等一系列土地利用方式。中国人为了生产和生活对土地施加的影响和改造形成了中国特有的国土景观。

国土景观反映了中国人适应自然、改造自然的历史，以及与自然长期依存的关系。中国国土景观的形成、发展和演变以及背后蕴含的思想值得我们深入研究，因为只有研究了这部分历史，我们才能更好地了解中国人的环境营建思想，才能更好地认识我们的国土景观，也才能为现在和未来的中国建立起一个具有弹性和可持续性的生态环境支撑系统，来协调人工与自然之间的平衡，维护土地与城市的安全，同时将这一系统转变为具有人文精神的诗意的风景。历史的经验证明，任何有悖于自然规律的地表塑造都难以成功，也无法持续。今天和未来我们对地表空间的塑造，更应当与自然同行，以实现人们享用土地与生态环境稳定之间的持续和谐与平衡，并构筑中国国土的人文自然生态系统。

国土景观是一个国家领土范围不同区域的景观的综合。近些年，我们的研究团队持续发表有关区域景观研究的文章，指导学生完成了百余篇聚焦中国不同区域景观的硕士和博士学位论文，同时也在进行区域景观体系相关的规划设计实践。我们希望通过对不同区域的景观的研究，深入探讨这些区域的景观的变迁过程、演变机制、山水体系及风景结构，总结出其景观营建的思想。希望随着研究的不断深入及范围的不断扩展，最终我们能够完成对中国国土景观的整体性研究。

本书是"中国国土景观研究书系"中最先出版的几本之一，书的主体内容脱胎于张雪葳博士于2018年完成的学位论文《福州山水风景体系研究》。福州是历史文化名城，也是一个典型的山水之城，群山环绕、大江东流、三山鼎立、城湖相依，同时还是近代中国最早开放的五个通商口岸之一。福州城市发展依托港口和水运，具有较强的商业属性与自成一派的空间演变逻辑。福州城市史的相关资料虽然丰富却极为分散，并且学界对福州的关注也停滞了相当长的一段时间。从国土景观的视野下对福州进行研究，可以从新的角度重新审视福州城市建设与风景演变的过程和其中蕴含的营建智慧。

本书在国土景观的大框架下，以历史背景和空间营造为主线，全面梳理了福州传统空间营建的历史沿革，分析了自然与文化因素对空间营建的影响。并依托"山水"在物质与精神上的双关性、依托"风景"对于自然与人文的兼容性，对福州的山水风景体系进行了系统的梳理，并以福州为例探索中国人的人居理想与美学范式。

感谢北京林业大学园林学院林箐教授在张雪葳博士论文选题及

在写作过程中的指导以及对这本书的建议与审阅，感谢郭巍教授为之付出的大量精力与时间及对本书的指导，感谢中国建筑工业出版社杜洁主任、李玲洁编辑的帮助和建设性意见，感谢福州市规划设计研究院王文奎老师一直以来的热心支持，感谢福建农林大学任维老师的帮助，感谢帮助过我们的所有同事和学生。

2022年1月

作者简介

张雪葳，福建人，1991年生，福州大学建筑与城乡规划学院讲师、硕士生导师，中国风景园林学会国土景观专业委员会青年委员。主持或参与国家重点研发计划、国家自然科学基金、教育部人文社科基金等课题12项。迄今在《生态学报》《中国园林》《浙江农业学报》等核心刊物上发表论文10余篇，参与规划设计项目18项，受邀在国内外会议做学术报告与专题讲座8次。2013年获北京林业大学风景园林专业工学学士学位，2018年获北京林业大学园林学院风景园林学工学博士学位，2021年入选福建省人才计划（C类）。

王向荣，甘肃人，1963年生，北京林业大学园林学院教授，中国科协聘任风景园林规划与设计学首席科学传播专家，第四、五届中国风景园林学会副理事长，第五届中国城市规划学会常务理事，住房和城乡建设部科技委园林绿化专业委员会委员，中国风景园林学会国土景观专业委员会主任委员，《中国园林》主编，《风景园林》创刊主编，北京多义景观规划设计事务所主持设计师。1983年获同济大学建筑系学士学位，1986年获北京林业大学园林系硕士学位，1995年获德国卡塞尔大学城市与景观规划系博士学位。